高校核心课程学习指导丛书

崔宏滨　吴　强／编著

光学重难点释疑

（非物理专业）

GUANGXUE ZHONGNANDIAN SHIYI
FEI WULI ZHUANYE

中国科学技术大学出版社

内 容 简 介

本书对光学的基本概念、核心内容进行了系统的概括，并精选了足够数量的关于光学的物理基础和拓展应用问题，作为范例进行了详细的讨论，并给出了解答。为了便于阅读，书中的题目按光学的知识模块分章节编辑，并对各知识模块的主要内容作了概要的介绍。

本书所选的题目多与光学的实际应用相关，范围广泛、类型丰富，能够使读者在解题过程中，对光学有更深入的认识，并对光学在科学研究和各个领域中的应用有更多的了解。

本书可用作理工科非物理专业学生学习光学的辅助教材，也可供讲授光学课程的教师参考。

图书在版编目(CIP)数据

光学重难点释疑：非物理专业/崔宏滨，吴强编著．—合肥：中国科学技术大学出版社，2016.4

ISBN 978-7-312-03910-2

Ⅰ．光…　Ⅱ．①崔…②吴…　Ⅲ．光学—高等学校—教学参考资料　Ⅳ．O43

中国版本图书馆 CIP 数据核字(2016)第 008842 号

出版　中国科学技术大学出版社
安徽省合肥市金寨路 96 号，230026
http://press.ustc.edu.cn

印刷　合肥华星印务有限责任公司

发行　中国科学技术大学出版社

经销　全国新华书店

开本　710 mm×960 mm　1/16

印张　14

字数　266 千

版次　2016 年 4 月第 1 版

印次　2016 年 4 月第 1 次印刷

定价　26.00 元

前　　言

光学是物理学的一个重要分支，是大学物理教学中的一门主干课程，也是应用十分广泛、不断取得新进展的一门学科。

对于物理类各专业的学生，光学是一门非常重要的课程。光学的基础比较简单，而应用范围又非常广泛，几乎所有精密的测量仪器都离不开光学的应用。因而，对于非物理专业的理工科学生，了解并掌握光学知识，对日后的工作是十分必要的。我们欣喜地看到国内外越来越多的大学将光学作为理工科学生的一门基础课程。

物理学是一门实验科学，也是一门结合实际的科学，将光学知识应用于解决实际问题，是作者编写本书的主要目的。为达此目的，作者搜集整理了许多与光学应用有关的题目，并结合自己的教学、科研经历编制了一些题目。对这些问题的讨论，以例题的形式加以介绍。

解题是学习过程的一个非常重要的环节。通过解题，可以检验学生对基本概念的掌握和对所学知识的运用；通过解题，可以加深学生对知识的理解；通过解题，可以使学生初步掌握解决实际问题的方法和技巧。

我们诚恳希望读者发现并指出书中的讹误和不足之处。

崔宏滨　吴　强

2015 年 9 月 19 日

于中国科学技术大学

目　录

第1章　几何光学的实验定律与成像定理

几何光学是关于光线传播与光线成像的理论体系，是以光学实验为基础的唯象理论。在几何光学的理论体系中，用几何线表示光传播、反射和折射的路径，并称之为光线。所以，几何光学中不涉及光的物理本质，仅仅用“光线”这一物理模型描述光传播、反射和折射的性质。

1.1　几何光学的实验定律

1.1.1　几何光学中的基本概念

1. 界面

不同种类的光学媒质的分界面或真空中物体的表面。入射到界面上的光线，将发生反射或折射（仅在透明介质中）。

2. 入射面

界面上光线入射点的法线与入射光线所构成的平面。

3. 入射角

入射光线与入射点法线间的夹角。

4. 反射角

反射光线与入射点法线间的夹角。

5. 折射角

折射光线与入射点法线间的夹角。

1.1.2　几何光学实验定律的表述

1. 光的直线传播定律

在均匀媒质中，光沿着直线传播。

2. 光的反射定律

反射光线在入射面内，反射光线与入射光线分别位于入射点法线的两侧，且反射角等于入射角，即

$$i' = i \tag{1.1}$$

如图 1.1 所示。

3. 光的折射定律

折射光线在入射面内，折射光线与入射光线分别位于入射点法线的两侧，且有

$$n_1 \sin i_1 = n_2 \sin i_2 \tag{1.2}$$

如图 1.2 所示。式中 n_1，n_2分别为界面两侧媒质的折射率。

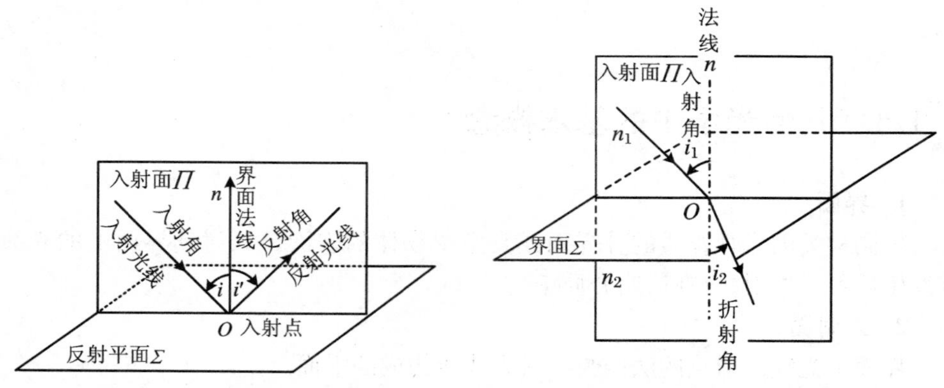

图 1.1　入射面、入射角、反射角　　　　图 1.2　折射光线与折射角

如果从实验的角度看，折射定律是这样的：光从一种媒质进入另一种媒质，传播的方向将出现偏折，但入射角与折射角的正弦的比值是常数，只与两种媒质有关，即

$$\frac{\sin i_1}{\sin i_2} = n_{21}$$

式中 n_{21}称作媒质 2 相对于媒质 1 的折射率。

既然 n_{21}只与两种相关媒质的性质有关，则可将其写作 $n_{21} = \dfrac{n_2}{n_1}$，式中 n_1 只与

媒质1的光学性质有关，n_2 只与媒质2的光学性质有关，则 n_1，n_2 分别被称作媒质1和媒质2的绝对折射率。仅仅依据光的折射实验，并不能确定绝对折射率的数值。

若规定光在真空中的绝对折射率为1，则可据此得到其他媒质的绝对折射率的数值。公式(1.2)中媒质的折射率就是这样得到的。实际上，若规定光在真空中的绝对折射率为2或其他任意数值，也是可以的。

1.1.3　光的全反射

光从折射率较大的光密媒质（设折射率为 n_1）射向折射率较小的光疏媒质（设折射率为 n_2），并且入射角大于如下的临界值时，将会出现全反射：

$$i_c = \arcsin \frac{n_2}{n_1} \tag{1.3}$$

i_c 称作全反射临界角。发生全反射时，光线不能在光疏媒质中传播。

1.1.4　光的可逆性原理

(1) 光在传播、反射、折射过程中，光路是可逆的。

(2) 在成像过程中，物与像是共轭的。

1.1.5　费马原理

1. 费马原理的表述

两点之间光的实际路径，是光程取极值的路径。

在均匀媒质中，光程是光线传播过的距离 s 与传播路径中媒质折射率 n 的乘积，即 ns；若媒质是非均匀的，其折射率随空间位置而变化，则两点 P_1，P_2之间的光程应当是路径积分 $\int_{P_1}^{P_2} n\mathrm{d}s$。在数学上，费马原理可用路径积分的变分表示为

$$\delta(\widehat{P_1P_2}) = \delta\left(\int_{P_1}^{P_2} n\mathrm{d}s\right) = 0 \tag{1.4}$$

2. 费马原理的特例

通常情况下，两点之间光的实际路径往往是光程为极小值的路径，但是在某些特定的情形下，光线传播路径的光程也可以是恒定值或极大值。所以，有时也这样

表述费马原理：两点之间光的实际路径，是光程平稳的路径。这里平稳的含义是光程取极值（极大、极小）或恒定值。

3．光学成像的费马原理

光学成像过程中，物点到其共轭像点之间所有路径的光程相等。

这一结论通常被称作“物像之间的等光程性”。

1.1.6　几何光学定律成立的条件

(1) 光学系统的尺度远大于光波的波长；

(2) 介质是各向同性的；

(3) 光强不是很大。

【例 1.1】　如图 1.3 所示，L 为凸透镜，M 为平面镜。试问光线 AOB 与 ACB 中哪个的光程大些，为什么？（不妨认为透镜的边缘处厚度为 0。）

解　从图 1.3 中可以看出，A，B 两点到透镜 L 的距离相等，但 B 点不一定是 A 点经 L 所成的像点，因而要区分不同的情形进行简单的讨论。

(1) 设 B 点是 A 点的像，如图 1.4 所示。

由于物像之间等光程，这种情形下，经过透镜边缘的光线 ADB 的光程与 AOB 的光程相等。而显然光线 ACB 的光程大于光线 ADB 的光程，所以 ACB 的光程大于 AOB 的光程，即

$$L(\overset{\frown}{ACB}) > L(\overset{\frown}{AOB})$$

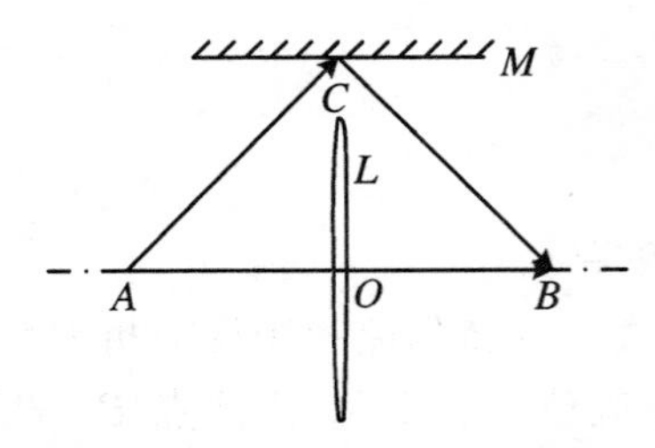

图 1.3　比较 AOB 与 ACB 的光程

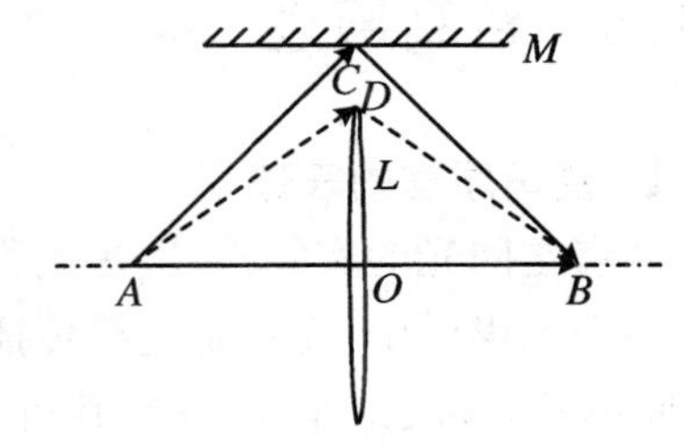

图 1.4　B 点是 A 点的像

(2) 设 B 点到 L 的距离小于 A 点所成的像的像距。

设 A 点的像为 A'，即 B 点在 A 点所成像 A' 的内侧，如图 1.5 所示。这种情形下，光程 $L(\overset{\frown}{ADA'}) = L(\overset{\frown}{AOA'}) > L(\overset{\frown}{AOB})$。由于无法比较 ACB 与 ADA' 的光程，所以也无法比较 ACB 与 AOB 的光程。

(3) 设 B 点到 L 的距离大于 A 点所成的像的像距。

同样设 A 点的像为 A'，即 B 点在 A 点所成像 A' 的外侧，如图 1.6 所示。这种情形下，$L(\widehat{ADA'}) = L(\widehat{AOA'})$，而 $L(\widehat{ADB}) > L(\widehat{ADA'})$，$L(\widehat{ACB}) > L(\widehat{ADB})$，所以必然有

$$L(\widehat{ACB}) > L(\widehat{AOB})$$

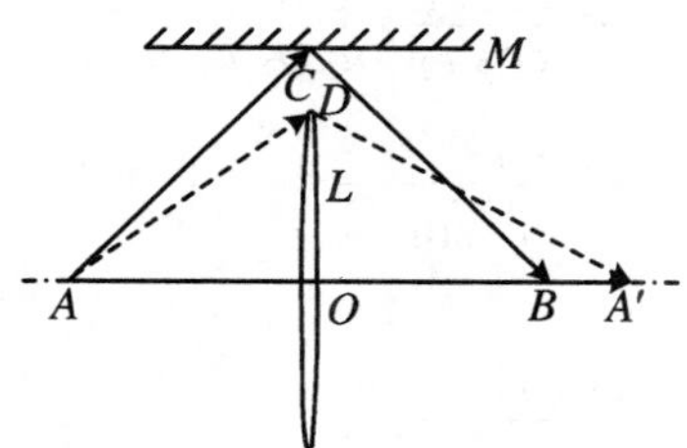

图 1.5　B 点在 A 点像的内侧

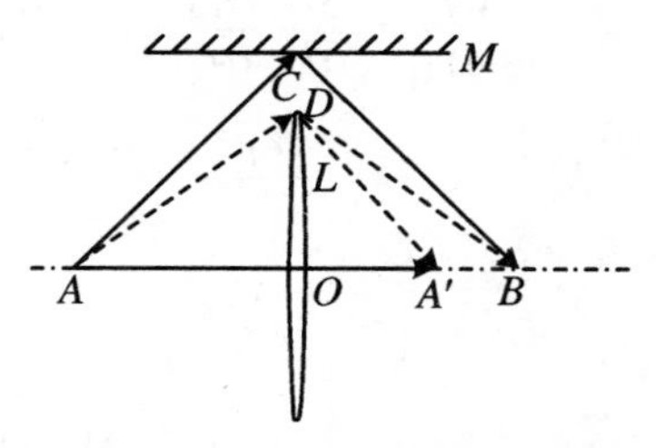

图 1.6　B 点在 A 点像的外侧

【例 1.2】　求光线经过棱镜折射的偏向角，讨论出现最小偏向角的条件，并求出最小偏向角。已知棱镜的顶角为 α，折射率为 n。

解　如图 1.7 所示，设光线从棱镜的左侧面入射，入射角和折射角分别为 i_1, i'_1。在棱镜右侧面，入射角和折射角分别为 i'_2, i_2。

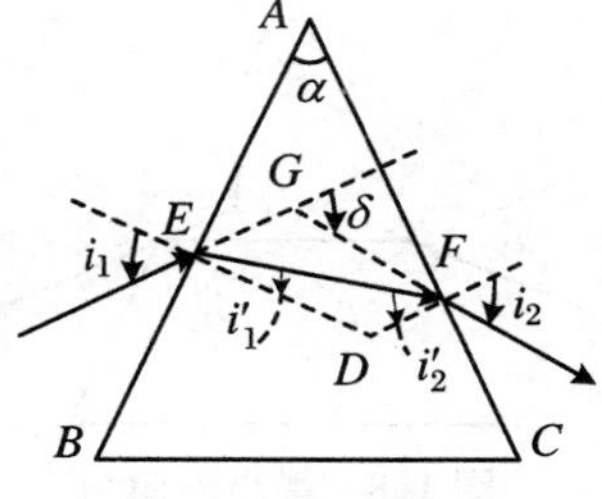

图 1.7　光在三棱镜中的折射

光线的偏向角是指出射光线相对于入射光线偏转的角度，即图 1.7 中的角 δ。

图 1.7 中，棱镜的两棱边与每一棱的法线构成一个四边形 $AEDF$，其中 $\alpha + \angle D = \pi$，在$\triangle EDF$ 中，$i'_1 + i'_2 + \angle D = \pi$，于是

$$i'_1 + i'_2 = \alpha \tag{1}$$

在$\triangle EFG$ 中，可得偏向角

$$\delta = i_1 - i'_1 + i_2 - i'_2 = i_1 + i_2 - (i'_1 + i'_2) = i_1 + i_2 - \alpha \tag{2}$$

最小偏向角的条件为$\dfrac{d\delta}{di_1} = 0$，而$\dfrac{d\delta}{di_1} = \dfrac{d(i_1 + i_2 - \alpha)}{di_1} = 1 + \dfrac{di_2}{di_1} = 0$，即

$$\frac{di_2}{di_1} = -1 \tag{3}$$

在棱镜的两侧面，折射角与入射角之间的关系分别为 $\sin i_1 = n\sin i'_1$ 和 $\sin i_2 = n\sin i'_2$，于是有

$$d(\sin i_1) = \cos i_1 di_1 = n d(\sin i'_1) = n\cos i'_1 di'_1$$
$$d(\sin i_2) = \cos i_2 di_2 = n d(\sin i'_2) = n\cos i'_2 di'_2$$

即

$$\frac{\mathrm{d}i_1'}{\mathrm{d}i_1}=\frac{\cos i_1}{n\cos i_1'},\quad \frac{\mathrm{d}i_2}{\mathrm{d}i_2'}=\frac{n\cos i_2'}{\cos i_2}$$

而根据式(1),可得 $\mathrm{d}i_1'=-\mathrm{d}i_2'$,于是式(3)可表示为

$$\frac{\mathrm{d}i_2}{\mathrm{d}i_1}=\frac{\mathrm{d}i_2}{\mathrm{d}i_1'}\frac{\mathrm{d}i_1'}{\mathrm{d}i_1}=-\frac{\mathrm{d}i_2}{\mathrm{d}i_2'}\frac{\mathrm{d}i_1'}{\mathrm{d}i_1}=-\frac{n\cos i_2'}{\cos i_2}\frac{\cos i_1}{n\cos i_1'}$$

$$=-\frac{\sqrt{n^2-n^2\sin^2 i_2'}}{\cos i_2}\frac{\cos i_1}{\sqrt{n^2-n^2\sin^2 i_1'}}=-1$$

即

$$\frac{\cos i_1}{\sqrt{n^2-\sin^2 i_1}}=\frac{\cos i_2}{\sqrt{n^2-\sin^2 i_2}} \tag{4}$$

式(4)成立的条件为 $i_1=i_2$,相应地 $i_1'=i_2'$,如图1.8所示。

图1.8 最小偏向角

此时 $\sin i_1=n\sin\frac{\alpha}{2}$,于是最小偏向角为

$$\delta_{\min}=2i_1-\alpha=2\arcsin\left(n\sin\frac{\alpha}{2}\right)-\alpha$$

若能够从实验中测出最小偏向角 $\delta_{\min}$,由于此时 $i_1'=\frac{\alpha}{2}$,$i_1=\frac{\alpha+\delta_{\min}}{2}$,则棱镜的折射率为

$$n=\frac{\sin i_1}{\sin i_1'}=\frac{\sin\frac{\alpha+\delta_{\min}}{2}}{\sin\frac{\alpha}{2}} \tag{5}$$

根据式(5)测量棱镜折射率的方法被称作最小偏向角方法。

【例1.3】 半径为 R 的反射球内,P_1,P_2 两点相对于球心 C 对称,与球心的距离为 b。设光线自 P_1 发出,经球面上 O 点反射后过 P_2 点,如图1.9所示。

(1) 试给出光线 P_1O+OP_2 的光程与任意角 θ 的关系;

(2) 利用费马原理计算实际光线的 θ 值。

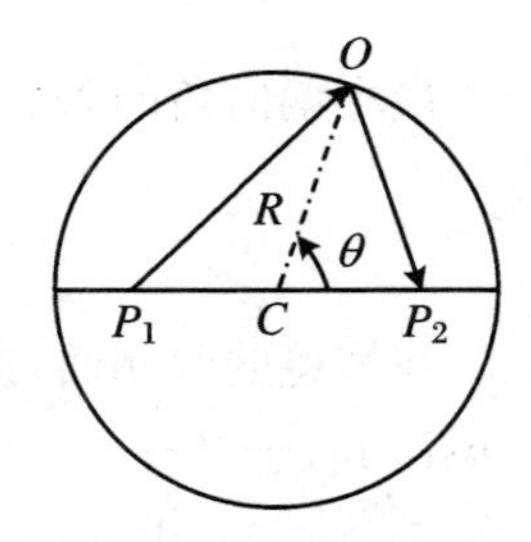

图1.9 反射球内的光线

分析 用费马原理解题的关键是写出光程的表达式。解题过程一般分为两个步骤:① 直接利用几何关系或折射、反射定律得到光程的表达式;② 将光程表示为某一变量的函数,求出该函数取极值的条件。

解 本题的光程就是光线的几何路程。

(1) 以 θ 为变量，将余弦定理应用到图1.9中的$\triangle P_1OC$ 和$\triangle P_2OC$ 中，可得光程的表达式为

$$L(\overset{\frown}{P_1OP_2}) = OP_1 + OP_2 = \sqrt{b^2 + R^2 + 2bR\cos\theta} + \sqrt{b^2 + R^2 - 2bR\cos\theta}$$

(2) 令$\dfrac{\mathrm{d}L}{\mathrm{d}\theta}=0$，有

$$\frac{\mathrm{d}L}{\mathrm{d}\theta} = \frac{bR\sin\theta}{\sqrt{b^2 + R^2 - 2bR\cos\theta}} - \frac{bR\sin\theta}{\sqrt{b^2 + R^2 + 2bR\cos\theta}} = 0$$

可得 $\theta=0,\dfrac{\pi}{2},\pi,\dfrac{3\pi}{2}$四个值满足 L 为极值的条件。分别代入$\dfrac{\mathrm{d}^2L}{\mathrm{d}\theta^2}$后，可知 $\theta=0,\pi$ 时，光程取极小值；而 $\theta=\dfrac{\pi}{2},\dfrac{3\pi}{2}$时，光程取极大值。

【例1.4】 如图1.10所示，一个半径为 R 的玻璃半球，折射率为 n，将平面一侧半径为 r 的中心区域涂黑，平行光从平面一侧入射，计算从球面一侧出射的光能够照射到的轴线上的区域。若将半球放入水中，上述区域有何变化？

解　进入半球的光线，在球面一侧，若入射角足够大，将会发生全反射。如图1.11所示，从球面一侧出射的光束，照射到轴线上 A，B 两点之间的区域。

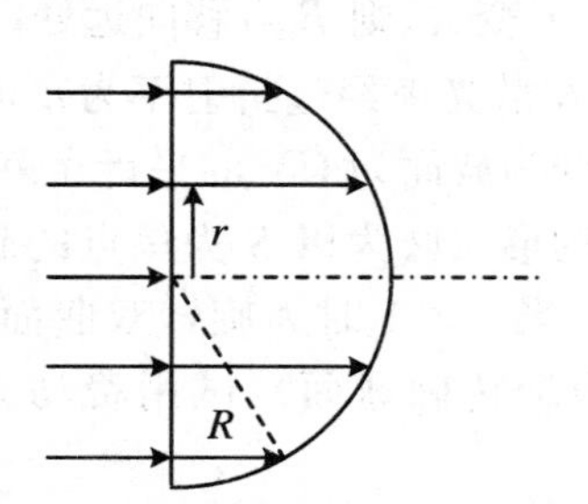

图1.10　光线从平面一侧射入玻璃半球

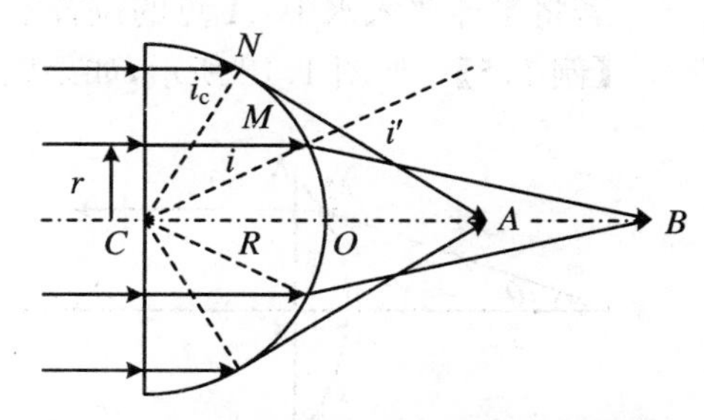

图1.11　光线在球面一侧的折射和全反射

全反射临界角满足 $n\sin i_c=1$，从球面出射的临界光线，折射角为90°，射向 A 点，可算得

$$\overline{CA} = \frac{R}{\sin i_c} = \frac{nR}{n\sin i_c} = nR$$

从平面一侧半径为 r 的圆周上射入半球的光线，在球面一侧的入射角为 i，则 $\sin i=\dfrac{r}{R}$。折射角 i'满足 $\sin i' = n\sin i = \dfrac{nr}{R}$。

在$\triangle CMB$ 中，$\angle CMB=\pi-i-(i-i')=\pi-2i+i'$，$\angle MBC=i-i'$。应用正弦定理，得到

$$\overline{CB}=R\frac{\sin\angle CMB}{\sin\angle MBC}=R\frac{\sin(\pi-2i+i')}{\sin(i-i')}=R\frac{\sin(2i-i')}{\sin(i-i')}$$

由于

$$\begin{aligned}\sin(i-i')&=\sin i\cos i'-\cos i\sin i'=\sin i\sqrt{1-\sin^2 i'}-\sqrt{1-\sin^2 i}\sin i'\\&=\sin i\sqrt{1-n^2\sin^2 i}-n\sin i\sqrt{1-\sin^2 i}\\&=\frac{r}{R}\left(\sqrt{1-\frac{n^2r^2}{R^2}}-n\sqrt{1-\frac{r^2}{R^2}}\right)\end{aligned}$$

$$\begin{aligned}\sin(2i-i')&=\sin 2i\cos i'-\cos 2i\sin i'=2\sin i\cos i\cos i'-(1-2\sin^2 i)\sin i'\\&=2\sin i\sqrt{1-\sin^2 i}\sqrt{1-\sin^2 i'}-(1-2\sin^2 i)\sin i'\\&=2\sin i\sqrt{1-\sin^2 i}\sqrt{1-n^2\sin^2 i}-n(1-2\sin^2 i)\sin i\\&=\frac{r}{R}\left[2\sqrt{1-\frac{r^2}{R^2}}\sqrt{1-\frac{n^2r^2}{R^2}}-n\left(1-\frac{2r^2}{R^2}\right)\right]\end{aligned}$$

故可得

$$\overline{CB}=\frac{2\sqrt{R^2-r^2}\sqrt{R^2-n^2r^2}-n(R^2-2r^2)}{\sqrt{R^2-n^2r^2}-n\sqrt{R^2-r^2}}$$

若将半球放入水中，A 点的位置不变，而折射角 i' 变大，则 B 点移向远处。

【例 1.5】 如图 1.12 所示，如果以 S 为中心的发散光束经过折射率为 n 的平凸透镜后变为波面为 CN 的平行光束，则透镜凸面的形状必为以 S 为焦点的旋转圆锥曲面（当 $n>1$ 时为旋转双曲面；当 $n<1$ 时为旋转椭球面），试用费马原理证明之。

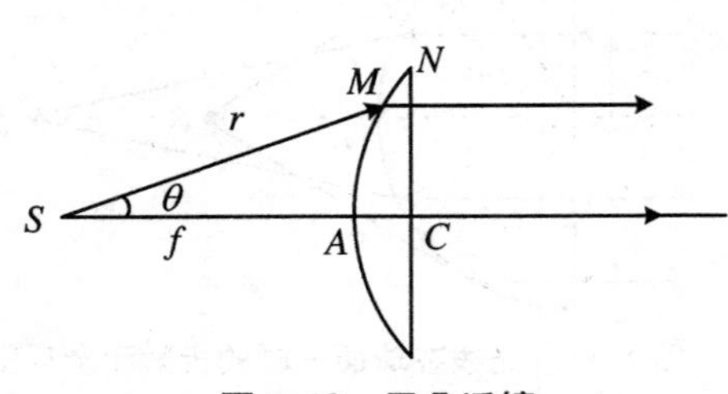

图 1.12 平凸透镜

分析 由费马原理可知，由 S 发出的所有光线到达 CN 平面的光程相等。设 M 为凸面上的任一点，其坐标可由 r，θ 确定。由等光程性定出 M 点空间位置的轨迹，即可确定凸面的形状。

解 因为由 S 发出的所有光线到达 CN 平面的光程是相等的，即沿轴线的光线 SAC 与任意光线 SMN 的光程相等，故

$$\overline{SA}+n\overline{AC}=\overline{SM}+n\overline{MN}$$

设 $\overline{SA}=f$，$\overline{SM}=r$，则有

$$f+n\overline{AC}=r+n\overline{MN}\quad\text{或}\quad r=f+n(\overline{AC}-\overline{MN})\tag{1}$$

而由几何关系 $\overline{AC}-\overline{MN}=r\cos\theta-f$，代入式(1)，可得

$$r = \frac{f(1-n)}{1-n\cos\theta} \tag{2}$$

若令 $r=\sqrt{x^2+y^2}$，$\cos\theta=\frac{x}{r}$，代入式(2)，有

$$(n^2-1)x^2-2n(n-1)fx-y^2+(n-1)^2f^2=0 \tag{3}$$

式(2)和式(3)分别是极坐标下和直角坐标下的圆锥曲线的方程。由旋转对称性可知，凸面由上述圆锥曲线绕光轴旋转而成，即凸面为旋转圆锥曲面。

【例1.6】 试举出光程分别取极小值、极大值或恒定值的实例。

解　(1) 如图1.13所示，从 P 点发出的经平面镜 M_1 射向 Q 点的光线，所经过的实际路径为 PAQ，这是满足反射定律的路径，光程是最小的，其他的任何路径，如图1.13中所示的 PBQ，其光程一定比路径 PAQ 的光程大。

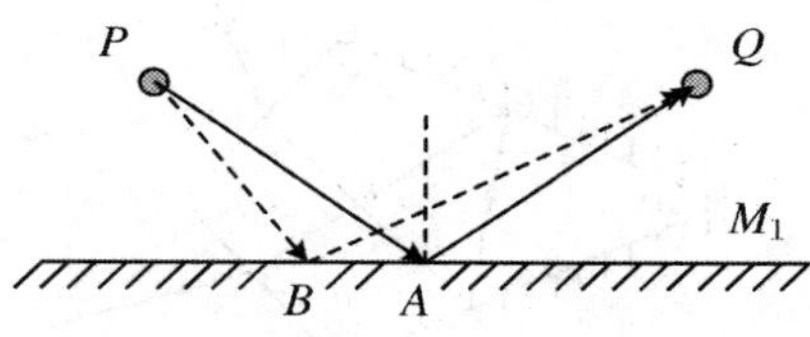

图1.13　平面反射

(2) 如图1.14所示，若 P，Q 两点恰是椭球面 M_2 的焦点，则 P 点发出的所有光线，经椭球面 M_2 反射后都射向 Q 点，这些光线所经过路径的光程都是相等的，即实际光线的光程是恒等值。

(3) 如图1.15所示，M_3 是曲率半径较小的球面，从 P 点发出的经球面 M_3 射向 Q 点的实际光线为 PCQ，可以看出路径 PCQ 的光程一定比其他路径(如图1.15中的 PDQ)的光程大，所以这种情形下，实际光线路径的光程是极大值。

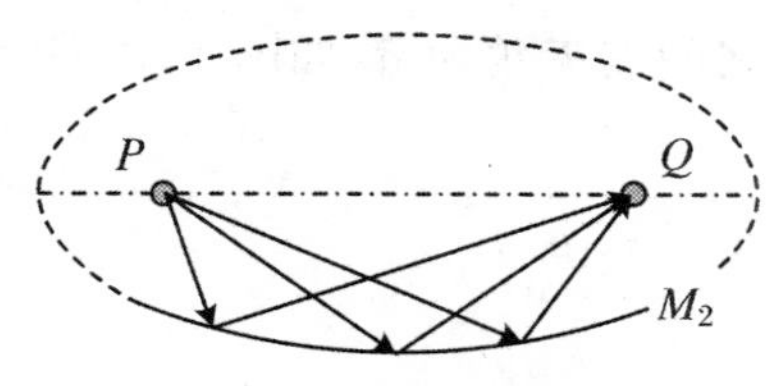

图1.14　椭球面反射

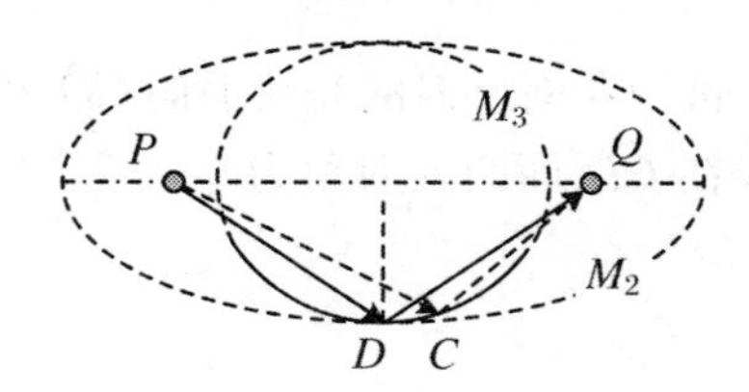

图1.15　小球面反射

【例1.7】 如图1.16所示的棱镜，顶角为 α 的两个侧面涂上反射膜，一条光线按图中的方式，经折射→反射→反射→折射后射出。

(1) 证明：光线的偏转角恒等于 2α，与入射方向无关；

(2) 用此棱镜，能否产生色散？

解　棱镜中，$\beta=\frac{2\pi-3\alpha}{2}=\pi-\frac{3\alpha}{2}$。

设光线射向棱镜时，在 BC 界面上的入射角为 i，折射角为 i_1，如图1.17所示。

BC 面与 AD 面之间的夹角为

$$\delta = \pi - \alpha - \beta = \pi - \alpha - \pi + \frac{3\alpha}{2} = \frac{\alpha}{2}$$

即反射面 AD 的法线相对于折射面 BC 的法线转过了 δ 角，则在反射面 AD 上光线的入射角为

$$i_2 = \delta - i_1 = \frac{\alpha}{2} - i_1$$

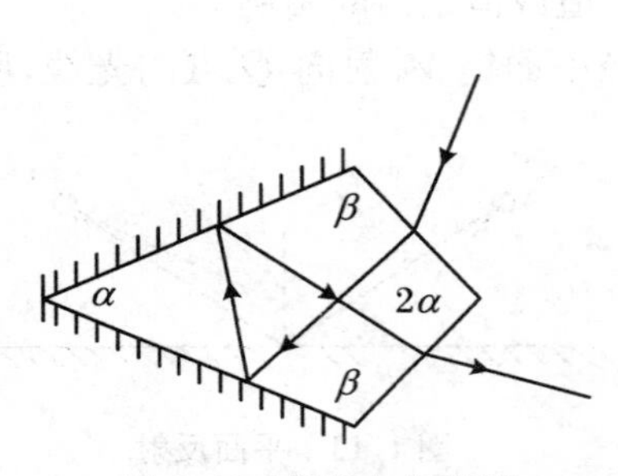

图 1.16 恒偏向角棱镜

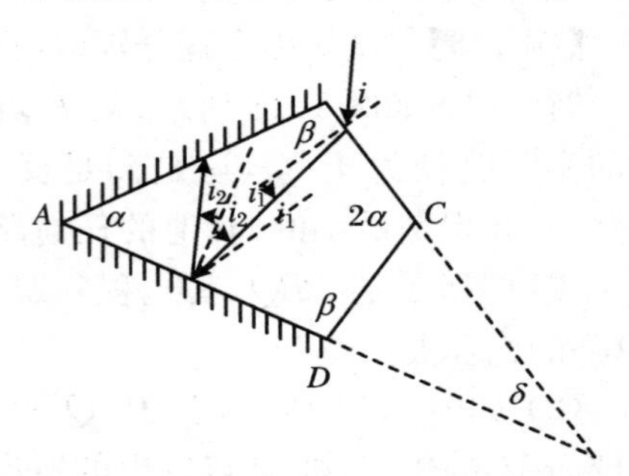

图 1.17 光线在 BC 面折射、AD 面反射

反射角也是 i_2。

反射面 AD 与反射面 AB 之间的夹角为 α，则这两面法线之间的夹角也是 α，如图 1.18 所示，则光线在 AB 面的入射角和反射角为

$$i_3 = \alpha - i_2 = \alpha - \left(\frac{\alpha}{2} - i_1\right) = \frac{\alpha}{2} + i_1$$

被 AB 面反射的光线射向 CD 面，这两面之间的夹角为 δ，如图 1.19 所示，则光线在 CD 面的入射角为

$$i_4 = i_3 - \delta = \frac{\alpha}{2} + i_1 - \frac{\alpha}{2} = i_1$$

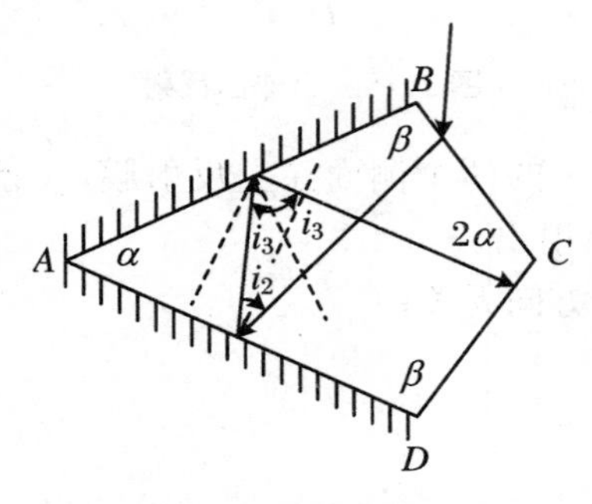

图 1.18 光线在 AB 面反射

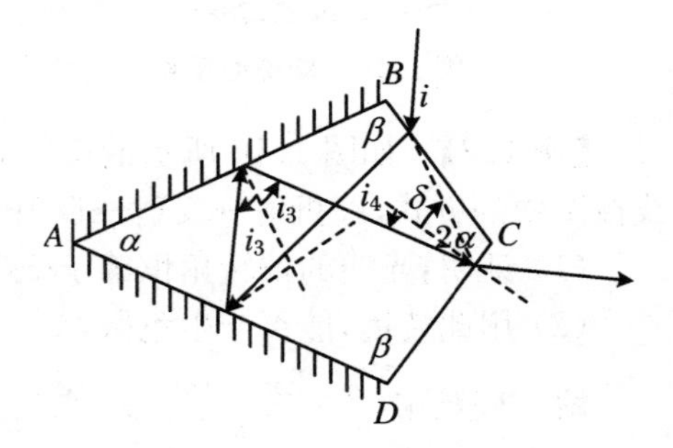

图 1.19 光线射向 CD 面

光线经 CD 面折射，又进入外部媒质中，由于入射角为 i_1，所以折射角为 i。由于 BC 面与 CD 面之间的夹角为 2α，如图1.20所示，则 CD 面相对于 BC 面转过了 $\pi-2\alpha$ 角，这两个平面的法线之间也相对转过了 $\pi-2\alpha$ 角，因而出射光线与入射光线之间的夹角也为 $\pi-2\alpha$，但偏向角的定义是出射光线相对于入射光线偏转的角度，所以光线的偏向角为 2α。这与棱镜和外部媒质的折射率无关，也不会导致色散。但是，由于不同波长(即不同颜色)的光从 CD 面出射的位置有所不同，所以从该棱镜出射的光束虽然是平行光，且不同波长的光方向相互平行，但光束变宽，不同波长的光相互错开。

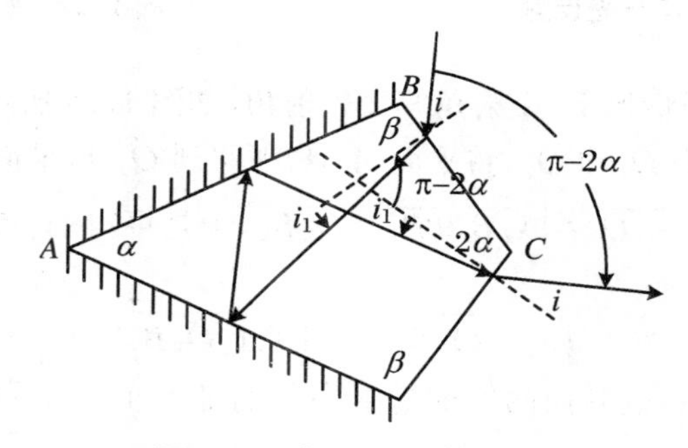

图1.20　光线经 CD 面折射

需要指出的是，光线只有按图示的次序，依次经历 BC 面折射、AD 面反射、AB 面反射、CD 面折射，才能实现恒偏向角。即进入棱镜的光线必须首先射向 AD 面，这就对光在 BC 面的入射角有一定的要求。

【例1.8】　利用费马原理证明，在以 O 点为中心的球对称分布的非均匀媒质中(即折射率仅与任一点到 O 点的距离 r 有关)，从 O 点到任一点的光线一定是直线。

证明　以 O 点为中心，r 为媒质中任一点到 O 点的距离，则折射率的分布可表示为

$$n = n(r)$$

如图1.21所示，设 A 为媒质中的任一点，不妨以 O 为中心作一系列等间隔的球面，并设球面间的距离足够小，则球面间的折射率可认为是均匀的。容易看出，沿径向的光程一定是最小的，因而遵循费马原理的光线一定是沿径向的。

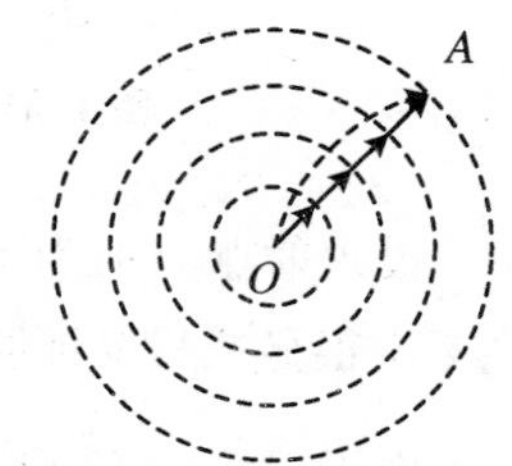

图1.21　球对称分布媒质中的光线

【例1.9】　在如图1.22和图1.23所示的反射和折射情形中，A_1A_2，B_1B_2，

C_1C_2 分别是与平行光束垂直的平面，证明 A_1A_2 到 B_1B_2，A_1A_2 到 C_1C_2 的光线分别是等光程的。

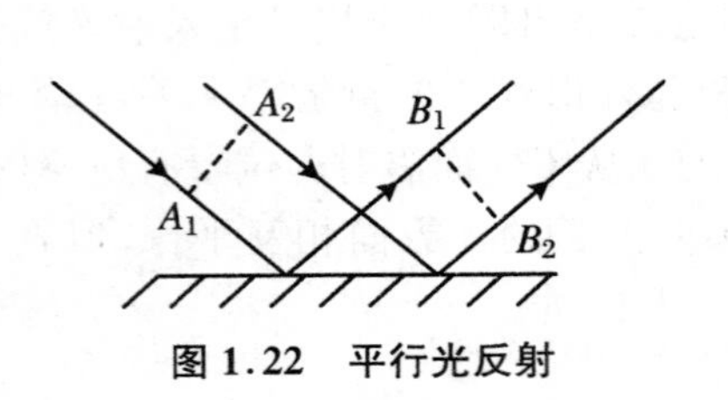

图 1.22 平行光反射

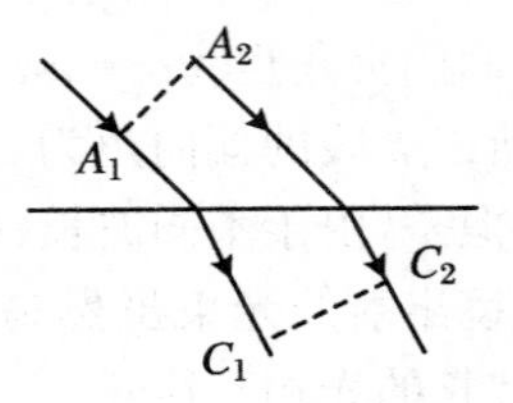

图 1.23 平行光折射

证明 (1) 反射情形下，反射角等于入射角，如图 1.24 所示。

设入射点分别为 O_1 和 O_2，将平面 A_1A_2 平移到 O_1A，平面 B_1B_2 平移到 O_2B。则由于 $\overline{O_1B}=\overline{O_2A}$，$\overline{A_1O_1}=\overline{A_2B}$，$\overline{BB_1}=\overline{O_2B_2}$，于是可得 A_1A_2 到 B_1B_2 的光线等光程，即

$$L(\overparen{A_1O_1B_1}) = L(\overparen{A_2O_2B_2})$$

(2) 折射情形下，设界面两侧的折射率分别是 n 和 n'，反射角为 i，入射角为 i'，如图 1.25 所示。

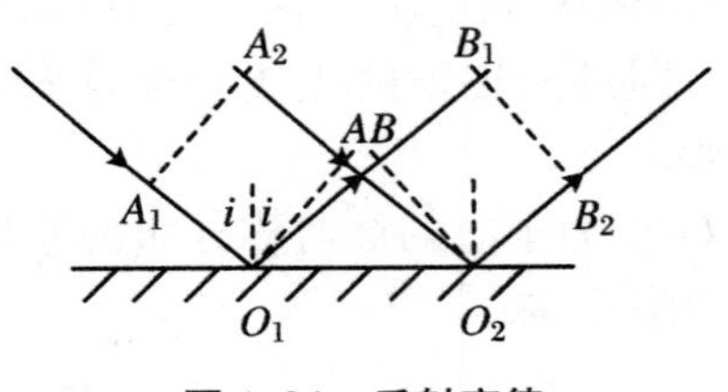

图 1.24 反射定律

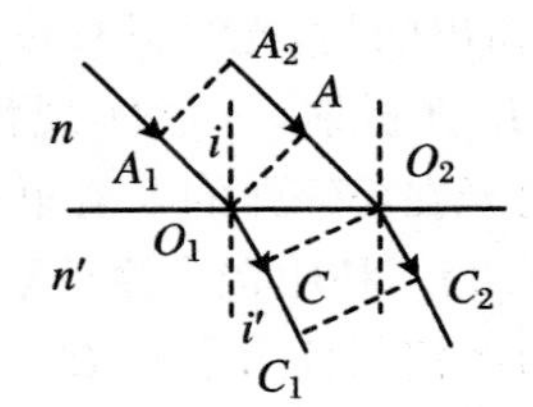

图 1.25 折射定律

设入射点分别为 O_1 和 O_2，将平面 A_1A_2 平移到 O_1A，平面 C_1C_2 平移到 O_2C。很显然只要证明平面 O_1A 到平面 CO_2 之间的光线等光程即可。

由于 $AO_2=O_1O_2\sin i$，$O_1C=O_1O_2\sin i'$，于是有 $\frac{AO_2}{\sin i}=\frac{O_1C}{\sin i'}$，即

$$AO_2\sin i' = O_1C\sin i$$

根据折射定律，$n\sin i=n'\sin i'$，于是上式可化为

$$n\,\overline{AO_2} = n'\,\overline{O_1C}$$

即 A_1A_2 到 C_1C_2 的光线是等光程的。

1.2　光学的成像定理

光学成像理论是几何光学重要的组成部分，是以光线的实验定律为基础，利用几何学方法发展起来的关于成像的理论体系。

1.2.1　光学成像的基本概念

1．光学成像元件

光学成像，是通过光线的反射或折射而实现的。

成像元件就是通过反射或折射使光线成像的基本光学装置。成像元件包括单个反射面(图1.26)、单个折射面(图1.27)和单个薄透镜(图1.28)。

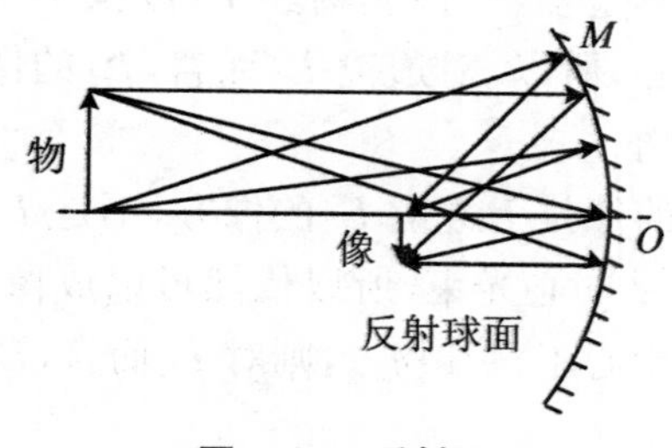

图1.26　反射面

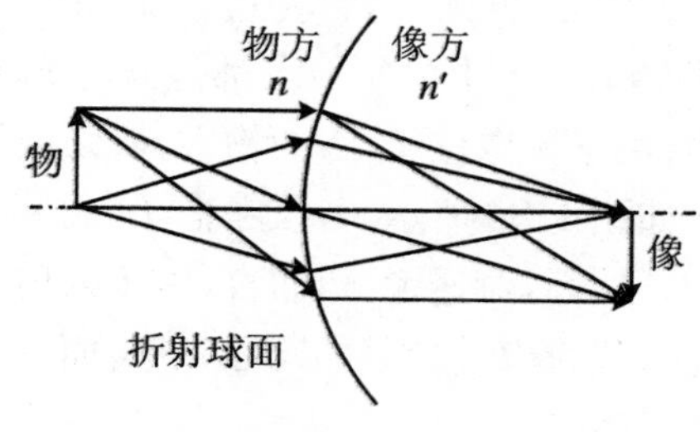

图1.27　折射面

2．同心光束

物可以看作是由一系列的点构成的。

在图1.26～图1.28中，物上的某一个点所发出的光束，经过光学成像元件后，如果都会聚到同一点，则会聚点就是与该物点所对应(也称共轭)的像点。

若每一个物点都有一个对应的像点，则像点的集合就构成像。

物点发出同心光束，同心光束会聚成像点。

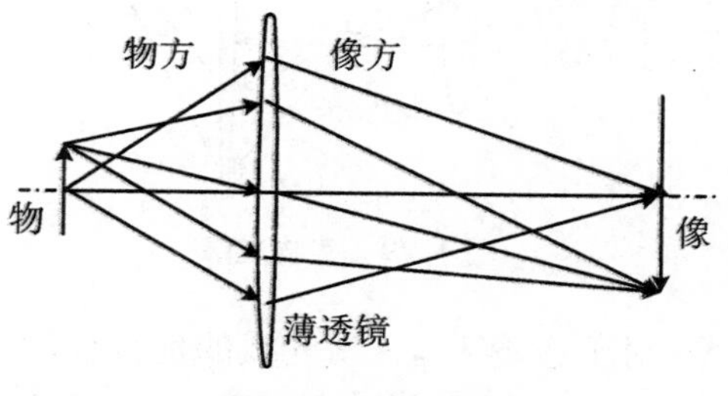

图1.28　薄透镜

所以，光学成像的过程，保持光束

的同心性不变，是成像的必要条件。

3．物方与像方

成像元件将光线所在的空间分为物方空间（简称物方）和像方空间（简称像方）。

入射光线所在的空间属于物方，出射光线所在的空间属于像方。

对于折射光学元件（折射面、薄透镜），物方、像方分别在元件的两侧；对于反射光学元件，物方、像方在反射面的同一侧。

光学成像，其实就是成像元件将物方的同心光束变换为像方的同心光束的过程，也可以说是光学元件将入射的同心光束变换为出射的同心光束的过程。

4．实物与虚物

如果物在物方，则入射光束的中心在物方，即射向成像元件的光线是发散的光束，这样的物被称作实物。

如果物不在物方，即射向成像元件的光线是会聚的光束，则入射光束的中心不在物方，这样的物被称作虚物。

如图1.29所示，物在透镜L_1的物方，当然是实物；该实物经L_1成像于透镜L_2的物方。像上的每一点都是同心光束的中心，所以，对透镜L_2而言，L_1的像就是物，由于该像位于L_2的物方，所以依然是实物。

如图1.30所示，若仅考虑L_1成像，则L_1的像位于透镜L_2的像方，不是L_2的实物。然而，对透镜L_2而言，由于入射的光束是同心光束，所以依然可以成像，只不过这些光束是会聚的同心光束，而且光束的中心不在其物方，则对L_2而言，L_1的像就是虚物。

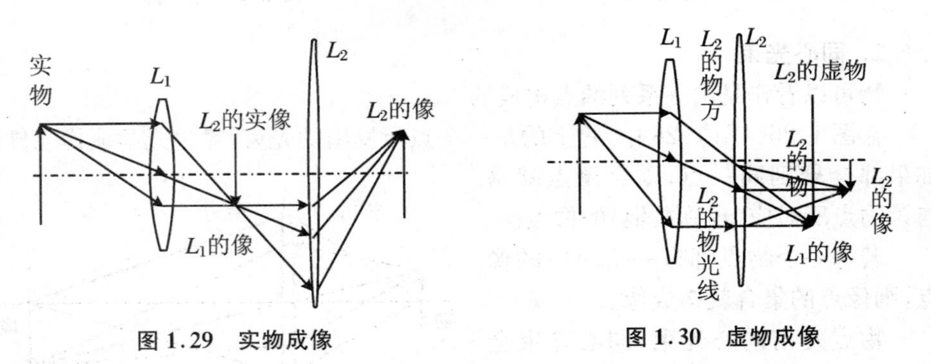

图1.29　实物成像　　图1.30　虚物成像

对于透镜L_2，入射光线的延长线，称作虚光线，入射光线的虚光线的会聚点，是虚物点。作为比较，可以看出，对于透镜L_1，入射实光线的会聚点，即物方实光线的中心，是实物点。

5. 实像与虚像

如果像在像方，即出射光束在像方会聚成像，这样的像称作实像，如图 1.31 所示。

如果出射光束在像方是发散的，则不能成实像；但是，由于出射光束也是同心光束，将这样的光束反向延长后一定能够会聚。像方光线的反向延长线称作像方的虚光线，这些虚光线会聚成的点就是虚像点，如图 1.32 所示。

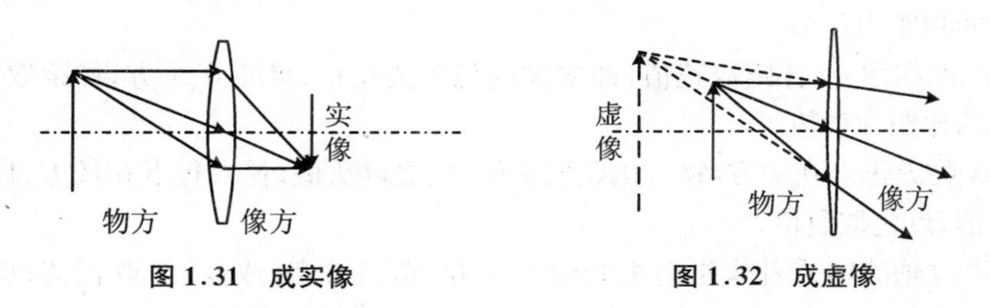

图 1.31　成实像　　**图 1.32　成虚像**

实物、虚物都是物方同心光束的中心；实像、虚像都是像方同心光束的中心。从这一观点看，虚物与实物并无本质差别，虚像与实像也无本质差别。图 1.33 显示了各种不同类型的成像情形。

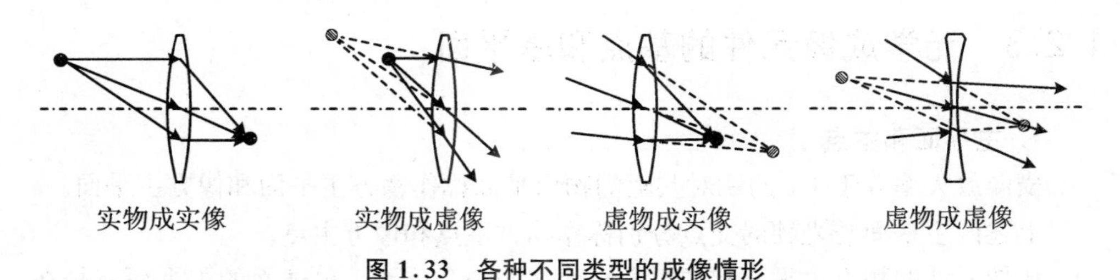

图 1.33　各种不同类型的成像情形

1.2.2　光学成像的符号约定

实物在物方，而虚物不在物方；实像在像方，而虚像不在像方。这就要求能够区分实物与虚物的物距，以及实像与虚像的像距。同时，凸球面与凹球面的成像也有差别，它们的曲率半径也需要加以区分。

在光学成像中，上述距离的差别，以及球面曲率半径的差别，可以通过取正负值加以区分。所以，成像光学的符号约定主要是对距离和半径取正值或取负值的约定。除此之外，还涉及物、像长度正负的约定，以及有关角度正负的约定。

需要指出的是，符号约定因人而异，并无优劣之分。但是，采用不同的约定，会导致成像公式具有不同的形式。

采用最多的约定有两种，一种是高斯的约定，另一种是笛卡儿的约定。以下只介绍高斯的符号约定。

(1) 球面如果是朝向物方的凸球面，球面的曲率半径取正值；球面如果是朝向物方的凹球面，其曲率半径取负值。

(2) 物在物方，物距取正值，即实物的物距为正值；物不在物方，物距取负值，即虚物的物距为负值。

(3) 像在像方，像距取正值，即实像的像距为正值；像不在像方，像距取负值，即虚像的像距为负值。

(4) 物方焦点在物方，物方焦距取正值，反之取负值；像方焦点在像方，像方焦距取正值，反之取负值。

(5) 垂轴的物或者像指向主光轴的上方，则其长度（或高度）取正值；反之取负值。

(6) 光线的角度自主光轴或球面的法线算起，逆时针方向为正，顺时针方向为负。

1.2.3 光学成像元件的基点和基平面

1. 主平面和主点

横向放大率等于 +1 的一对共轭的物像平面称作物方主平面和像方主平面。

上述两主平面与光轴的交点分别称作物方主点和像方主点。

成像元件的物方主平面和像方主平面在同一个位置。单球面的主平面就是在光轴处球面的切平面，薄透镜的两球面由于靠得很近，所以也认为两个主平面是重合的。透镜的主平面与光轴的交点称作透镜的光心。

物距和像距都是从各自的主平面算起的，分别是物到物方主平面的距离和像到像方主平面的距离。

2. 焦平面和焦点

与无穷远处的垂轴物平面共轭的像平面称作像方焦平面；与无穷远处的垂轴像平面共轭的物平面称作物方焦平面。

上述两焦平面与光轴的交点分别称作像方焦点和物方焦点。

焦平面到主平面的距离称作焦距。焦距是特殊的物距和像距。

1.2.4　光学元件的成像公式

球面半径记作 r，物方折射率、像方折射率分别记作 n，n'，物距、像距分别记作 s，s'，物方焦距、像方焦距分别记作 f，f'，物、像的长度分别记作 y，y'。

1．折射面的物像公式

单折射球面成像如图 1.34 所示。

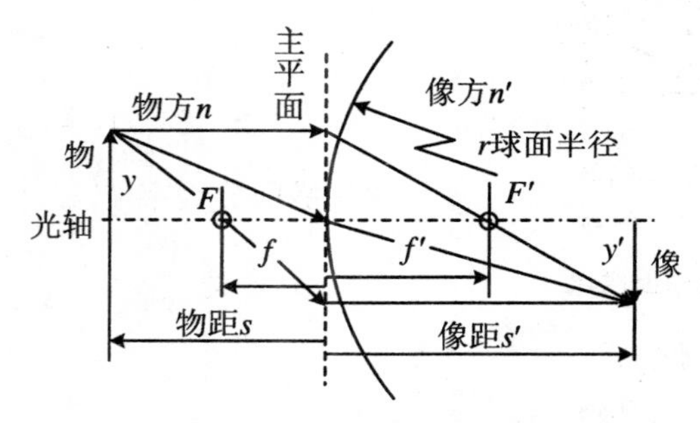

图 1.34　单折射球面成像

设折射球面的曲率半径为 r，在高斯的符号约定下，成像公式为

$$\frac{n'}{s'}+\frac{n}{s}=\frac{n'-n}{r} \tag{1.5}$$

其中

$$\Phi\equiv\frac{n'-n}{r} \tag{1.6}$$

为折射面的光焦度。

物方焦距

$$f=\frac{n}{\Phi} \tag{1.7}$$

像方焦距

$$f'=\frac{n'}{\Phi} \tag{1.8}$$

高斯公式为

$$\frac{f'}{s'}+\frac{f}{s}=1 \tag{1.9}$$

像的横向放大率

$$\beta \equiv \frac{y'}{y} = -\frac{ns'}{n's} = -\frac{f}{x} \tag{1.10}$$

2. 反射面的物像公式

单反射球面成像如图 1.35 所示。

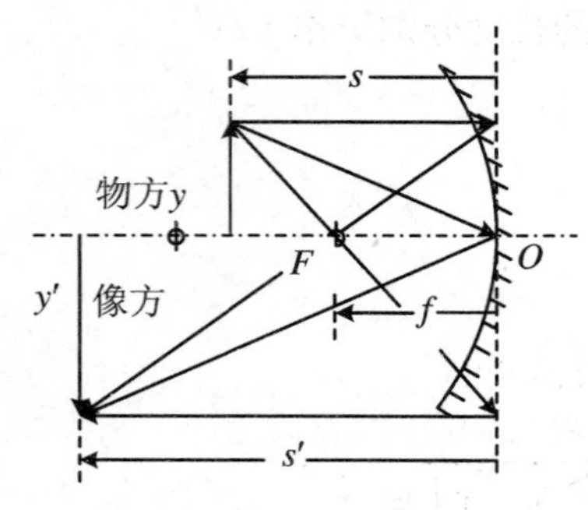

图 1.35 单反射球面成像

设反射球面的曲率半径为 r，在高斯的符号约定下，成像公式为

$$\frac{1}{s'} + \frac{1}{s} = -\frac{2}{r} \tag{1.11}$$

焦距

$$f = f' = -\frac{r}{2} \tag{1.12}$$

像的横向放大率

$$\beta \equiv \frac{y'}{y} = -\frac{s'}{s} = -\frac{f}{x} \tag{1.13}$$

3. 薄透镜的物像公式

薄透镜成像如图 1.36 所示。

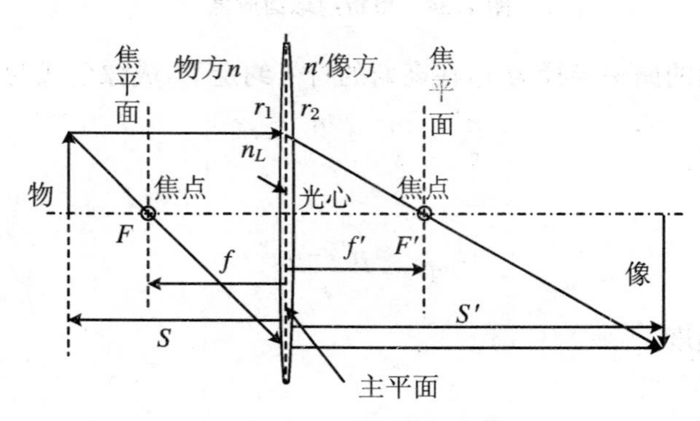

图 1.36 薄透镜成像

在高斯的符号约定下，成像公式为

$$\frac{n'}{s'} + \frac{n}{s} = \frac{n_L - n}{r_1} + \frac{n' - n_L}{r_2} \tag{1.14}$$

其中

$$\Phi \equiv \frac{n_L - n}{r_1} + \frac{n' - n_L}{r_2} \tag{1.15}$$

为薄透镜的光焦度。

物方焦距

$$f = \frac{n}{\Phi} \tag{1.16}$$

像方焦距

$$f' = \frac{n'}{\Phi} \tag{1.17}$$

高斯公式

$$\frac{f'}{s'} + \frac{f}{s} = 1 \tag{1.18}$$

像的横向放大率

$$\beta \equiv \frac{y'}{y} = -\frac{ns'}{n's} = -\frac{f}{x} \tag{1.19}$$

本书中所有关于光学成像的例题,都采用高斯的符号约定。

【例 1.10】 由费马原理导出傍轴条件下球面折射的物像公式。

分析 费马原理指出,光沿着光程为极值的路径传播。由物点 Q 经球面上 M 点折射到达像点 Q' 的所有光线,其光程应取极值,由此确定实际光线的路径和物像之间的关系。

解 如图 1.37 所示,设球面两侧分别是折射率为 n_1,n_2(不妨设 $n_1<n_2$)的两种媒质,球面半径为 r,物距、像距分别为 s,s'。任取一条光线 QM,经折射到达 Q'。过 M 点的半径与光轴的夹角为 θ。则光线 $\overline{QMQ'}$ 的总光程为

$$L = n_1\,\overline{QM} + n_2\,\overline{MQ'} \tag{1}$$

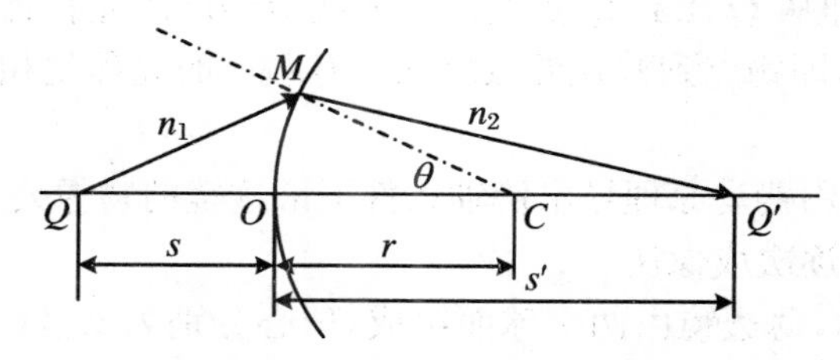

图 1.37　任意一条光线的路径

在△QMC 中,由余弦定理,可得

$$\overline{QM} = \sqrt{r^2 + (r+s)^2 - 2r(r+s)\cos\theta}$$

在傍轴条件下,$\cos\theta \approx 1 - \frac{\theta^2}{2}$,代入上式,有

$$\overline{QM} = s\sqrt{1 + \frac{r(r+s)}{s^2}\theta^2} \approx s\left[1 + \frac{r(r+s)}{2s^2}\theta^2\right] = s + \frac{r(r+s)}{2s}\theta^2 \tag{2}$$

同理有

$$\overline{MQ'} = s' - \frac{r(s'-r)}{2s'}\theta^2 \tag{3}$$

将式(2)、式(3)代入式(1),得到

$$L = n_1\left[s + \frac{r(r+s)}{2s}\theta^2\right] + n_2\left[s' - \frac{r(s'-r)}{2s'}\theta^2\right]$$

光程 L 取极值的条件是

$$\frac{\mathrm{d}L}{\mathrm{d}\theta} = n_1\frac{r(r+s)}{s}\theta - n_2\frac{r(s'-r)}{s'}\theta = 0$$

满足上式的解有两个:① $\theta=0$,即沿光轴传播的光线;② $\theta\neq0$,但 s,s'满足下述关系的光线:

$$n_1\frac{r(r+s)}{s} - n_2\frac{r(s'-r)}{s'} = 0$$

即得

$$\frac{n_1}{s} + \frac{n_2}{s'} = \frac{n_2-n_1}{r} \tag{4}$$

式(4)即球面折射的物像公式。当 s,s'满足该式时,凡从 Q 点发出的傍轴光线都能通过 Q'点,即 Q'是 Q 的像点。

另外,还由于

$$\frac{\mathrm{d}^2L}{\mathrm{d}\theta^2} = r\left(n_1\frac{r+s}{s} - n_2\frac{s'-r}{s'}\right) = 0$$

所以 L 取稳定值,即从 Q 点到 Q'点的所有光线所经历的光程都相等,这就是光学成像的等光程原理,即物点到共轭像点之间所有路径的光程是相等的,简称物像之间等光程。

【例 1.11】 试用费马原理导出傍轴条件下薄透镜的物像公式。

解 方法 1:用逐次成像法。

如图 1.38 所示,薄透镜由两个球面组成,球心分别为 C_1,C_2,半径分别为 r_1,r_2,球面顶点分别为 O_1,O_2。轴上物点 Q 发出的光线经球面折射后经过像点 Q'。Q 点到 O_1 点的距离为 s,Q'点到 O_2 点的距离为 s'。

所谓逐次成像法,是这样理解透镜的成像过程的:Q 点经球面 1 成像为 Q''点,Q''点到球面 1 的距离为 s_1';Q''点再经球面 2 成像为 Q'点。光线$\overline{QMM'Q'}$的光程为

$$L = \overline{QM} + n(\overline{MQ''} - \overline{M'Q''}) + \overline{M'Q'} \tag{1}$$

类似例 1.10,可求得在傍轴条件下,分别有

$$\overline{QM} + n\,\overline{MQ''} = \left[s + \frac{r_1(r_1+s)}{2s}\theta_1^2\right] - \left[s_1' - \frac{r_1(s_1'-r_1)}{2s_1'}\theta_1^2\right]$$

$$\overline{M'Q'} = s_1' + \frac{r_2(s_1' + r_2)}{2s_1'}\theta_2^2 \tag{2}$$

$$\overline{M'Q''} = s' + \frac{r_2(s' + r_2)}{2s'}\theta_2^2$$

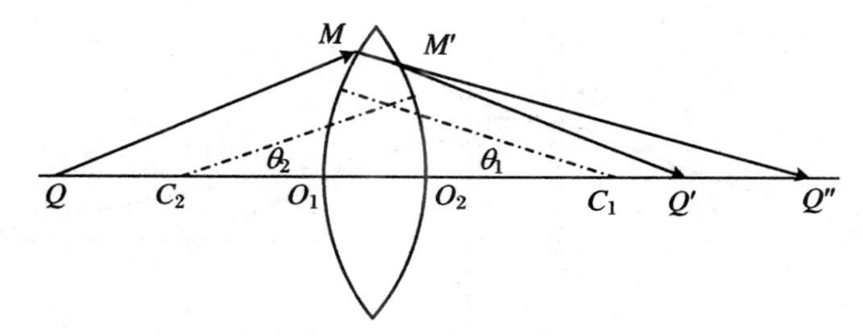

图 1.38　薄透镜成像的等光程性

将式(2)代入式(1),并考虑到在薄透镜条件下

$$r_1\theta_1 \approx r_2\theta_2 \tag{3}$$

通过计算,简化后得

$$L = \left[s + \frac{r_1(r_1 + s)}{2s}\theta_1^2\right] + \left[s' + \frac{r_1^2(s' + r_2)}{2r_2 s'}\theta_1^2\right] - n\left[\frac{r_1 r_2 + r_1^2}{2r_2}\right]\theta_1^2 \tag{4}$$

由极值条件

$$\frac{\mathrm{d}L}{\mathrm{d}\theta_1} = \frac{r_1(r_1 + s)}{s}\theta_1 - n\left(\frac{r_1 r_2 + r_1^2}{r_2}\right)\theta_1 + \frac{r_1^2(s' + r_2)}{r_2 s'}\theta_1 = 0$$

可知,当满足下述关系:

$$\frac{r_1(r_1 + s)}{s} - n\left(\frac{r_1 r_2 + r_1^2}{r_2}\right) + \frac{r_1^2(s' + r_2)}{r_2 s'} = 0$$

即在

$$\frac{1}{s} + \frac{1}{s'} = (n - 1)\left(\frac{1}{r_1} - \frac{1}{r_2}\right) \tag{5}$$

这种情形下,从 Q 点发出的到 Q' 点的傍轴光线的光程取极值。式(5)即为薄透镜的物像公式。

方法 2:用几何方法。

如图 1.39 所示,设物方、透镜和像方的折射率分别为 n,n_L 和 n',透镜光轴上的物点 P 发出的任意一条傍轴光线经透镜后与光轴交于 Q 点。由于沿光轴的入射光线出射后也沿光轴传播,所以可以认为 Q 点就是 P 点的像点。

设物方光线在第一球面上的入射点为 M,在第二球面上的出射点为 N,此处透镜的厚度为 d。透镜中的光线 MN 并不与光轴平行,若该光线与光轴的夹角为

θ,由于是傍轴光线,所以 $\theta \ll 1$,因而 MN 与沿光轴方向的光线的长度差为 $d/\cos\theta - d$,由于 $1/\cos\theta \approx 1/(1-\theta^2/2) \approx 1+\theta^2/2 \approx 1$,所以 $MN \approx d$。而 MN 与沿光轴方向的光线在第二球面上的高度差为 $d\sin\theta \approx d\theta$,由于是薄透镜,$d$ 也是小量,因而 $d\theta$ 是二阶小量,可忽略。所以,薄透镜中的光线可以认为是与光轴平行的。

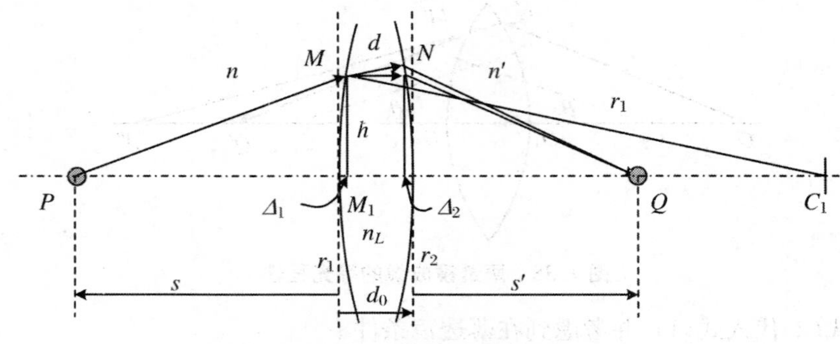

图 1.39 计算傍轴光线的光程

在图 1.39 中,设透镜中的光线到光轴的距离为 h,分别从 M 点和 N 点向光轴作垂线,垂足与两球面顶点之间的距离分别为 Δ_1 和 Δ_2。设第一球面的球心为 C_1,半径为 r_1(此处各球面半径已按符号约定赋予正负值)。则在直角三角形 M_1MC_1 中,可求得

$$\Delta_1 = r_1 - \sqrt{r_1^2 - h^2} = r_1 - r_1\sqrt{1 - h^2/r_1^2} \approx r_1 - r_1\left(1 - \frac{h^2}{2r_1^2}\right) = \frac{h^2}{2r_1}$$

相应地,可得

$$\Delta_2 \approx -\frac{h^2}{2r_2}$$

在直角三角形 PMM_1 中,可得

$$PM = \sqrt{(s+\Delta_1)^2 + h^2} = \sqrt{s^2 + 2s\Delta_1 + \Delta_1^2 + h^2}$$
$$\approx s\sqrt{1 + \frac{2s\Delta_1 + h^2}{s^2}} \approx s + \Delta_1 + \frac{h^2}{2s}$$

相应地,可得

$$NQ = \sqrt{(s'+\Delta_2)^2 + h^2} \approx s' + \Delta_2 + \frac{h^2}{2s'}$$

于是路径 $\overparen{PMNQ}$ 的光程为

$$L(h) = n\left(s + \Delta_1 + \frac{h^2}{2s}\right) + n_L(d_0 - \Delta_1 - \Delta_2) + n'\left(s' + \Delta_2 + \frac{h^2}{2s'}\right)$$

$$= ns + n's' + n_L d_0 + (n - n_L)\Delta_1 + (n' - n_L)\Delta_2 + \frac{nh^2}{2s} + \frac{n'h^2}{2s'}$$

$$= ns + n's' + n_L d_0 + (n - n_L)\frac{h^2}{2r_1} - (n' - n_L)\frac{h^2}{2r_2} + \frac{nh^2}{2s} + \frac{n'h^2}{2s'}$$

由于物像之间所有路径的光程相等，而沿光轴的光程为

$$L(0) = ns + n's' + n_L d_0$$

所以由 $L(h) = L(0)$ 可得 $(n - n_L)\frac{h^2}{2r_1} - (n' - n_L)\frac{h^2}{2r_2} + \frac{nh^2}{2s} + \frac{n'h^2}{2s'} = 0$，即

$$\frac{n'}{s'} + \frac{n}{s} = \frac{n_L - n}{r_1} + \frac{n' - n_L}{r_2}$$

或者，利用 $\frac{\mathrm{d}L(h)}{\mathrm{d}h} = 0$ 也可得到相同的结果。而且，由于 $\frac{\mathrm{d}^2 L(h)}{\mathrm{d}h^2} = 0$，说明物像之间所有的路径是等光程的。

【例 1.12】 实物放在凹面镜前什么位置能成倒立的放大像？为什么？这时是实像还是虚像？

解　凹面镜的焦距为正值，$f = \frac{|r|}{2}$。实物在焦点外侧，可成实像，实像一定是倒立的。横向放大率为 $\beta = -\frac{s'}{s} = -\frac{f}{s-f}$，只要满足 $\frac{f}{s-f} > 1$ 且 $s - f > 0$ 即可，因而有

$$\frac{|r|}{2} = f < s < 2f = |r|$$

即物到凹球面镜的距离大于球面半径且小于球面直径，也即可成放大的倒立实像。

【例 1.13】 一点光源位于凸透镜的主光轴上。当点光源位于 A 点时，它成像于 B 点；而当它位于 B 点时，它成像于 C 点。已知 $AB = 10\ \mathrm{cm}$，$BC = 20\ \mathrm{cm}$。判断该凸透镜的位置并求其焦距。

解　根据高斯定理 $\frac{f}{s'} + \frac{f}{s} = 1$，可得

$$s' = \frac{sf}{s - f} = \frac{f}{1 - f/s} = \frac{s}{s/f - 1} \tag{1}$$

若 $s > f$，则成实像；反之，则成虚像。首先判断该凸透镜的位置。

(1) A，B，C 三点与透镜的相对位置如图 1.40(a)所示。

根据式(1)，对于凸透镜，实物成像，若 $s < f$，则 $0 < s/f < 1$，因而 $-1 < s/f - 1 < 0$，即只能成虚像，且像总是比物距离透镜更远。所以这是不可能的情形。

(2) A,B,C 三点与透镜的相对位置如图 1.40(b)所示。

说明 A 点经透镜后成虚像于 B 点，由于 B 点在透镜焦点内侧，实物在 B 点，只能成虚像，而在 C 点是实像。因而这是不可能的情形。

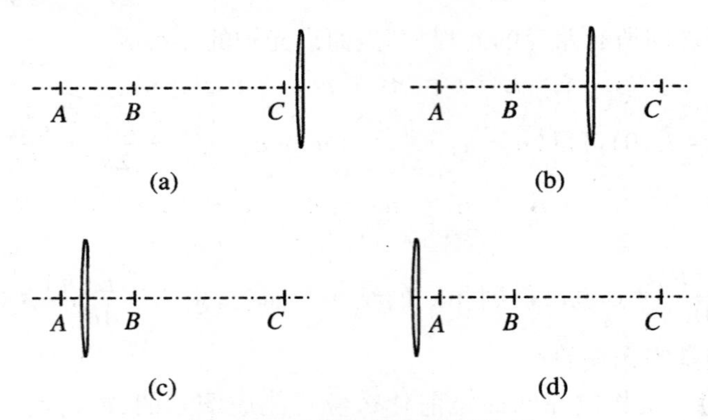

图 1.40　判断透镜可能的位置

(3) A,B,C 三点与透镜的相对位置如图 1.40(c)所示。

说明 A 点经透镜后成实像于 B 点，由于光的可逆性，实物在 B 点，只能在 A 点成实像，而不可能成虚像于 C 点。因而这也是不可能的情形。

(4) A,B,C 三点与透镜的相对位置如图 1.40(d)所示。

说明 A 点经透镜后成虚像于 B 点，而 B 点依然在焦点内侧，实物在 B 点，成虚像于 C 点。这是唯一可能的情形。

实际上，若要确定透镜的位置和焦距，并不需要作上述判断。在作了符号约定的前提下，可以任意设定透镜的位置，然后根据计算的结果即可得到正确的结论。

如图 1.41 所示，设透镜的焦距为 f，到点光源的距离为 x，则可得到两次成像的物像关系为

$$\begin{cases} \dfrac{1}{x} + \dfrac{1}{-(10+x)} = \dfrac{1}{f} \\ \dfrac{1}{10+x} + \dfrac{1}{-(30+x)} = \dfrac{1}{f} \end{cases}$$

两式联立，得 $\dfrac{1}{x} + \dfrac{1}{-(10+x)} = \dfrac{1}{10+x} + \dfrac{1}{-(30+x)}$，解得 $x = 30\ \text{cm}$，于是有

$$f = 120\ \text{cm}$$

若 A,B,C 三点的相对位置如图 1.42 所示，则透镜应位于图中所示位置，并

且可以算出 $x=\frac{10}{3}$ cm，透镜的焦距为 $f=\frac{40}{9}$ cm。

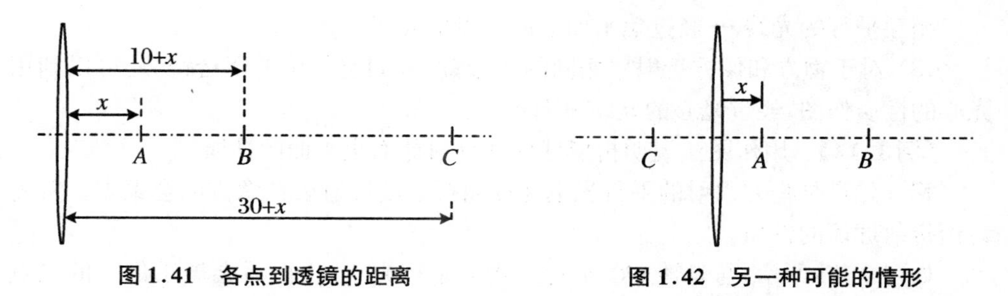

图 1.41　各点到透镜的距离　　图 1.42　另一种可能的情形

1.3　成像作图法

1.3.1　作图法的基本原则

成像作图法，是用物方、像方的共轭光线确定物像关系的作图法。所谓共轭，就是物像之间的对应关系。光学成像中基本的共轭关系包括：

一条物方光线 ↔ 一条像方光线；

一个物点（物方同心光束）↔ 一个像点（像方同心光束）；

一个垂轴的物方平面 ↔ 一个垂轴的像方平面。

理想光学元件（或成像系统）成像作图法的原则是只要元件（或成像系统）的焦点是确定的，则物方、像方的共轭关系就是确定的。作图法与解析法（计算法）所依据的原则是相同的，所以作图法与解析法是完全等价的，即只要用解析法能解决的问题，作图法一样能够解决；用解析法处理起来较容易的问题，用作图法处理起来也很容易。

用作图法处理光具组的成像问题，一般也按逐次成像的规则进行。

1.3.2　基本解题方法

（1）利用焦点的性质，确定物像关系：

与光轴平行的光线↔经过焦点的光线。

(2) 利用焦平面的性质,确定物像关系:

相互平行的光线↔经过焦平面上同一点的光线。

(3) 对于物方和像方折射率相同的薄透镜,例如空气中的薄透镜,还可以利用光心的性质作图,经过光心的光线方向不变。

【例 1.14】 用作图法说明折射球面和反射球面焦平面的性质。

解 焦点是物方入射的平行光束经球面折射或反射后在像方的会聚点。首先讨论折射球面的性质。

如图 1.43 所示,与光轴 OC 平行的物方平行光束,折射后会聚于像方的焦点为 F'。若物方的平行光束与光轴 OC 不平行,则可以作一条与该光束平行且通过球心 C 的直线 O_1C。根据球面的对称性,O_1C 实际上就是球面 Σ 的另一条光轴,上述平行光束经球面折射后必会聚于这条光轴上的 F_1' 点,或者,将原来的光轴 OC 绕球心 C,光轴 OC 上的交点 F' 的轨迹是一个球面,该球面就是折射球面的焦面,任何一条过球心的直线与焦面的交点就是该直线的像方焦点。例如 O_1C 与焦面的交点为 F_1',F_1' 就是与光轴对应的像方焦点。

由于都是傍轴光线成像,光线之间的夹角很小,O_1C 与 OC 的夹角也很小。则上述焦面就是与光轴 OC 垂直的且在 F' 近邻区域的一个平面,该平面就是折射球面的像方焦平面。

由此可见,物方的平行光束,经折射球面后,将会聚到像方焦平面上的一点。由于光路是可逆的,物方、像方是共轭的,所以物方焦平面也有同样的性质,即从物方焦平面上一点发出的光线,经球面折射后,在像方成为平行光束,如图 1.44 所示。

反射球面的焦平面具有相似的性质。

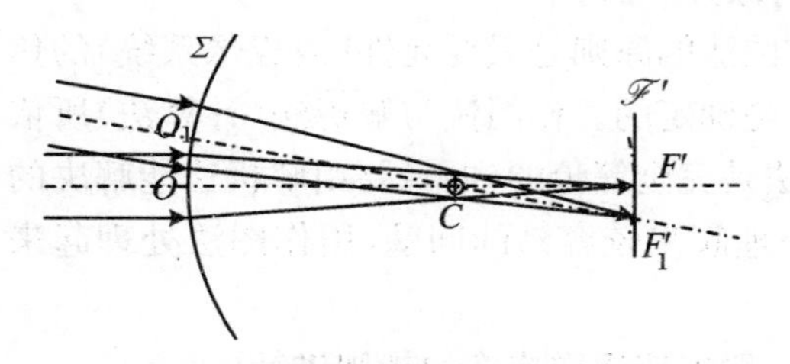

图 1.43 折射球面的像方焦点与焦平面

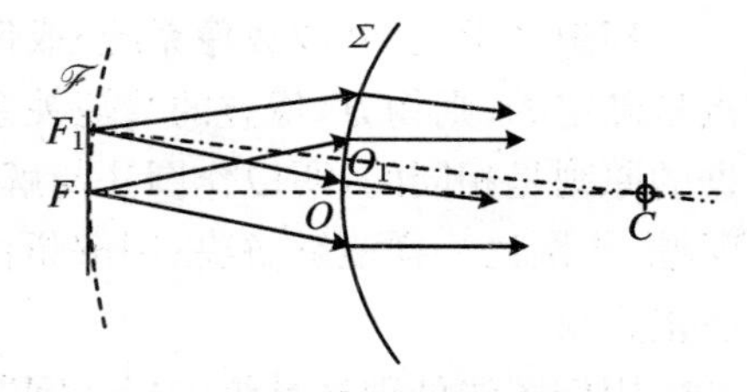

图 1.44 折射球面的物方焦点与焦平面

【例 1.15】 用作图法分别说明凹面镜和凸面镜成像的特点。

解 反射镜的物方和像方在反射面的同一侧,因而球面反射镜的物方焦点与像方焦点是重合的。可利用平行于光轴和通过焦点的共轭光线作图。

首先看凹面镜。凹面镜的焦距为正值，则其焦点在入射光线一侧。成像作图的结果如图1.45所示。若物在焦点之外，即物距大于焦距，则成倒立实像。若物在焦点内侧，即物距小于焦距，则成正立的、放大的虚像。

再看凸面镜。凸面镜的焦距是负值，所以其焦点在入射光线的另一侧，如图1.46所示，只能成正立的、缩小的虚像。

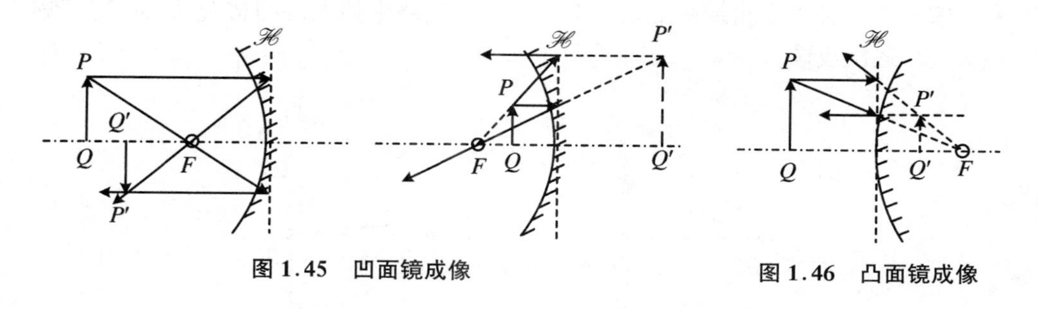

图1.45　凹面镜成像

图1.46　凸面镜成像

1.4　光具组成像

1.4.1　逐次成像法

光学元件依次排列，就构成了成像光具组。处理光具组成像的基本方法是所谓的“逐次成像法”，即物首先经第一个元件成像，将第一个元件的像作为第二个元件的物，再经第二个元件成像，依此类推。这样逐次地运用成像公式，就能够得到最终的像。

1.4.2　逐次成像的递推公式

在应用逐次成像法处理成像问题时，最关键的是确定每次成像时的物距。在采用了符号约定后，若第 m 个元件成像的像距为 s'_m，第 $m+1$ 个元件与第 m 个元件主平面之间的距离为 $d_{m,m+1}$，则对第 $m+1$ 个元件，物距 s_{m+1} 为

$$s_{m+1} = d_{m,m+1} - s'_m \tag{1.20}$$

式(1.20)是逐次成像法中像距与物距之间的递推公式。

【例 1.16】 由于实物经凹透镜不能成实像，所以不能够通过测量物距和像距的方法计算凹透镜的焦距。可借助于一个凸透镜，测量凹透镜的焦距。首先使一光源经凸透镜成实像，测量像距 s_1'。保持光源与凸透镜位置不动，将待测凹透镜放置于凸透镜之后并成一实像，测量像距 s_2' 以及两透镜间的距离 d。求待测凹透镜的焦距。

解 测量过程及测量结果如图 1.47 所示，光路中插入待测透镜 L 后，物经透镜 L'，L 逐次成像。

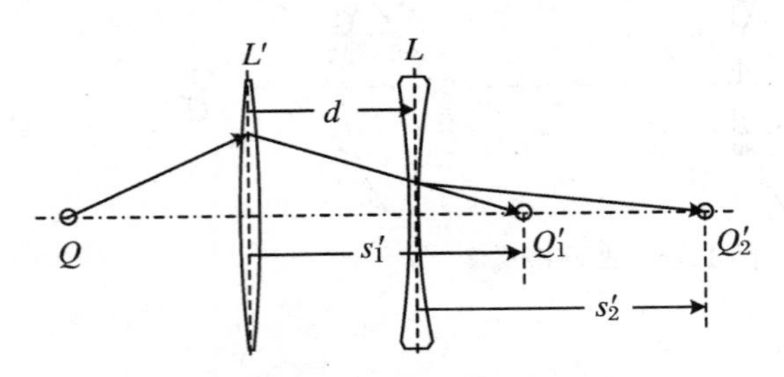

图 1.47 测量凹透镜的焦距

物经凸透镜 L' 所成的像 Q_1' 是凹透镜 L 的物，于是对 L 而言，物距为 $s_2 = d - s_1'$，像距为 s_2'，则焦距为

$$f = \frac{s_2 s_2'}{s_2 + s_2'} = \frac{(d - s_1')s_2'}{d - s_1' + s_2'}$$

【例 1.17】 图 1.48 是测量凸透镜焦距的装置：首先调整光源、透镜和接收屏的位置，当接收屏上有光源放大的清晰像时，测量光源到接收屏的距离为 D。锁定光源和接收屏的位置，将透镜向接收屏一侧移动，当在接收屏上观察到光源缩小的清晰像时，记下透镜移过的距离 d。计算透镜的焦距。

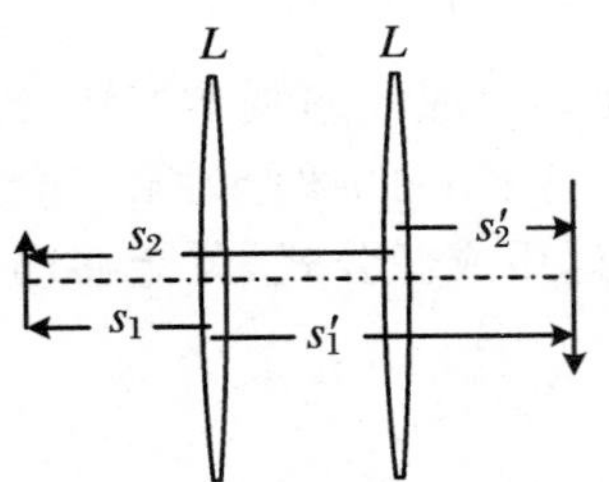

图 1.48 共轭法测凸透镜焦距

解 透镜的物方与像方是共轭的。本题的测量过程中，两次成像恰好物距、像距互换，因而这种测量透镜焦距的方法被称作共轭法。

如图 1.48 所示，记两次成像的物距和像距分别为 s_1，s_1' 和 s_2，s_2'，则 $s_2' = s_1$，$s_2 = s_1'$，即 $s_1' + s_1 = D$，$s_1' - s_1 = d$。可得 $s_1' = \frac{D+d}{2}$，$s_1 = \frac{D-d}{2}$，于是可得焦距为

$$f = \frac{s_1 s_1'}{s_1 + s_1'} = \frac{1}{2}\frac{(D + d)(D - d)}{(D + d) + (D - d)} = \frac{D^2 - d^2}{4D}$$

【例 1.18】 图 1.49 为一种聚光、成像系统，L_1，L_2 与 L_3 均为凸透镜，焦距分别为 $f_1 = 20$ cm，$f_2 = 30$ cm 和 $f_3 = 25$ cm，P 为等腰直角棱镜。傍轴小物到 L_1 的距离 $s_1 = 30$ cm，为使成像于 L_3 的像方焦平面处，L_2 与 L_1 的间距 d 是多少？像的方向如何？横向放大率如何？

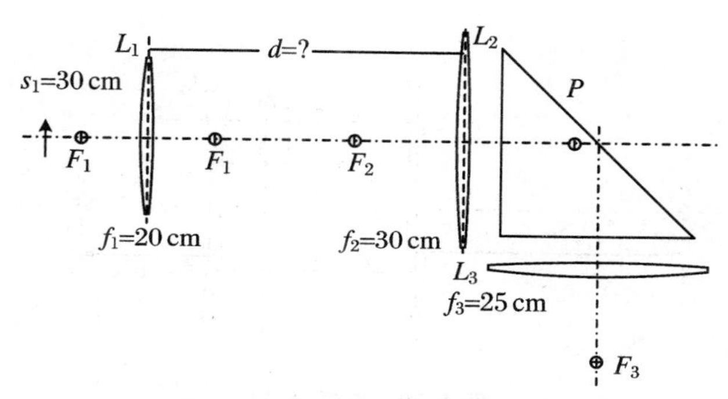

图 1.49　带有棱镜的光学成像系统

解　像方焦平面上的像点，是由平行的物方光束会聚而成的，而经过平面的折射或反射，都不会改变光束的平行性，因而，只要透镜 L_2 的像在无穷远处即可，这就要求 L_2 的物在其物方焦平面处，即透镜 L_1 的像在 L_2 的物方焦平面处。由于物经 L_1 的像距为

$$s_1' = \frac{s_1 f_1}{s_1 - f_1} = 60 \text{ cm}$$

则

$$d = s_1' + s_2 = 60 \text{ cm} + 30 \text{ cm} = 90 \text{ cm}$$

由于 L_2 成像的像距 $s_2' = +\infty$，经过棱镜反射后，依然在像方无穷远处，该像作为透镜 L_3 的物，物距为 $s_3 = -\infty$，再经 L_3 成像，像距为 $s_3' = f_3 = 25$ cm，在 L_3 的像方焦平面处。棱镜成像，横向放大率恒为 $+1$，因而总的横向放大率为

$$\beta = \left(-\frac{s_1'}{s_1}\right)\left(-\frac{s_2'}{s_2}\right)(+1)\left(-\frac{s_3'}{s_3}\right) = \left(-\frac{60}{30}\right)\left(-\frac{+\infty}{30}\right)(+1)\left(-\frac{25}{-\infty}\right) = +\frac{5}{3}$$

由于光轴包含水平与竖直两部分，因而还需要确定正方向。对于水平光轴，若取向上为正，经棱镜的斜面反射后，相应的正方向应当向左。说明像的尖端指向左方。

【例 1.19】 如图 1.50 所示，一理想光具组由焦距为 20.0 cm 的凸透镜 L_1 和焦距为 -10.0 cm 的凹透镜 L_2 构成，两透镜的间距为 15 cm，整个光学系统满足近轴条件。

(1) 一近轴小物位于 L_1 左侧 60.0 cm 处，求该物经过此光具组后最终成像于何处，并求出像的虚实、倒正以及横向放大率。

(2) 如果在 L_2 右侧 40.0 cm 处放置一个平面反射镜，要想使得一个物体经过这样的系统后仍然在原处成像，该物体应当置于何处？并讨论像的大小、虚实与倒正。

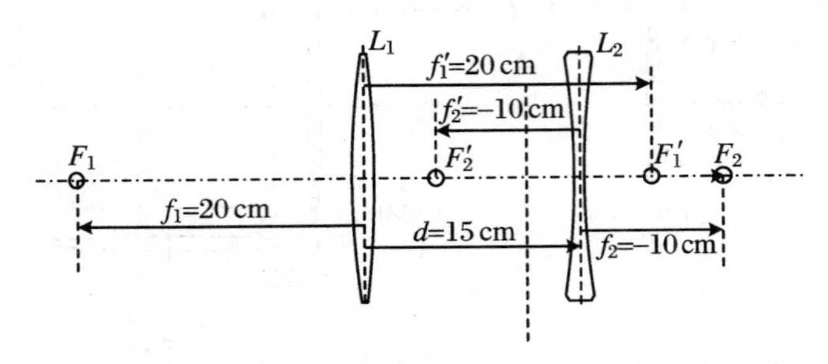

图 1.50　成像光具组

解　(1) 对于凸透镜 L_1，$s_1 = 60.0$ cm，根据高斯公式，可得

$$s_1' = \frac{s_1 f_1}{s_1 - f_1} = \frac{60.0 \times 20.0}{60.0 - 20.0} = 30.0(\text{cm})$$

对于凹透镜 L_2，物距 $s_2 = d - s_1' = -15$ cm，是虚物，像距为

$$s_2' = \frac{s_2 f_2}{s_2 - f_2} = \frac{-15.0 \times (-10.0)}{-15.0 - (-10.0)} = -30.0(\text{cm})$$

仍是虚像，在 L_2 左侧 30.0 cm 处。

横向放大率为

$$\beta = \left(-\frac{s_2'}{s_2}\right)\left(-\frac{s_1'}{s_1}\right) = \left(-\frac{-30}{-15}\right)\left(-\frac{30}{60}\right) = 1$$

像是正立的。

(2) 带有反射镜并且能够在原处成像的光学系统，被称作自准直系统。

对于满足自准直条件的系统，可以这样分析：光轴上物的像依然在光轴上，这就意味着，从轴上物点发出的光线，经过反射镜后，能够沿原路返回。即这样的光线必须沿着反射镜的法线入射。如果从逐次成像的观点分析的话，只有反射镜的像平面与物平面重合，才能使整个系统的像平面与物平面重合。

本题中的反射镜是平面镜，则有两种情形能使其像平面与物平面重合：第一，物在无穷远处；第二，物在镜面上。

反射镜的物是透镜 L_2 的像。若是第一种情形，其像距为 $s_2' = +\infty$，则物在其

物方焦平面处，即物距为 $s_2 = f_2 = -10.0\ \text{cm}$。则对于透镜 L_1，像距为

$$s'_1 = d - s_2 = 15.0 - (-10.0) = 25.0(\text{cm})$$

物距为

$$s_1 = \frac{s'_1 f_1}{s'_1 - f_1} = \frac{25.0 \times 20.0}{25.0 - 20.0} = 100.0(\text{cm})$$

上述物距和像距是针对入射光成像过程而言的，反射光成像过程中的物像关系与入射过程恰好相反，即 $s'_4 = f_2 = s_2, s_5 = s'_1, s'_5 = s_1$。但需要注意的是，入射过程中，由于 $s'_2 = +\infty$，对于平面镜，相当于物距 $s_3 = -\infty$，相应地，像距为 $s' = +\infty$，于是在反射过程中，对于 $L_2, s_4 = -\infty$。当然由于 L_2的像在无穷远处，也可以认为是 $s'_2 = -\infty$，于是对于平面镜，就成了 $s_3 = +\infty, s' = -\infty$，反射过程中，对于 $L_2, s_4 = +\infty$。可见，无论怎样看，L_2 的两次成像过程中，横向放大率为 $\left(-\frac{s'_2}{s_2}\right)\left(-\frac{s'_4}{s_4}\right) = \left(-\frac{+\infty}{f_2}\right)\left(-\frac{f_2}{-\infty}\right) = -1$ 或 $\left(-\frac{-\infty}{f_2}\right)\left(-\frac{f_2}{+\infty}\right) = -1$。由于平面镜的横向放大率恒为 +1，$L_1$ 的两次成像过程中物距、像距恰好对换，两次放大率为 +1。所以总的横向放大率为 −1，即成倒立的、等大小的实像。

其实，无论平面镜在任何位置，都可以这样的方式实现自准直。

若是第二种情形，平面镜的物在其镜面上，则 L_2 的像距为 $s'_2 = 40.0\ \text{cm}$，物距为

$$s_2 = \frac{s'_2 f_2}{s'_2 - f_2} = -8.0\ \text{cm}$$

对于透镜 L_1，像距为

$$s'_1 = d - s_2 = 15.0 - (-8.0) = 23.0(\text{cm})$$

物距为

$$s_1 = \frac{s'_1 f_1}{s'_1 - f_1} = \frac{23.0 \times 20.0}{23.0 - 20.0} = 153.3(\text{cm})$$

这种情形下，平面镜的物距、像距均为 0，横向放大率为 +1，对于每个透镜，入射过程与反射过程恰好是物距、像距对换，因而总的横向放大率为 +1，最终在原处成一个正立的、等大小的实像。

【例 1.20】 讨论由一个凸透镜和一个球面反射镜所构成的光学系统实现自准直的条件，设两镜间距为 d。

解　球面镜可能是凹面镜，也可能是凸面镜，要实现自准直，要求反射镜的像平面与物平面重合。由于球面反射镜的高斯公式为$\frac{1}{s'} + \frac{1}{s} = \frac{1}{f}$，物像重合，则一种

情形是 $s'=s=2f$，即球面镜的物在其 2 倍焦距处即可，而由于 $f=-\frac{r}{2}$，就是物像都在球心处；另一种情形是 $s'=s=0$，就是物像都在镜面处。以下分别讨论。

(1) 反射镜是凹面镜。

按本书的符号约定，凹面镜的半径为负值，焦距为正值。为实现自准直，一种情形是其物距为 $s_2=2f=-r$，则透镜的像距为 $s_1'=d-s_2=d+r$，物距为

$$s_1=\frac{s_1'f_1}{s_1'-f_1}=\frac{(d+r)f_1}{d+r-f_1}$$

如图 1.51(a)所示，最后所成的是一个倒立的、等大小的实像。图中所示的是 A 点成像的过程，即首先经 L 成像于 A_1，再经 M 反射后成像于 A_2，最后经 L 成像于 A_3。

另一种情形是凹面镜的物和像均在其表面处，即 $s_2=s_2'=0$，则透镜的像距为 $s_1'=d$，物距为

$$s_1=\frac{s_1'f_1}{s_1'-f_1}=\frac{df_1}{d-f_1}$$

如图 1.51(b)所示，最后所成的是一个正立的、等大小的实像。图中所示的是 A 点成像的过程，即首先经 L 成像于镜面 A_1，再经 M 反射后依然在镜面上成像于 A_2，最后经 L 成像于 A_3。

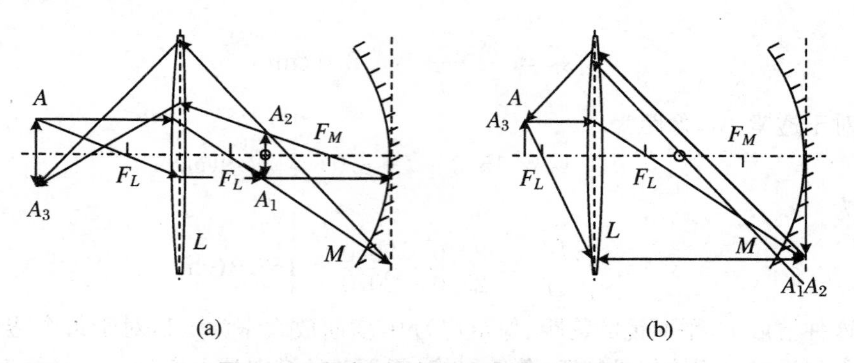

图 1.51 包含凹透镜的自准直光学系统

(2) 反射镜是凸面镜。

按本书的符号约定，凸面镜的半径为正值，焦距为负值。为实现自准直，一种情形是其物距为 $s_2=2f=-r$，则透镜的像距为 $s_1'=d-s_2=d+r$，物距为

$$s_1=\frac{s_1'f_1}{s_1'-f_1}=\frac{(d+r)f_1}{d+r-f_1}$$

如图 1.52(a)所示，最后所成的是一个倒立的、等大小的实像。

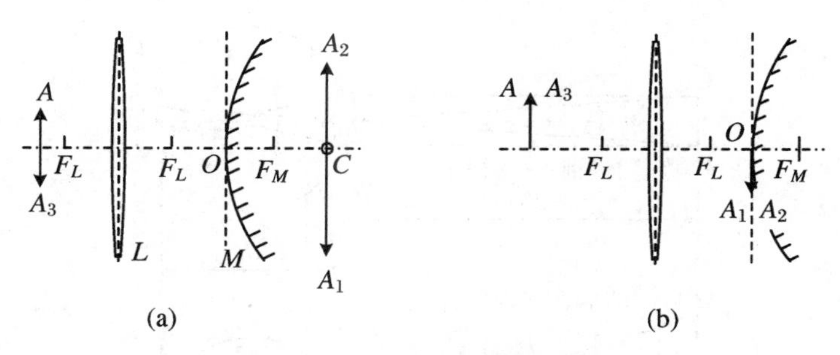

图 1.52　包含凸透镜的自准直光学系统

另一种情形是凹面镜的物和像均在其表面处，即 $s_2 = s_2' = 0$，则透镜的像距为 $s_1' = d$，物距为

$$s_1 = \frac{s_1' f_1}{s_1' - f_1} = \frac{d f_1}{d - f_1}$$

如图 1.52(b)所示，最后所成的是一个正立的、等大小的实像。

1.5　光学成像仪器

光学成像仪器是由共轴光学元件构成的光具组，如物镜、目镜、望远镜、显微镜等。

光学仪器的结构取决于其作用。例如物镜的作用是在接收屏上成实像，目镜的作用是在眼睛的明视距离处成虚像。而望远镜、显微镜都是物镜与目镜的组合。

1.5.1　目镜

目镜通常都是透镜组，单个透镜也可用作目镜。目镜的作用是成一个便于用眼睛观察的放大的虚像。所以，若目镜的焦距为正值，可将实物置于其物方焦点内侧，所成的虚像是正立放大的；若目镜的焦距为负值，则要使虚物处在其物方焦点(负透镜的物方焦点在其像方)外侧，所成的虚像是倒立放大的。

使用时，眼睛应紧贴目镜，物经目镜成一放大虚像，该像应位于眼睛的明视距离处。正常视力的眼睛，明视距离为 25 cm，可记作 $s_0 = 25$ cm。若用单个正透镜作目镜，有时也称之为放大镜。使用目镜的光路如图 1.53 所示。

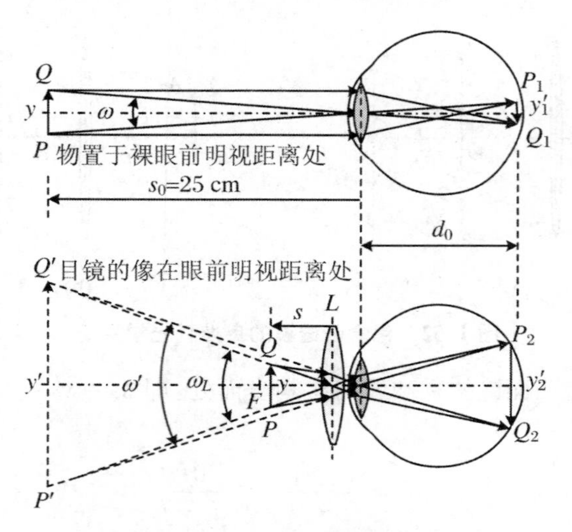

图 1.53 目镜的助视作用

裸眼直接观察长度为 y 的物 PQ，将物置于眼前明视距离处，该物经过眼睛的晶状体（晶状体可视作一个焦距可调节的薄透镜，记作 L_0）在视网膜上成实像 P_1Q_1。物对眼睛的张角也等于像对眼睛的张角，为

$$\omega = \frac{y}{s_0} = -\frac{y'_1}{d_0} \tag{1.21}$$

式中 y'_1 为像 P_1Q_1 的长度，d_0 为眼睛处在放松状态时视网膜到晶状体的距离，也就是眼轴的长度。

若通过目镜 L 观察同一个物，则 L 与 L_0 构成一个密接的薄透镜组。从逐次成像的观点看，物 PQ 经目镜 L 所成的像 $P'Q'$ 是眼睛 L_0 的物，则 L 的像 $P'Q'$ 应当在眼睛的明视距离处，即 $s' = -s_0 = -25$ cm。若目镜 L 的焦距为 f，则物距应当为 $s = \frac{-s_0 f}{-s_0 - f} = \frac{25f}{25+f}$ cm。实际上目镜的焦距通常较短，即 $f \ll 25$ cm，所以一般有 $s \approx f$，即将物置于目镜物方焦平面内侧附近。

PQ 和 $P'Q'$ 对 L 的张角相等，为 $\omega_L = \frac{y'}{s_0} \approx \frac{y}{f}$。由于 L 与 L_0 是密接的，且均可视作薄透镜，所以可近似认为 L 与 L_0 的光心重合，这样，$P'Q'$ 对眼睛的张角与对目镜的张角近似相等，即 $\omega' \approx \omega_L$。$P'Q'$ 作为 L_0 的物，在视网膜上所成的像为 P_2Q_2，记该像的长度为 y'_2，则

$$\omega' = \frac{y'}{s_0} = \frac{y}{f} = -\frac{y_2'}{d_0} \tag{1.22}$$

比较式(1.21)和式(1.22),可得目镜的角放大率为

$$M = \frac{\omega'}{\omega} = \frac{s_0}{f} \tag{1.23}$$

式(1.23)即目镜角放大率的公式。

从式(1.21)和式(1.22)也可得到 $M=\frac{y_2'}{y_1'}$。这说明,所谓角放大率其实就是物 PQ 经过目镜在视网膜上所成的像 P_2Q_2 与直接经裸眼在视网膜上所成的像 P_1Q_1 的大小的比值。

由于将物放在目镜的物方焦平面处时,像其实要成在无穷远处,所以式(1.23)只是反映目镜角放大能力的一个表达式,与实际的效果还是有些差别的。

实际上,通过目镜将像成在眼睛的明视距离处只是一种理想的情形,往往不需要这样。只要目镜的放大像在眼前的一个适当的位置,就是适于观察的。因而,实际的角放大率的定义应当是:通过目镜观察,眼睛的视网膜上所成的像的长度为 y_2',将该物放在目镜的像平面处,用裸眼直接观察,眼睛的视网膜上所成的像的长度为 y_1',y_2'与 y_1'的比值就是目镜的角放大率。

若要准确地计算目镜的角放大率,则应根据实际的目镜的焦距作具体的讨论与计算。

1.5.2 近视镜与远视镜

通常所谓的眼镜,就是用来矫正视力的,即在眼前加一透镜对近视或远视进行矫正。

所谓近视,就是由于各种原因导致眼球的径向变长,或角膜及晶状体的曲率变大,或是眼内媒质折射率异常。当物体较远时,所成的像在视网膜之前,如图1.54所示;只有物在有限远处,才能在视网膜上成像,即近视眼的远点不在无限远处。

要矫正近视,必须设法使无限远处的物移至该眼的远点处。为了做到这一点,可以在眼前加一个负透镜,使无限远处的物体在远点成一虚像即可。

所谓远视,就是眼球的径向变短或视网膜距晶状体太近,在睫状肌完全放松的状态下,无限远处的物体成像于视网膜之后,或者,要看清远处的物体,睫状肌也要收缩;在明视距离以内的物体,即使睫状肌收缩到极限,也成像于视网膜之后,愈加看不清楚,如图1.55所示。相比近视眼,远视眼的近点太远。

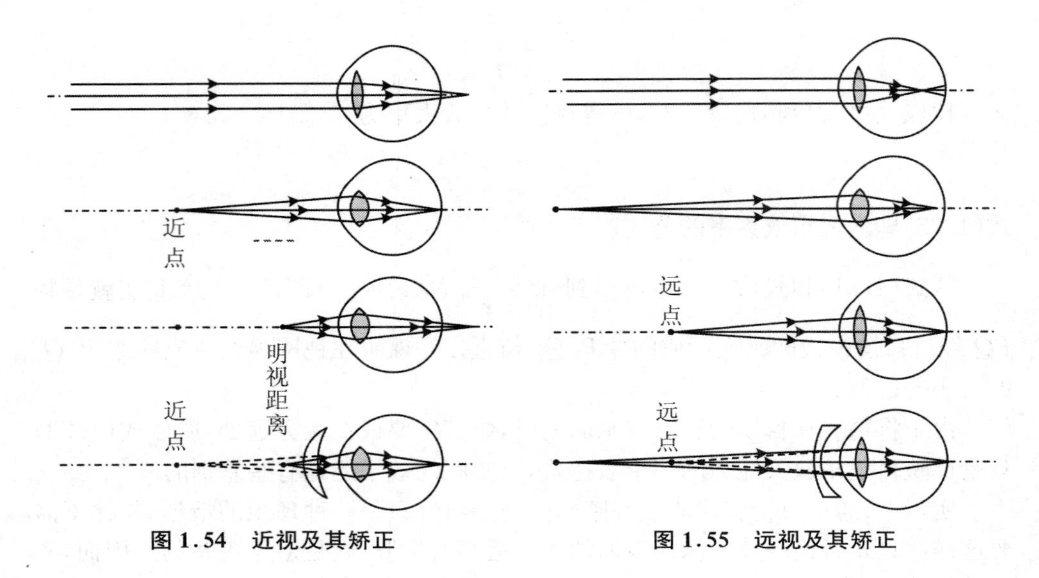

图 1.54 近视及其矫正　　图 1.55 远视及其矫正

要矫正远视，就必须设法将明视距离以内的物移至近点处。那就要在眼前加一个正透镜，使近处的物体在其近点成一虚像。

1.5.3 望远镜

望远镜的光学结构如图 1.56 所示。望远镜由共轴的长焦距物镜 L_o 和短焦距目镜 L_e 构成。物镜的像方焦平面 $\mathscr{F}_o'$与目镜的物方焦平面 $\mathscr{F}_e$ 几乎重合。

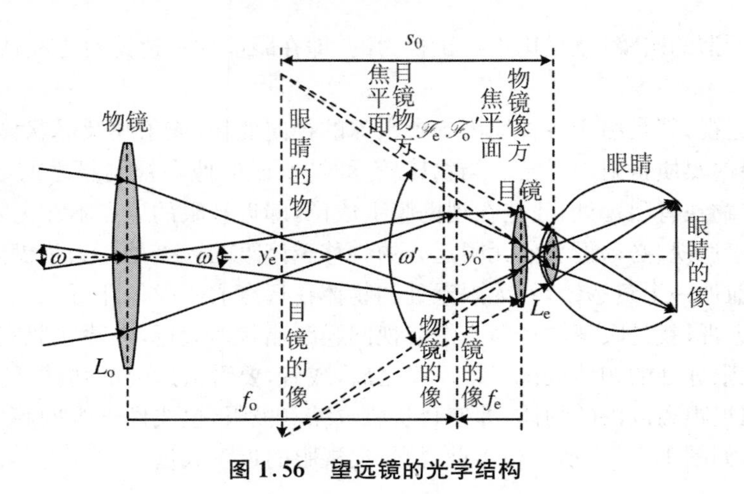

图 1.56 望远镜的光学结构

远处的物经望远镜的物镜 L_o 在其像方焦平面 $\mathscr{F}_o'$ 处成一大小为 y_o' 的倒立实像。该实像作为目镜的物，在明视距离处成大小为 y_e' 的虚像，该虚像是眼睛的物，在视网膜上成一个实像。

由于望远镜的作用是观察远处的物，该物对望远镜物镜的张角 ω 就是对眼睛的张角，该张角等于物镜的像对物镜的张角，为 $\omega = -\dfrac{y_o'}{f_o}$，其中 f_o 为物镜的(像方)焦距。

目镜的像对目镜的张角等于眼睛的物对眼睛的张角，为 $\omega' = \dfrac{y_e'}{s_0}$，于是角放大率为

$$M = \frac{\omega'}{\omega} = -\frac{y_e'}{y_o'}\frac{f_o}{s_0}$$

式中 $\dfrac{y_e'}{y_o'}$ 为目镜成像的横向放大率，而 $\dfrac{s_0}{f_o}$ 为目镜的角放大率。望远镜的目镜成像时，物距为其焦距 f_e，像距为 $-s_0$，于是 $\dfrac{y_e'}{y_o'} = -\dfrac{-s_0}{f_e}$，则角放大率为

$$M = -\frac{f_o}{f_e} \tag{1.24}$$

望远镜的目镜的焦距若是正值，则是开普勒望远镜；目镜的焦距若是负值，则是伽利略望远镜。伽利略望远镜可将物镜所成的倒立实像正过来。

1.5.4 显微镜

显微镜的光学结构如图1.57所示。显微镜由共轴的短焦距物镜 L_o 和短焦距目镜 L_e 构成。

显微镜是用来观察小物的，因而要求物经物镜成一个尽可能大的实像，并使该实像位于目镜的物方焦平面内侧附近。所以在使用时，要让物尽量靠近物镜的物方焦平面，使物距尽可能小，从而成一个尽可能大的实像。

从图1.57中可看出，显微镜的像对眼睛的张角为 $\omega' = \dfrac{y_e'}{s_0} = \dfrac{y_o'}{f_e}$。而用裸眼直接观察，则应将物置于眼的明视距离处，物对眼的张角为 $\omega = \dfrac{y}{s_0}$。于是显微镜的角放大率为

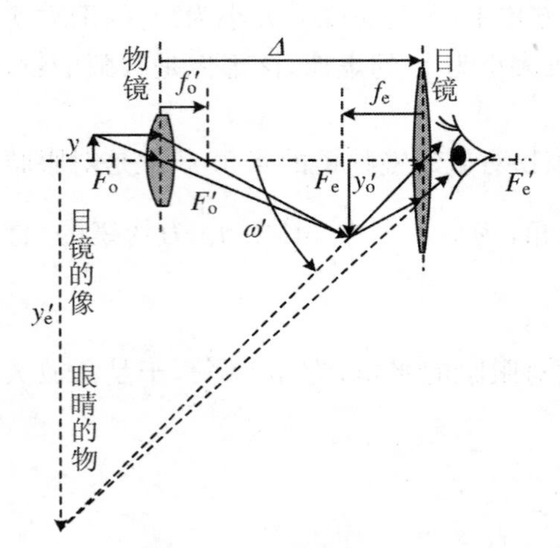

图 1.57　显微镜的光学结构

$$M=\frac{\omega'}{\omega}=\frac{y'_o}{y}\frac{s_0}{f_e}$$

式中$\frac{y'_o}{y}$为物镜的横向放大率，而$\frac{s_0}{f_o}$为目镜的角放大率，所以显微镜的角放大率等于物镜的横向放大率与目镜的角放大率的乘积。物镜成像时，物距 $s\approx f_o$，像距 $s'=\Delta-f_e$，其中 Δ 为目镜与物距间的距离，就是所谓显微镜镜筒的长度。由于 $f_e\ll\Delta$，所以 $s'\approx\Delta$，则$\frac{y'_o}{y}\approx-\frac{\Delta}{f_o}$，于是显微镜的角放大率为

$$M=-\frac{s_0\Delta}{f_of_e}\tag{1.25}$$

【例 1.21】　极限法测液体折射率的装置如图 1.58 所示，ABC 是直角棱镜，其折射率 n_g已知，将待测液体涂一薄层于其上表面 AB，在液体上覆盖一块毛玻璃(上毛下光)。用扩展光源在掠入射的方向上照明，从棱镜的 AC 面出射的光线的折射角将有一个下限 i'。如用望远镜观察，则在视场中出现有明显分界线的半明半暗区。

(1) 用题中的 n_g 和i'表示液体的折射率n。

(2) 用这种方法测量液体的折射率，测量范围受什么限制?

(3) 在什么情形下望远镜视场中会出现有明显分界线的半明半暗区? 为什么? 在该实验中望远镜起什么作用?

(4) 实际上，往往用顶角是锐角的棱镜来替代直角棱镜，如图 1.59 所示。直角棱镜有什么缺陷? 若顶角 α 已知，求液体折射率的表达式。

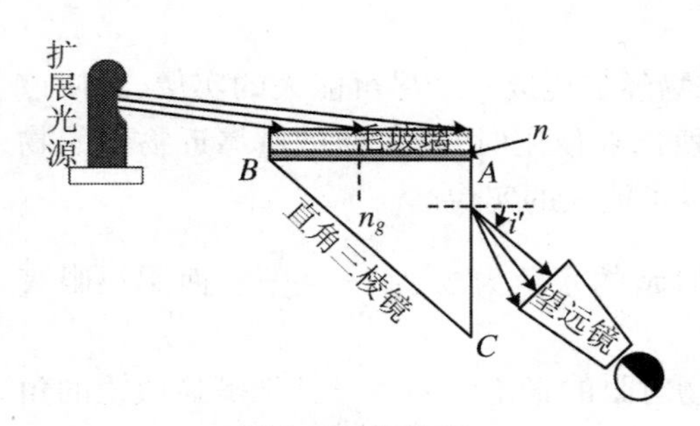

图 1.58　极限法

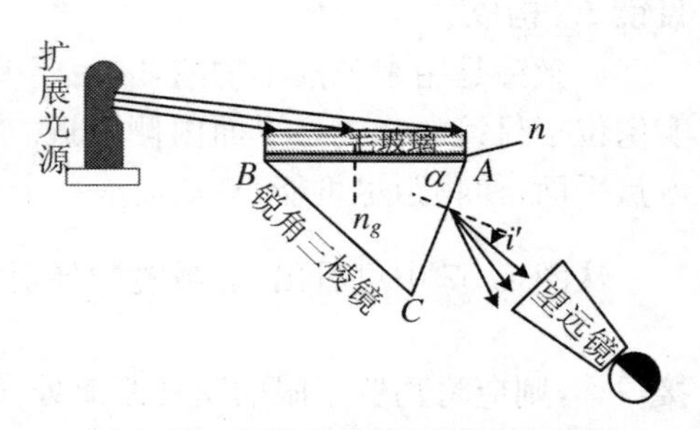

图 1.59　用锐角棱镜替代直角棱镜

分析　入射光经毛玻璃散射后，可以以任意角射向毛玻璃与液体的分界面，折射进入液体，再经液体与棱镜的界面折射进入棱镜。以最大入射角从液体射向棱镜的光线，在棱镜中折射角最大，在另一直角边上，则以最小的角度入射，折射进入空气中的光线，折射角最小，该角就是所谓折射角的下限。本题中的方法之所以被称作极限法，就是因为利用上述具有极限性质的光线测量折射率。

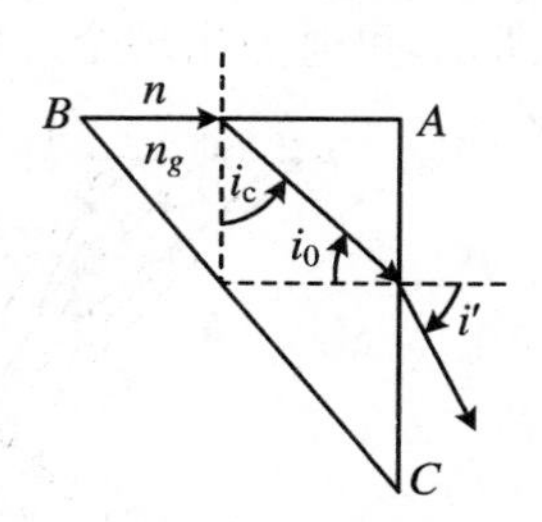

图1.60　液体及棱镜中的极限光线

解　(1) 如图1.60所示，通过毛玻璃进入液体的光线，可以沿任意方向。其中掠入射通过 AB 界面进入棱镜的光线，在棱镜中折射角最大，记为 i_c，按折射定律

$$n = n_g \sin i_c \tag{1}$$

在棱镜的 AC 界面，上述光线的入射角为

$$i_0 = \frac{\pi}{2} - i_c \tag{2}$$

这是以最小角度向 AC 界面入射的光线，该光线的折射定律为

$$\sin i' = n_g \sin i_0 = n_g \cos i_c \tag{3}$$

由式(1)～式(3)，可得

$$n = n_g \sin i_c = n_g \sqrt{1 - \cos^2 i_c} = \sqrt{n_g^2 - n_g^2 \cos^2 i_c} = \sqrt{n_g^2 - \sin^2 i'} \tag{4}$$

(2) 为使液体中掠入射的光线能够折射进入棱镜中，液体的折射率应小于棱镜的折射率，即

$$n < n_g \tag{5}$$

同时，这样的光线在棱镜的 AC 界面不能出现全反射，即 $i_0 < \arcsin \dfrac{1}{n_g}$，而 $i_c = \arcsin \dfrac{n}{n_g}$，即 $\dfrac{\pi}{2} - \arcsin \dfrac{n}{n_g} < \arcsin \dfrac{1}{n_g}$，于是 $\sqrt{1 - \left(\dfrac{1}{n_g}\right)^2} < \dfrac{n}{n_g}$，解不等式，有

$$n > \sqrt{n_g^2 - 1} \tag{6}$$

(3) 其他方向的光线也从 AC 界面出射，折射角都比上述极限光线大。用望远镜对着 AC 面观察，不同方向的光线通过望远镜物镜，将会聚到其焦平面上不同的位置，如图1.61所示。

若望远镜的光轴与极限光线的方向平行，则极限光线会聚到焦点处，其他方向的光线都会聚到光轴下方，于是视场中出现半明(下半部)半暗(上半部)现象。此时，望远镜光轴与 AC 面法线间的夹角就是折射角的下限 i'。所以望远镜起测角作用。

(4) 若采用锐角棱镜，则极限光线在 AC 面的入射角会比直角棱镜小，如图 1.62 所示，可避免出现全反射，从而能够测量更大范围的液体折射率。

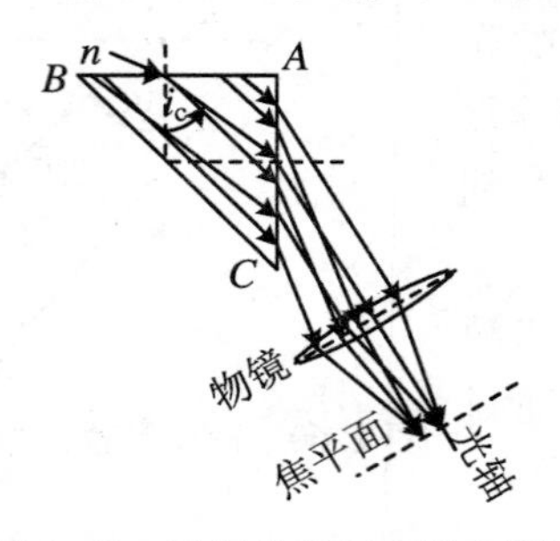

图 1.61 平行的出射光线会聚到望远镜物镜的焦平面上

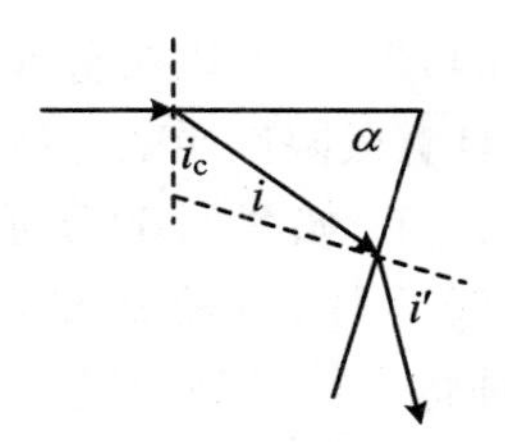

图 1.62 锐角棱镜

若图 1.62 中光线在 AC 面的入射角为 i，则 $i_c=\alpha-i$，于是 AB 面的折射定律为

$$
\begin{aligned}
n &= n_g\sin(\alpha-i)=n_g\cos i\sin\alpha-n_g\sin i\cos\alpha \\
&= n_g\sqrt{1-\sin^2 i}\sin\alpha-\sin i'\cos\alpha \\
&= \sin\alpha\sqrt{n_g^2-n_g^2\sin^2 i}-\cos\alpha\sin i' \\
&= \sin\alpha\sqrt{n_g^2-\sin^2 i'}-\cos\alpha\sin i'
\end{aligned}
$$

【例 1.22】 若某人对眼前 0.5 m 之外的物体看不清楚，应当佩戴怎样的眼镜？另一人对眼前 1 m 之内的物体看不清楚，他应当佩戴怎样的眼镜？

解 不能看清远处的物体，就是近视，近视眼能看清的最远处，被称作远点。

矫正近视的方法是在眼前放置一个透镜，使远处(不妨认为是无穷远处)的物通过透镜在眼睛的远点处成像，而眼镜的像作为眼睛的物，由于在远点，则可以被看清楚。由于眼镜与眼睛挨得较近，不妨认为两者是密接的，所以眼镜的像必须是虚像，因而这样的眼镜应当是负透镜(即凹透镜)，焦距的绝对值就是远点的距离。本题中，$f=-0.5$ m。

对于较近的物体，经眼镜成像的像距为 $s'=\dfrac{sf}{s-f}=\dfrac{f}{1-f/s}$，其中 $f<0$。由于 $1-\dfrac{f}{s}>1$，所以所成的像在远点以内，眼睛也能看清楚。

眼镜度数的数值是光焦度的 100 倍。焦距为 -0.5 m 的透镜，光焦度为 -2D，即 -2 屈光度，所对应的近视镜的度数为 -200 度，即通常所说的 200 度近视镜。

不能看清近处的物体，就是远视，远视眼能看清的最近处，被称作近点。

矫正远视的方法是在眼前放置一个透镜，使近点以内的物通过透镜在远处成像，而眼镜的像作为眼睛的物，由于在远处，则可以被看清楚。眼镜的像必须是虚像，而且距离眼镜更远，因而这样的眼镜应当是正透镜（即凸透镜），物在透镜的焦点内侧。眼镜所成像的像距为 $s'=\dfrac{sf}{s-f}=\dfrac{f}{1-f/s}$，其中 $f>0$ 且 $0<s<f$。因而距焦点越近，像越远；距焦点越远，像越近。所以远视镜应当使近点处的物成像于无穷远处，更近的物成像于有限远处。该透镜的焦距就是近点的距离。本题中，$f=1.0\ \mathrm{m}$，光焦度为 1D，即 1 屈光度，就是 100 度的远视镜。

【例 1.23】　一简单望远镜，物镜和目镜均是薄凸透镜，标称放大倍数为 10，目镜到物镜的距离为 60.00 cm。

（1）该望远镜物镜和目镜的焦距分别是多少？

（2）先用该望远镜观察极远处的目标，然后再观察有限远处的目标，为了看清楚，需要调节目镜到物镜的距离，应怎样调节？若目镜移动的距离为 1.0 mm，此目标物到观察者的距离是多少？

（3）目镜的焦平面处有一带刻度的标尺，上述有限远处的目标在标尺上的高度为 4.0 mm，目标物的实际高度是多少？

解　（1）望远镜的放大倍数就是角放大倍数，为 $M=-\dfrac{f_o}{f_e}$，本题中 $f_o=10f_e$，$f_o+f_e=600.0\ \mathrm{mm}$，于是可算得

$$f_o=545.5\ \mathrm{mm},\quad f_e=54.5\ \mathrm{mm}$$

（2）物镜的像要成在目镜的物方焦平面处，近处的物经过物镜成像，像距大于物镜的焦距，因而要使目镜到物镜的距离增大。

本题中，目镜到物镜的距离增大了 1.0 mm，说明物镜成像的像距为 $s'=501.0\ \mathrm{mm}$，则物距为

$$s=\frac{s'f}{s'-f}=250.5\times10^3\ \mathrm{mm}$$

（3）上述条件下，物镜成像的横向放大率为

$$\beta=\frac{s'}{s}=\frac{1}{501}$$

于是目标物的高度为

$$h=\frac{h'}{\beta}=2\,004\ \mathrm{mm}$$

【例 1.24】　一结构简单的显微镜，物镜和目镜均是薄凸透镜，物镜焦距为

5.00 cm,目镜焦距为 20.00 cm,镜筒长为 160.00 cm。现将其用作显微投影仪,将物成像于屏幕上。欲得像的放大率为 500,求物到物镜的距离和目镜到屏的距离。

解 设物到物镜的距离为 s,则物镜的像距为 $s_1'=\dfrac{sf_o}{s-f_o}$。

目镜的物距为 $s_2=d-s_1'=d-\dfrac{sf_o}{s-f_o}$,设屏幕到目镜的距离为 s',则

$$s'=\frac{s_2f_e}{s_2-f_e}=\frac{\left(d-\dfrac{sf_o}{s-f_o}\right)f_e}{d-\dfrac{sf_o}{s-f_o}-f_e}=\frac{[d(s-f_o)-sf_o]f_e}{(d-f_e)(s-f_o)-sf_o}$$

总的横向放大率为

$$\beta=\left(-\frac{s_1'}{s}\right)\left(-\frac{s'}{s_2}\right)=\frac{f_o}{s-f_o}\frac{f_e}{d-\dfrac{sf_o}{s-f_o}-f_e}=\frac{f_of_e}{(d-f_e)(s-f_o)-sf_o}$$

可解得

$$s=\frac{f_of_e+\beta(d-f_e)f_o}{\beta(d-f_e-f_o)}=\frac{5\times 20+500\times(160-20)\times 5}{500\times(160-20-5)}=5.19\ (\text{cm})$$

于是 $s_1'=\dfrac{sf_o}{s-f_o}=138.93$ cm,$s_2=d-s_1'=21.07$ cm。目镜到屏幕的距离为

$$s'=\frac{s_2f_e}{s_2-f_e}=393.86\ \text{cm}$$

这类问题也可以用另一种方法求解。物镜所成的像要在目镜的物方焦平面附近,因而物距约为 $s_1'=d-f_e=140$ cm,于是物镜的物距为

$$s=\frac{s_1'f_o}{s_1'-f_o}=5.19\ \text{cm}$$

物镜成像的横向放大率为 $\beta_o=-\dfrac{s_1'}{s}=-27.00$,因而要求目镜成像的横向放大率为

$$\beta_e=\frac{500}{\beta_o}=-18.52$$

即目镜的像距与物距的关系为 $s'=18.52s_2$,于是目镜成像的高斯公式为

$$\frac{1}{s_2}+\frac{1}{18.52s_2}=\frac{1}{f_e}$$

可算得 $s_2=21.08$ cm,$s'=390.40$ cm。

第2章　光的波动模型与数学表示

2.1　光的电磁波模型

光能够产生干涉、衍射，说明光具有波动性；光具有偏振特性，说明光是横波；光的速度与电磁波的速度一致，光能够产生电效应和磁效应，等等，这一切都足以证明光是电磁波。

2.1.1　光波的频率与波长

可见光是能够使人产生视觉的电磁辐射，波长范围大致为380～760 nm，对应的频率范围为$7.90\times10^{14}\sim3.90\times10^{14}$ Hz。

与可见光毗邻的电磁辐射也具有与可见光相似的性质。比可见光波长更短的是紫外光，波长范围为380～10 nm，频率范围为$7.90\times10^{14}\sim3.0\times10^{16}$ Hz；比可见光波长更长的是红外光，波长范围为760 nm～1 mm，频率范围为$3.90\times10^{14}\sim3\times10^{11}$ Hz。

2.1.2　光波产生的物理机制

光是由于原子、分子的运动而产生的，原子、分子发光的物理过程主要有以下两种。

1. 热辐射

原子、分子都有热运动，热运动是单个粒子随机无规则的运动，热运动过程中，每个粒子的运动状态不断变化，而带电粒子运动状态发生变化，就会向外辐射电磁波。热运动的剧烈程度、每个粒子运动状态变化的频度，决定了电磁辐射的特征，因而这种由于热运动而导致的电磁辐射被称作热辐射。热辐射与温度的关系如图

2.1 所示。

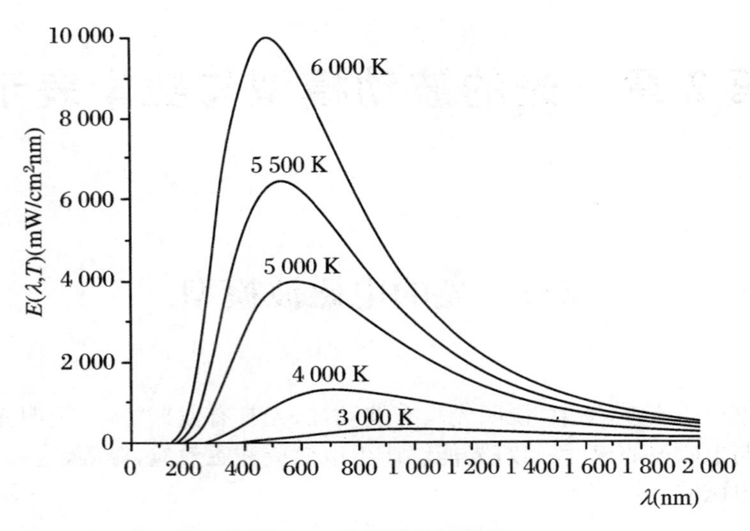

图 2.1　物体的热辐射谱

2. 荧光辐射

原子吸收能量后可以跃迁到激发态，由于激发态不稳定，因而原子很快会从激发态跃迁回基态或低激发态，在跃迁的过程中，原子多余的能量以电磁辐射的形式释放，这样的过程就是辐射跃迁。跃迁的过程与温度无关，因而这样的过程被称作发光(luminescence)或荧光(fluorescence)。例如，氢原子的 H_α 线、钠原子的黄线(D 线)以及汞灯、日光灯的光谱等都是以这种方式发光的。图 2.2 是产生氢原子的 H_α 线(波长约为 656.3 nm 的 5 条谱线)、钠原子的 D 双线(波长分别为 589.593 nm 和 588.996 nm 的 2 条谱线)的能级和跃迁。

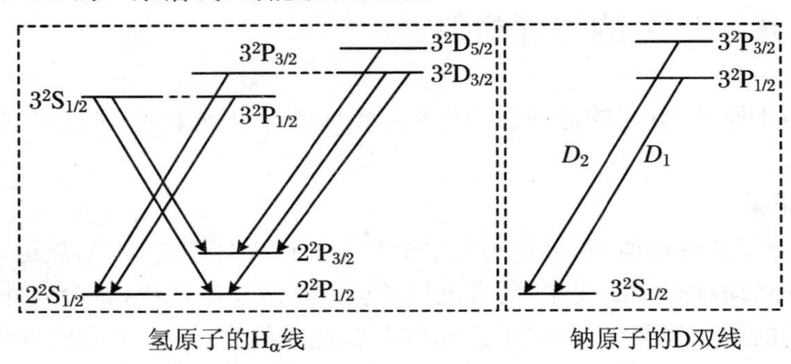

图 2.2　产生氢原子的 H_α 线、钠原子的 D 双线的能级和跃迁

光波与射频波段的电磁辐射有着极大的差别。射频波是导体(天线)中的自由电子在外界电磁场作用下振荡而产生的,这是大量自由电子同步做机械振动的集体行为。可以通过控制加在天线中的电磁场来控制射频波的发射,例如通过调整电磁振荡的频率以控制射频波的频率。光波的频率高达 10^{14} Hz,而电子由于有质量而有惯性,不可能以如此高的频率做机械振动,所以,不可能用电子设备以共振的方式直接测量光波的频率。正是由于产生的机制不同,射频波的研究方法不能直接应用于光波中。

2.1.3　光波产生的偶极振子模型

荷兰物理学家洛伦兹首先提出了原子由于其中电荷振荡而发光的物理模型。

由于原子内部电荷的运动,其中正电荷中心与负电荷中心并不重合,因而可以简单地将原子视作电偶极子。原子若由于某种原因吸收能量,则正负电荷中心之间的距离将会增大,即电偶极矩增大,而库仑引力又能够使两者间距离减小,即电偶极矩减小,于是电偶极子便会产生振荡,从而产生电磁辐射。原子很小,因而原子内部正负电荷间的库仑力很大,振荡过程中的回复力系数 k 也非常大。若参考弹性振子频率的关系式 $\nu=\frac{1}{2\pi}\sqrt{\frac{k}{m}}$,可见这样的电偶极子振动的频率是很高的,所发出的电磁辐射的频率也很高,因而原子振荡所发出的是不同于射频波的光波。这就是原子发光的偶极振子模型。

按照这一模型,发光是原子个体的行为。不同的原子,具有各自的偶极振动固有频率,因而每种原子都有独特的发射光谱。吸收能量而受到激发的原子,在不同的激发态下,偶极矩不同,振荡的模式也会有所不同,所以能够发出一系列不同的光谱线。

将发光的机制与射频波产生的机制进行对比,可以看出两者具有显著的不同。

第一,射频波是由于回路中的自由电子集体做受迫振动而产生的,自由电子的振荡是一种低频的机械运动,因而一个稳定的振荡回路产生一列稳定的电磁辐射,具有稳定的初相位。光波是由于各个原子的自发偶极振荡而产生的,每个原子独自振荡,由于不同原子的振荡没有关联,所以,即使这些原子振荡的频率相同,初相位也是随机的。因而,虽然看起来一个稳定的光源发出稳定的光波,但光波其实是由大量随机的波列组成的,不同的波列由不同的原子发出,不同的波列的相位是随机的、无关联的。

第二,只要回路持续振荡,其所发出的射频波就是一个持续的、很长的波列。

而光源中的每个原子,每次受激发后,经过短暂的振荡过程,由于将所吸收的能量通过辐射而释放,会停止振荡发光;只有再次受到激发才能进行下一次振荡过程。即使是稳定的光源,其中每个原子的发光过程也都是断续的,因而每列光波都是较短的波列。

尽管光波是电磁辐射,但读者一定要对光波与射频波(即普通的无线电波)的上述差别有清醒的认识,否则就很难理解为什么射频波的干涉、衍射很容易产生,而光波的干涉、衍射总需要特殊的装置。也正是因为具有上述的差别,导致不能将射频波段的电磁波的理论和方法照搬过来分析光波的行为,而要单独建立并发展一套波动光学的理论体系。

2.1.4 简谐光波的表达式

简谐光波也称定态光波,是空间各点的振幅不随时间变化的单色光波。

1. 简谐光波的余弦表达式

$$U(P,t)=A(P)\cos[\varphi(P)-\omega t] \tag{2.1}$$

该式所表达的是 t 时刻,空间点 P 点处光波场物理量(通常指电场强度)的数值。式中 $A(P)$ 是光波在 P 点的振幅,$\varphi(P)$ 是 $t=0$ 时刻 P 点的相位,也是任意时刻 P 点相对于原点的相位滞后或延迟,$\omega=2\pi\nu$ 称作该单色光波的角频率,ν 是该单色光波的时间频率。

2. 简谐光波的复振幅表达式

$$\tilde{U}(P)=A(P)\mathrm{e}^{\mathrm{i}\varphi(P)} \tag{2.2}$$

2.1.5 光波的辐射通量与强度

1. 光波的能量密度

光波场中单位体积中的能量称作光的能量密度。

能量密度的表达式为

$$\boldsymbol{w}=\frac{1}{2}(\boldsymbol{E}\cdot\boldsymbol{D}+\boldsymbol{H}\cdot\boldsymbol{B}) \tag{2.3}$$

式中 $\boldsymbol{D}$ 为介质中的电位移矢量,$\boldsymbol{D}=\varepsilon_r\varepsilon_0\boldsymbol{E}$,$\varepsilon_r$ 为介质的相对介电常数;$\boldsymbol{H}$ 为介质中的磁场强度,$\boldsymbol{H}=\dfrac{\boldsymbol{B}}{\mu_r\mu_0}$,$\mu_r$ 为介质的相对磁导率。

能量密度也可用标量表示为

$$w = \frac{1}{2}\left(\varepsilon_r\varepsilon_0 E^2 + \frac{B^2}{\mu_r\mu_0}\right) = \varepsilon_r\varepsilon_0 E^2 \tag{2.4}$$

2. 光波的辐射通量

光波单位时间内传输过某一截面的能量称作光波的辐射通量。

辐射通量也被称作能流，由于其含义是光波传输的功率，所以也被称作光功率。

由于单位时间内光传输的距离为 $c \cdot 1$，而体积为 $c \cdot 1 \cdot A$ 的均匀光束所储存的能量为 $c \cdot 1 \cdot A \cdot w$，所以光的辐射通量为

$$P = wcA \tag{2.5}$$

3. 光的强度

光波单位时间内传输过单位截面的能量称作光强。光强也被称作能流密度或功率密度。

能流密度也称为坡印亭矢量，若以 $\boldsymbol{S}$ 表示，则为

$$\boldsymbol{S} = \boldsymbol{E} \times \boldsymbol{H} \tag{2.6}$$

坡印亭矢量的量值也可以用光波的能量密度 w 和速度 v 表示为

$$S = wv = \frac{v}{2}(\varepsilon_r\varepsilon_0 E^2 + \mu_r\mu_0 H^2) \tag{2.7}$$

光强是坡印亭矢量模的平均值，为

$$I = \frac{n}{2c\mu_r\mu_0}E_0^2 \tag{2.8}$$

式中 n 是介质的折射率。

在可见光范围中，一般情况下介质的磁导率 $\mu_r \approx 1$，故

$$I \approx \frac{n}{2c\mu_0}E_0^2 \tag{2.9}$$

如果不考虑光强的量纲，而只关心其相对数值，则可略去式中的常量 c 和 μ_0，得到

$$I \propto nE_0^2 \tag{2.10}$$

如果光只是在同一种介质中传播，则通常取

$$I = E_0^2 \tag{2.11}$$

实际上，用光波振幅的平方表示光强，E_0^2 仅仅代表光强的相对值。

【例 2.1】 沿某一特定方向传播的光波，传播的速度为 v，波场中某一已知点电场强度变化的频率为 ν，据此写出这列光波的表达式。

解　波是随时间周期性变化的物理量在空间的周期性分布，或者简单地说，波是振动在空间的传播。因而为了描述波，总要建立坐标系。

按图 2.3 建立坐标系,设光波沿 z 的正方向传播,并已知原点的振动情况。不妨设原点的振动为 $E(0,t)=E_0\cos(2\pi\nu t+\varphi_0)$,其中 E_0 为简谐振动的振幅,φ_0 为 0 时刻原点的相位,即所谓的初相位。

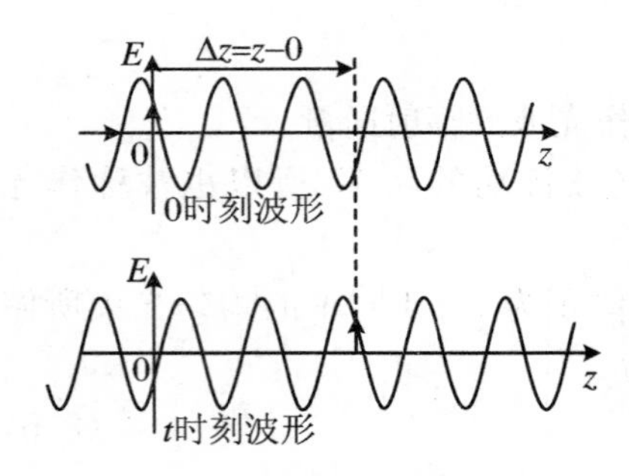

图 2.3　波动的物理图像

波沿着 z 方向以速度 v 传播,意味着经过 Δt 时间,原点的物理量 $E(0,t)$ 会传播到 $z=v\Delta t$ 处,这说明 z 点的振动比原点滞后 Δt,或者反过来说,原点的振动比 z 点超前 Δt。那么 z 点 t 时刻物理量的值 $E(z,t)$ 就是原点 $t-\Delta t$ 时刻物理量的值 $E(0,t-\Delta t)$,而原点物理量随时间的变化是已知的,注意到 $\Delta t=\dfrac{z}{v}$,因而可得到

$$
\begin{aligned}
E(z,t) &= E(0,t-\Delta t) = E_0\cos[2\pi\nu(t-\Delta t)+\varphi_0] \\
&= E_0\cos\left(2\pi\nu t-2\pi\frac{\nu}{v}z+\varphi_0\right)
\end{aligned}
$$

若设振动的周期为 T,物理量在一个振动周期中传播的距离为 λ,λ 就是简谐波的波长,则波的速度为 $v=\dfrac{\lambda}{T}=\lambda\nu$,上式变为

$$
E(z,t)=E_0\cos\left(2\pi\nu t-\frac{2\pi}{\lambda}z+\varphi_0\right)
$$

该式就是物理量随时间和空间周期性变化的表达式,就是波的表达式。

光学中,通常记 $\omega=2\pi\nu$,$k=\dfrac{2\pi}{\lambda}$,则光波的表达式为

$$
E(z,t)=E_0\cos(\omega t-kz+\varphi_0) \tag{1}
$$

这是沿 z 的正方向传播的光波。若光波沿 z 的负方向传播,则表达式为

$$
E(z,t)=E_0\cos(\omega t+kz+\varphi_0) \tag{2}
$$

也可以将上两式分别改写作

$$
E(z,t)=E_0\cos(kz-\omega t-\varphi_0) \tag{3}
$$

$$
E(z,t)=E_0\cos(kz+\omega t+\varphi_0) \tag{4}
$$

【例 2.2】　推导简谐光波的光强表达式。

解　在如图 2.4 所示的坐标系中,若沿 z 方向传播的光波的电矢量沿 x 方向,表达式为

$$
\boldsymbol{E}(z,t)=E_0\cos(kz-\omega t+\varphi_0)\boldsymbol{e}_x
$$

则其磁矢量一定沿 y 方向,表达式为

$$\boldsymbol{B}(z,t) = B_0\cos(kz - \omega t + \varphi_0)\boldsymbol{e}_y$$

且有

$$\boldsymbol{B} = \frac{1}{\omega}\boldsymbol{k} \times \boldsymbol{E}$$

则 $B_0 = \dfrac{k \times E_0}{\omega} = \dfrac{E_0}{\lambda\nu} = \dfrac{E_0}{v} = \dfrac{nE_0}{c}$，$c$ 为真空中的光速，n 为媒质的折射率。

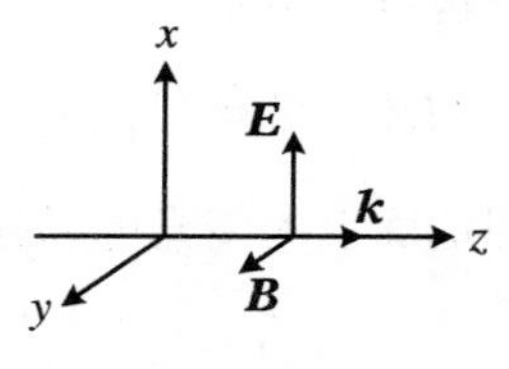

图 2.4　简谐波的矢量

磁场强度为 $\boldsymbol{H} = \dfrac{\boldsymbol{B}}{\mu_r\mu_0}$，其中 μ_r 为媒质的相对磁导率。

光波的能流密度矢量为

$$\boldsymbol{S}(z,t) = \boldsymbol{E}(z,t) \times \boldsymbol{H}(z,t) = \frac{\boldsymbol{E}(z,t) \times \boldsymbol{B}(z,t)}{\mu_r\mu_0}$$
$$= \frac{E_0B_0\cos^2(kz - \omega t + \varphi_0)}{\mu_r\mu_0}\boldsymbol{e}_z$$

光强是能流密度的时间平均值，只要在任意一个周期中对其标量值求平均即可，则

$$I(z,t) = \int_t^{t+T}\frac{E_0B_0\cos^2(kz - \omega t' + \varphi_0)}{\mu_r\mu_0}\mathrm{d}t' = \frac{nE_0^2}{c\mu_r\mu_0}\int_0^T\cos^2(kz - \omega t + \varphi_0)\mathrm{d}t$$
$$= \frac{nE_0^2}{c\mu_r\mu_0}\int_0^T\frac{1 + \cos 2(kz - \omega t + \varphi_0)}{2}\mathrm{d}t = \frac{nE_0^2}{2c\mu_r\mu_0}$$

结果表明简谐光波的强度不随时间改变，但与振幅在空间的分布有关。

由于透明媒质无磁性，即 $\mu_r \approx 1$，因而光强的表达式通常为

$$I = \frac{nE_0^2}{2c\mu_0}$$

一般地，若用相对值表示光强，则可写作

$$I = E_0^2$$

【例 2.3】 太阳光垂直射向地面，测得能流密度为 1.35 kW/m^2，计算地面上太阳光电场强度的振幅。如果用一个半径为 5 cm 的透镜将太阳光聚成面积为 1 mm^2 的光斑，忽略透镜对光的吸收和反射，计算光斑上的能流密度和电场强度的振幅。

分析 题目旨在考察光场的能流密度（即光强）和电场振幅二者之间的关系。

解 先由光场的能流密度推导出电场振幅的表达式。

光场能流密度（光强）的表达式为 $I = \dfrac{1}{2}\sqrt{\dfrac{\varepsilon_r\varepsilon_0}{\mu_r\mu_0}}E_0^2$，因而 $E_0^2 = 2I\sqrt{\dfrac{\mu_r\mu_0}{\varepsilon_r\varepsilon_0}}$。代

入题目所给数据，得

$$E_0^2 = 2\times(1.35\times10^3)\times\sqrt{\frac{4\pi\times10^{-7}}{8.85\times10^{-12}}}\ (\mathrm{V/m})^2 = 1.017\times10^6\ (\mathrm{V/m})^2$$

即地面上太阳光电场强度的振幅为

$$E_0 = 1\,008.54\ \mathrm{V/m}\approx 1.01\times10^3\ \mathrm{V/m}$$

聚焦后面积缩小的倍数为$\frac{\pi R^2}{1\ \mathrm{mm}^2}=\frac{3.14\times(5\ \mathrm{cm})^2}{1\times10^{-6}\ \mathrm{m}^2}=7\,850$，光强是功率密度，所以光强增加至

$$I' = 7\,850I = 1.06\times10^7\ \mathrm{W/m^2}$$

而振幅增加至

$$E_0' = \sqrt{7\,850}E_0 = 8.936\times10^4\ \mathrm{V/m}\approx 8.94\times10^4\ \mathrm{V/m}$$

【例 2.4】 某激光器输出功率为 100 mW，激光束的直径为 2 mm。求激光的光强与光束中的电场强度的振幅。

解 记光束的截面积为 A，光强为 I，则光强为

$$I = \frac{P}{A} = \frac{P}{\pi D^2/4} = \frac{100\times10^{-3}\ \mathrm{W}}{\pi(1\times10^{-3})^2\ \mathrm{m}^2} = \frac{10^5}{\pi}\ \mathrm{W/m^2}$$

电场强度的振幅为

$$E_0 = \sqrt{\frac{2c\mu_0 I}{n}} = \sqrt{2\times3\times10^8\times4\pi\times10^{-7}\times\frac{10^5}{\pi}}\ \mathrm{V/m} = 4.9\times10^3\ \mathrm{V/m}$$

2.2 球面光波与平面光波

2.2.1 球面光波的表达式

$$U(r,t) = \frac{a}{r}\cos(kr-\omega t+\varphi_0) \tag{2.12}$$

或

$$U(r,t) = \frac{a}{r}\cos(kr+\omega t+\varphi_0) \tag{2.13}$$

式(2.12)表示从原点发散的光波，式(2.13)表示向原点会聚的光波。$k=\frac{2\pi}{\lambda}$

称作波矢，λ 是光的波长，φ_0 是 $t=0$ 时刻原点的相位，称作初相位。

2.2.2　平面光波的表达式

$$U(x,y,z,t) = A\cos(\boldsymbol{k}\cdot\boldsymbol{r} - \omega t + \varphi_0) \tag{2.14}$$

式(2.14)中，$\boldsymbol{k} = k_x\boldsymbol{e}_x + k_y\boldsymbol{e}_y + k_z\boldsymbol{e}_z$ 和 $\boldsymbol{r} = x\boldsymbol{e}_x + y\boldsymbol{e}_y + z\boldsymbol{e}_z$ 分别是空间直角坐标系中波的传播方向和场点 P 的位矢。

【例2.5】　推导定态球面光波的表达式。

分析　通常光学教材中都是直接给出球面波和平面波的表达式，本例和例2.6的目的，是希望通过具体的推导过程使读者对球面波和平面波产生和传播的条件以及其振动的特征有更深刻的认识。

波动是周期性变化的物理量在空间的周期性分布，因而，为了描述波的特征，总是要建立空间坐标系。以下推导和表达是在适当的坐标系中进行的。

解　所谓波面，指的是波场中的等相位面，即任一时刻相位相等的点所在的面。

定态球面光波，是从点光源发出的或向某一点会聚的、在均匀空间传播的单色光波。

可取点光源所在处为坐标原点，光源的辐射通量(即辐射功率)为 P，原点的初相位为 φ_0。则在距离原点为 r 的球面上，辐射的功率密度为

$$I(r) = \frac{P}{4\pi r^2}$$

若记 $\sqrt{\dfrac{P}{4\pi}} = a$，则振幅为

$$A(r) = \sqrt{I(r)} = \sqrt{\frac{P}{4\pi r^2}} = \frac{a}{r}$$

0时刻，原点的相位为 φ_0，则 t 时刻，原点的相位为

$$\varphi(0,t) = \varphi_0 + 2\pi\nu t \tag{1}$$

式中 ν 是光波的时间频率。

若光波以速度 $v=\dfrac{c}{n}$ 传播，其中 c 是光在真空中的速度，n 是媒质的折射率，则 r 处光的振动总是比原点滞后

$$\Delta t = \frac{r}{v} = \frac{nr}{c} \tag{2}$$

即 t 时刻 r 处光波振动的相位是 $t-\Delta t$ 时刻原点的相位，也即

$$\varphi(r,t)=\varphi(0,t-\Delta t)=\varphi_0+2\pi\nu(t-\Delta t)=\varphi_0+2\pi\nu\left(t-\frac{nr}{c}\right)$$

$$=2\pi\nu t-\frac{2\pi\nu nr}{c}+\varphi_0=2\pi\nu t-\frac{2\pi}{\lambda}nr+\varphi_0$$

式中 $\lambda=\frac{c}{\nu}$,为光在真空中的波长。

记$\frac{2\pi}{\lambda}=k$,$2\pi\nu=\omega$,相位表达式为

$$\varphi(r,t)=\omega t-knr+\varphi_0 \tag{3}$$

其中 nr 是从原点到 r 处的光程。通常光在真空或空气中传播,$n=1$。若记 $L=nr$,则

$$\varphi(r,t)=\omega t-kL+\varphi_0$$

参见例 2.1,$kL=knr$ 是 r 处比原点超前的相位。则发散球面光波的表达式为

$$U(r,t)=\frac{a}{r}\cos(\omega t-knr+\varphi_0) \tag{4}$$

对于向原点会聚的球面光波,r 处光的振动总是比原点超前 $\Delta t=\frac{r}{v}=\frac{nr}{c}$,即 t 时刻 r 处光波振动的相位是 $t+\Delta t$ 时刻原点的相位,即

$$\varphi(r,t)=\varphi(0,t+\Delta t)=\varphi_0+2\pi\nu(t+\Delta t)=\omega t+knr+\varphi_0$$

则会聚球面光波的表达式为

$$U(r,t)=\frac{a}{r}\cos(\omega t+knr+\varphi_0) \tag{5}$$

由于余弦函数是偶函数,为了与简谐光波的复振幅表达式一致,也可以将式(4)和式(5)分别写作

$$U(r,t)=\frac{a}{r}\cos(knr-\omega t+\varphi_1),\quad U(r,t)=\frac{a}{r}\cos(knr+\omega t+\varphi_1)$$

若以复振幅表示,则分别为

$$\widetilde{U}(r)=\frac{a}{r}\mathrm{e}^{\mathrm{i}knr+\mathrm{i}\varphi_0},\quad \widetilde{U}(r)=\frac{a}{r}\mathrm{e}^{-\mathrm{i}knr+\mathrm{i}\varphi_0}$$

【例 2.6】 推导定态平面光波的表达式。

解 若对平面波下一个严格的定义,则应当是:在均匀空间中从无穷远处的点光源发出(或向无穷远处的点会聚)的光波或从无穷大平面光源发出的光波。因而,严格意义上的平面波实际上是不存在的。

通常可以这样理解平面波:在有限的空间范围内,各处强度相等且沿某一方向传播的单色光波。

这样的话,平面波场中各处的强度都是一样的,即各处的振幅都相等,记为 A。等相位面是与其传播方向垂直的平面。

建立直角坐标系 $Oxyz$,如图2.5所示,在过坐标原点的平面 Σ_0 上,初相位为 φ_0,光波的传播方向以波矢表示,为

$$\boldsymbol{k} = k_x \boldsymbol{e}_x + k_y \boldsymbol{e}_y + k_z \boldsymbol{e}_z \tag{1}$$

波矢 $\boldsymbol{k}$ 的大小为 $k = \frac{2\pi n}{\lambda}$。

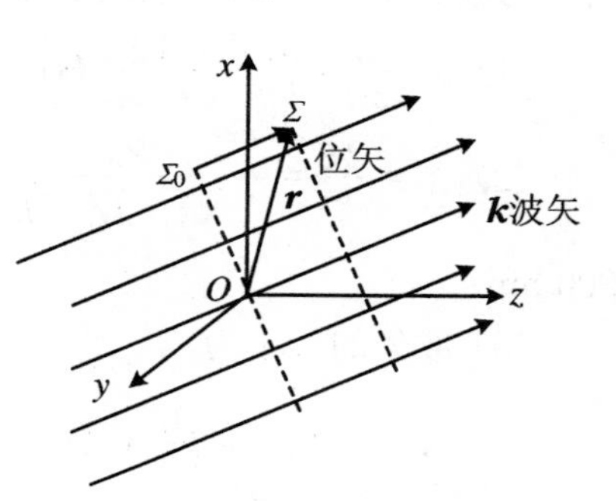

图2.5　直角坐标系中的平面波

过任一点 $\boldsymbol{r} = x\boldsymbol{e}_x + y\boldsymbol{e}_y + z\boldsymbol{e}_z$ 的波面为Σ,Σ与 Σ_0 的间距为

$$\Delta r = \boldsymbol{r} \cdot \frac{\boldsymbol{k}}{k} = \frac{\lambda}{2\pi n}\boldsymbol{k} \cdot \boldsymbol{r} \tag{2}$$

则 t 时刻,Σ 面上的相位,也就是 $\boldsymbol{r}$ 处的相位为

$$\varphi(\boldsymbol{r}, t) = 2\pi\nu\left(t - \frac{\Delta r}{v}\right) + \varphi_0 = 2\pi\nu t - 2\pi\frac{\nu}{v}\frac{\boldsymbol{k}\cdot\boldsymbol{r}}{k} + \varphi_0$$

$$= \omega t - \frac{\nu\lambda}{n v}\boldsymbol{k}\cdot\boldsymbol{r} + \varphi_0 = \omega t - \boldsymbol{k}\cdot\boldsymbol{r} + \varphi_0 \tag{3}$$

平面波的表达式为

$$U(\boldsymbol{r}, t) = A\cos(\omega t - \boldsymbol{k}\cdot\boldsymbol{r} + \varphi_0) \tag{4}$$

也可将式(4)写作如下形式:

$$U(\boldsymbol{r}, t) = A\cos(\boldsymbol{k}\cdot\boldsymbol{r} - \omega t + \varphi_0) = A\cos(k_x x + k_y y + k_z z - \omega t + \varphi_0) \tag{5}$$

以复振幅表示,则为

$$\widetilde{U}(\boldsymbol{r}) = A e^{i\boldsymbol{k}\cdot\boldsymbol{r} + i\varphi_0} = A e^{i(k_x x + k_y y + k_z z) + i\varphi_0} \tag{6}$$

【例2.7】　一平面波的波函数为

$$E(P, t) = A\cos\left[\frac{1}{4}(2x + 3y + \sqrt{3}z)\pi \times 10^7 - 9.42 \times 10^{15} t\right]$$

式中 x, y, z 的单位为m,t 的单位为s。试求:

(1) 时间频率;

(2) 波长;

(3) 波矢的大小和方向;

(4) 在 $z=0$ 和 $z=1$ 波前上的相位分布。

分析　题目要求从平面波的波函数表达式中获取其频率、波长和传播方向,并给出在某些特定平面上波前函数的表达式。

解　与本题所对应的平面波波函数的形式为

$$E(x,y,z,t) = E_0\cos(k_x x + k_y y + k_z z - 2\pi\nu t + \varphi_0)$$

将其与题目中所给表达式比较，则有

(1) $\nu = \dfrac{\omega}{2\pi} = \dfrac{9.42\times10^{15}}{2\pi}\ \text{Hz} = 1.50\times10^{15}\ \text{Hz}$；

(2) $\lambda = \dfrac{2\pi}{k} = \dfrac{2\pi}{\sqrt{k_x^2+k_y^2+k_z^2}} = \dfrac{4\times2\pi}{10^7\pi\sqrt{2^2+3^2+\sqrt{3}^2}}\ \text{m} = 2.00\times10^{-7}\ \text{m} =$ 200 nm；

(3) 波矢的大小为

$$k = \sqrt{k_x^2+k_y^2+k_z^2} = \frac{10^7\pi\sqrt{2^2+3^2+\sqrt{3}^2}}{4}\ \text{m}^{-1} = 10^7\pi\ \text{m}^{-1}$$

或者用矢量表示为

$$\boldsymbol{k} = k_x\boldsymbol{e}_x + k_y\boldsymbol{e}_y + k_z\boldsymbol{e}_z = \frac{\pi}{4}(2\boldsymbol{e}_x + 3\boldsymbol{e}_y + \sqrt{3}\boldsymbol{e}_z)\times10^7\ \text{m}^{-1}$$

(4) $\varphi|_{z=0} = \dfrac{1}{4}(2x+3y+\sqrt{3}z)\pi\times10^7\Big|_{z=0} = \dfrac{1}{4}(2x+3y)\pi\times10^7$，

$\varphi|_{z=1} = \dfrac{1}{4}(2x+3y+\sqrt{3}z)\pi\times10^7\Big|_{z=1} = \dfrac{1}{4}(2x+3y+\sqrt{3})\pi\times10^7$。

【例 2.8】 一列电磁波的电场强度为 $\boldsymbol{E}(P,t) = E_0\boldsymbol{e}_y\sin\dfrac{\pi z}{z_0}\cos(kx-\omega t)$，试：

(1) 描述波的特征；

(2) 求出波矢的表达式；

(3) 求波的相速度。

解 (1) 该列波的电场强度矢量沿 y 方向，传播方向沿 $+x$ 方向。振幅随传播方向按 $E_0\sin\dfrac{\pi z}{z_0}$周期变化。

(2) 波沿 $+x$ 方向传播，波矢为 $k\boldsymbol{e}_x$。

(3) 相速度为 $v = \dfrac{\omega}{k}$。

【例 2.9】 一列在玻璃中传播的简谐光波的电场强度为 $E_z = E_0\cos\left[10^{15}\pi\left(t - \dfrac{z}{0.65c}\right)\right]$，求：

(1) 光的频率；

(2) 光的波长；

(3) 玻璃的折射率。

解 这是沿 $+z$ 方向传播的单色平面光波。

(1) 由于 $\omega = 2\pi\nu = 10^{15}\pi$，故可得

$$\nu = \frac{10^{15}\pi}{2\pi}\ \text{Hz} = 5 \times 10^{14}\ \text{Hz}$$

(2) 由于 $k = \frac{2\pi}{\lambda} = \frac{10^{15}\pi}{0.65c}$，故可得

$$\lambda = \frac{2 \times 0.65c}{10^{15}} = 3.90 \times 10^{-7}\ \text{m} = 390\ \text{nm}$$

(3) 在玻璃中光波的速度为 $v = \lambda\nu$，玻璃的折射率为

$$n = \frac{c}{v} = \frac{c}{\lambda\nu}$$

或者，参考例2.1，$\frac{z}{0.65c} = \frac{z}{v}$，由于 $v = 0.65c$，故可得折射率为

$$n = \frac{c}{v} = \frac{c}{0.65c} = \frac{1}{0.65} = 1.54$$

【例2.10】 一列扩束后的He-Ne激光以入射角 $\theta = 45^\circ$ 射入折射率为 $n = 1.5$ 的玻璃平板中，若激光在空气中的波长为 $\lambda = 632.8$ nm，电场强度的振幅为 5×10^4 V/m，电矢量与入射面平行，玻璃板的厚度为20.00 mm，空气-玻璃界对光波振幅的透射率为 γ，反射率为 r，求：

(1) 在入射界面的空气一侧，入射光和反射光电矢量的表达式；

(2) 在入射界面的玻璃一侧，激光电矢量的表达式；

(3) 在玻璃板的另一面内侧面上，光波的表达式。

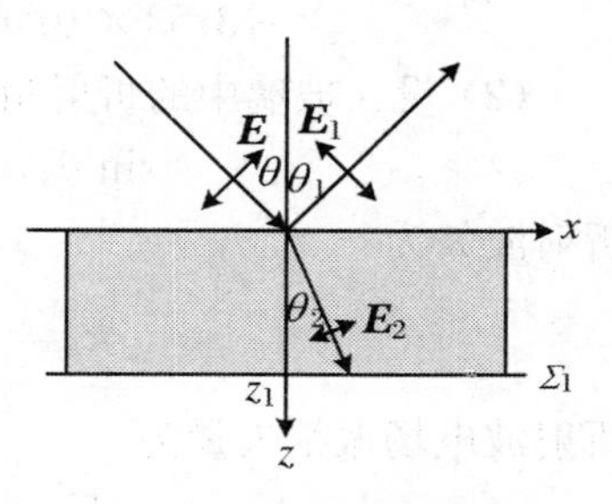

图2.6　描述光波的坐标系

解 首先建立坐标系如图2.6所示，玻璃上表面为 xy 平面，z 轴正向指向玻璃内部。设入射光在坐标原点处的初相位为 φ_0。

(1) 激光的频率为

$$\nu = \frac{c}{\lambda} = \frac{3.000 \times 10^8}{632.8 \times 10^{-9}}\ \text{Hz} = 4.741 \times 10^{14}\ \text{Hz}$$

入射波矢为

$$\boldsymbol{k} = \frac{2\pi}{\lambda}(\sin\theta\,\boldsymbol{e}_x + \cos\theta\,\boldsymbol{e}_z)$$

电场振幅矢量为

$$\boldsymbol{E}_0 = E_0(\cos\theta\,\boldsymbol{e}_x - \sin\theta\,\boldsymbol{e}_z)$$

反射光波长依然为 λ，反射角 $\theta_1=\pi-\theta$，反射波矢和电场振幅矢量分别为

$$\boldsymbol{k}_1=\frac{2\pi}{\lambda}(\sin\theta\boldsymbol{e}_x-\cos\theta\boldsymbol{e}_z),\quad \boldsymbol{E}_1=rE_0(-\cos\theta\boldsymbol{e}_x-\sin\theta\boldsymbol{e}_z)$$

界面上一点的位矢为 $\boldsymbol{r}=x\boldsymbol{e}_x+y\boldsymbol{e}_y$。

于是在玻璃表面朝向空气一侧，入射波为

$$\begin{aligned}\boldsymbol{E}(x,y,0,t)&=\boldsymbol{E}_0\cos(\boldsymbol{k}\cdot\boldsymbol{r}-\omega t+\varphi_0)\\&=E_0(\cos\theta\boldsymbol{e}_x-\sin\theta\boldsymbol{e}_z)\\&\quad\cdot\cos2\pi\left[\frac{1}{\lambda}(\sin\theta\boldsymbol{e}_x+\cos\theta\boldsymbol{e}_z)(x\boldsymbol{e}_x+y\boldsymbol{e}_y)-\nu t+\varphi_0\right]\\&=\frac{5\sqrt{2}\times10^4}{2}(\boldsymbol{e}_x-\boldsymbol{e}_z)\cos2\pi\left(\frac{\sqrt{2}}{2\lambda}x-\nu t+\varphi_0\right)\\&=3.53\times10^4(\boldsymbol{e}_x-\boldsymbol{e}_z)\cos2\pi(1.117\times10^6x-4.741\times10^{14}t+\varphi_0)\end{aligned}$$

反射波为

$$\begin{aligned}\boldsymbol{E}_1(x,y,0,t)&=\boldsymbol{E}_1\cos(\boldsymbol{k}\cdot\boldsymbol{r}-\omega t+\varphi_0)\\&=-rE_0(\cos\theta\boldsymbol{e}_x+\sin\theta\boldsymbol{e}_z)\\&\quad\cdot\cos2\pi\left[\frac{1}{\lambda}(\sin\theta\boldsymbol{e}_x-\cos\theta\boldsymbol{e}_z)(x\boldsymbol{e}_x+y\boldsymbol{e}_y)-\nu t+\varphi_0\right]\\&=-3.53\times10^4r(\boldsymbol{e}_x+\boldsymbol{e}_z)\cos2\pi(1.117\times10^6x-4.741\times10^{14}t+\varphi_0)\end{aligned}$$

(2) 设在玻璃中的折射角为 θ_2，折射定律为 $n\sin\theta_2=\sin\theta$，因而

$$\sin\theta_2=0.4714,\quad \cos\theta_2=0.8819$$

折射波矢为

$$\boldsymbol{k}_2=\frac{2\pi n}{\lambda}(\sin\theta_2\,\boldsymbol{e}_x+\cos\theta_2\,\boldsymbol{e}_z)$$

折射波电场振幅矢量为

$$\boldsymbol{E}_2=tE_0(\cos\theta_2\,\boldsymbol{e}_x-\sin\theta_2\,\boldsymbol{e}_z)$$

在入射界面的玻璃一侧，折射波为

$$\begin{aligned}\boldsymbol{E}_2(x,y,0,t)&=\boldsymbol{E}_2\cos(\boldsymbol{k}_2\cdot\boldsymbol{r}-\omega t+\varphi_0)\\&=\gamma E_0(\cos\theta_2\,\boldsymbol{e}_x-\sin\theta_2\,\boldsymbol{e}_z)\\&\quad\cdot\cos2\pi\left[\frac{n}{\lambda}(\sin\theta_2\,\boldsymbol{e}_x+\cos\theta_2\,\boldsymbol{e}_z)(x\boldsymbol{e}_x+y\boldsymbol{e}_y)-\nu t+\varphi_0\right]\\&=\gamma E_0(\cos\theta_2\,\boldsymbol{e}_x-\sin\theta_2\,\boldsymbol{e}_z)\cos2\pi\left(\frac{\sin\theta}{\lambda}x-\nu t+\varphi_0\right)\\&=3.53\times10^4\gamma(0.8819\,\boldsymbol{e}_x-0.4714\,\boldsymbol{e}_z)\\&\quad\cdot\cos2\pi(1.117\times10^6x-4.741\times10^{14}t+\varphi_0)\end{aligned}$$

(3) 在出射界面玻璃一侧,界面上一点的位矢为$\boldsymbol{r}_2 = x\boldsymbol{e}_x + y\boldsymbol{e}_y + z_1\boldsymbol{e}_z$,于是

$$\begin{aligned}\boldsymbol{k}_2 \cdot \boldsymbol{r}_2 &= \frac{2\pi n}{\lambda}(\sin\theta_2\boldsymbol{e}_x + \cos\theta_2\boldsymbol{e}_z)(x\boldsymbol{e}_x + y\boldsymbol{e}_y + z_1\boldsymbol{e}_z)\\ &= \frac{2\pi n}{\lambda}(x\sin\theta_2 + z_1\cos\theta_2) = 2\pi(1.117\times10^6 x + 4.181\times10^4)\end{aligned}$$

波函数为

$$\begin{aligned}\boldsymbol{E}_2(x,y,z_1,t) =& 3.53\times10^4\gamma(0.881\,9\,\boldsymbol{e}_x - 0.471\,4\,\boldsymbol{e}_z)\\ &\cdot\cos 2\pi(1.117\times10^6 x + 4.181\times10^4 - 4.741\times10^{14}t + \varphi_0)\end{aligned}$$

【例 2.11】 一列波长为λ_0的单色波在折射率为 n 的介质中由 A 点传播到 B 点,其相位改变了 2π,问光程改变了多少? 从 A 点到 B 点的距离是多少?

分析 题目旨在考查相位差和光程差、路程三者之间的关系。

解 简谐光波相位改变(相位差)$\Delta\varphi$ 与光程改变(光程差)ΔL 的关系为

$$\Delta\varphi = k\Delta L = \frac{2\pi}{\lambda}n\Delta r$$

于是光程差为

$$\Delta L_{AB} = \frac{\Delta\varphi_{AB}}{k} = \frac{\Delta\varphi_{AB}}{2\pi}\lambda_0 = \frac{2\pi}{2\pi}\lambda_0 = \lambda_0$$

距离为

$$\Delta r_{AB} = \frac{\Delta L_{AB}}{n} = \frac{\lambda_0}{n}$$

【例 2.12】 频率为 6×10^{14} Hz、相速度为 3×10^8 m/s 的光波,在传播方向上相位差为 60°的任意两点之间的最短距离是多少?

分析 本题与例 2.11 相似。

解 两点之间的最短距离为

$$\begin{aligned}\Delta z &= \frac{\Delta\varphi}{2\pi}\frac{\lambda}{n} = \frac{\Delta\varphi}{2\pi}\frac{v_P}{\nu} = \frac{(\pi/3 + 2m\pi)\times(3\times10^8\ \text{m/s})}{2\pi\times(6\times10^{14}\ \text{Hz})}\\ &= \frac{1+6m}{12}\times10^{-6}\ \text{m} = (1+6m)\times8.33\times10^{-8}\ \text{m}\\ &= (1+6m)\times83.3\ \text{nm} \overset{m=0}{=} 83.3\ \text{nm}\end{aligned}$$

注 若相位差为 60°即$\frac{\pi}{3}$,则相位可能改变了$\frac{\pi}{3}+2m\pi$。

2.3 接收屏上的波函数

2.3.1 轴上的傍轴条件与远场条件

如图2.7所示,点光源 S 在 z 轴上,到接收屏 xOy 的距离为 z_0,在接收屏上,以原点为中心的圆周上各点到光源的距离相等,因而有相等的相位和振幅。对任一点 $P(x,y)$,记 $\overline{OP}=\rho,\overline{SP}=r$,则有 $\rho=\sqrt{x^2+y^2},r=\sqrt{z_0^2+\rho^2}$。

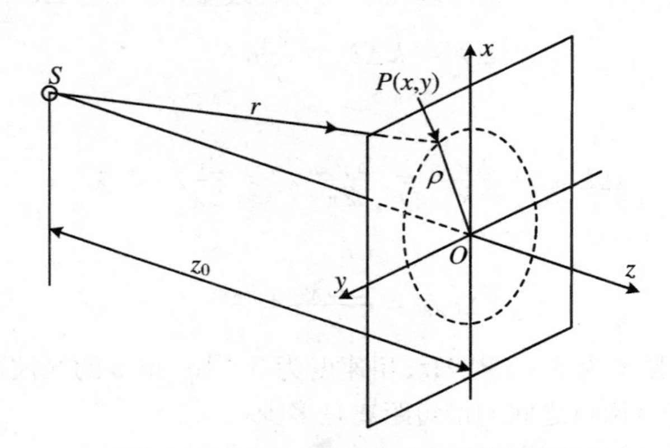

图2.7 轴上物点的傍轴条件与远场条件

傍轴条件(也称近轴条件)为

$$\rho^2 \ll z_0^2 \tag{2.15}$$

在满足傍轴条件的情形下,轴上物点的球面波在接收屏上 P 点的振幅为

$$A(P) \approx \frac{a_0}{z_0} \tag{2.16}$$

即在平面波前 xOy 上,各点的振幅均相等。

球面波在接收屏 xOy 上的相位为

$$\varphi(P) \approx \frac{2\pi}{\lambda}z_0 + \frac{2\pi}{\lambda}\frac{\rho^2}{2z_0} \tag{2.17}$$

式(2.16)和式(2.17)的近似称作傍轴近似。

傍轴条件下,轴上物点发出的球面波可以简化为

$$\widetilde{U}(x,y,0)=\frac{a_0}{z_0}\exp\left[\mathrm{i}k\left(z_0+\frac{x^2+y^2}{2z_0}\right)+\mathrm{i}\varphi_0\right] \tag{2.18}$$

远场条件为

$$z_0 \gg \frac{\rho^2}{\lambda} \tag{2.19}$$

在满足远场条件的情形下，轴上物点的球面波在接收屏上 P 点的相位为

$$\varphi(P)\approx\frac{2\pi}{\lambda}z_0 \tag{2.20}$$

式(2.20)的近似称作远场近似。

远场条件必然包含傍轴条件。

远场条件下，轴上物点发出的球面波可以进一步简化为

$$\widetilde{U}(x,y,0)=\frac{a_0}{z_0}\exp(\mathrm{i}kz_0+\mathrm{i}\varphi_0) \tag{2.21}$$

满足远场条件时，在接收屏上，球面波可以作为平面波处理。

2.3.2　轴外的傍轴条件与远场条件

设点光源在距接收屏为 z_0 的平面上，该平面称作物平面。物平面上有一点光源，为 $Q(x_0,y_0,z_0)$，场点在平面 xOy 上以 ρ 为半径的圆周上，为 $P(x,y,0)$，如图 2.8 所示。场点到物点(光源)的间距为 $r=\sqrt{(x-x_0)^2+(y-y_0)^2+z_0^2}$，场点与物平面中心的间距为 $r_0=\sqrt{x^2+y^2+z_0^2}$。记光源 Q 到物平面中心 O 的距离为 $\rho_0=\sqrt{x_0^2+y_0^2}$，接收屏中心与光源的间距为 $r_0'=\sqrt{\rho_0^2+z_0^2}$。

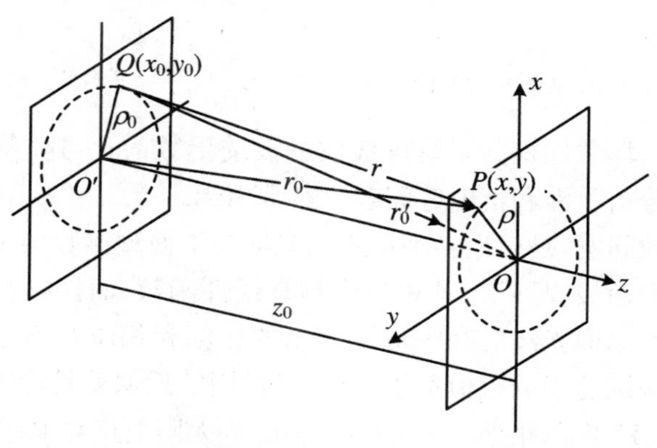

图 2.8　轴外物点的傍轴条件与远场条件

物点和场点的傍轴条件分别为

$$\rho_0^2 = x_0^2 + y_0^2 \ll z_0^2 \tag{2.22}$$

$$\rho^2 = x^2 + y^2 \ll z_0^2 \tag{2.23}$$

相应的傍轴近似分别为

$$r \approx z_0 + \frac{x^2 + y^2}{2z_0} + \frac{x_0^2 + y_0^2}{2z_0} - \frac{x_0 x + y_0 y}{z_0} \tag{2.24}$$

或者

$$r = r_0' + \frac{x^2 + y^2}{2z_0} - \frac{x_0 x + y_0 y}{z_0} \tag{2.25}$$

或者

$$r = r_0 + \frac{x_0^2 + y_0^2}{2z_0} - \frac{x_0 x + y_0 y}{z_0} \tag{2.26}$$

接收屏上的复振幅为

$$\widetilde{U}(x, y) = \frac{a_0}{z_0}\exp\left[\mathrm{i}k\left(r_0 + \frac{x_0^2 + y_0^2}{2z_0}\right)\right]\exp\left[-\mathrm{i}k\left(\frac{x_0 x + y_0 y}{z_0}\right)\right] \tag{2.27}$$

相对于接收屏，光源的远场条件为

$$z_0 \gg \frac{\rho_0^2}{\lambda} \tag{2.28}$$

相对于光源，场点的远场条件为

$$z_0 \gg \frac{\rho^2}{\lambda} \tag{2.29}$$

在场点满足傍轴条件、光源 Q 满足远场条件的情形下，接收屏上光波的表达式为

$$\widetilde{U}(x, y, 0) \approx \frac{a_0}{z_0}\exp\left(\mathrm{i}kz_0 + \mathrm{i}k\,\frac{x^2 + y^2}{2z_0}\right) = \frac{a_0}{z_0}\mathrm{e}^{\mathrm{i}kz_0}\,\mathrm{e}^{\mathrm{i}k\frac{x^2+y^2}{2z_0}} \tag{2.30}$$

傍轴条件和远场条件是为了将球面波的波前函数简化，这样得到的波前函数的近似表达式在分析干涉和衍射等问题时经常用到。

光学中的多数问题，是讨论各种形式的光波在平面型接收屏上的振幅与相位。平面光波入射到平面接收屏上，其相位依然是线性函数，而振幅是常量，通常不需要作任何近似。而球面光波的在平面波前上的振幅和相位都不是线性函数，所以通常要根据条件采取适当的近似加以处理，最常用的近似就是傍轴近似。

【例 2.13】 (1) 太阳距地球 1.8×10^8 km，从太阳上正对地球的一点发出的球面光波到达地球，对于其中波长为 550 nm 的可见光，估算在地面上多大的范围内，

满足傍轴条件；在多大的范围内，可以将日光作为平面波处理。

(2) 月亮距地球 3.8×10^5 km，来自月亮上正对地球的一点的球面波到达地球，对于其中波长为 550 nm 的可见光，估算在地面上多大的范围内，满足傍轴条件；在多大的范围内，可以将月光作为平面波处理。

分析　傍轴条件和远场条件是针对点光源到平面波前上不同位置的距离改变所引起的光波振幅和相位的改变而设定的，应该从此入手进行讨论和判断。

解　(1) 如图 2.9 所示，平面波前 xy 到点光源 S 的距离为 z_0，对于 xy 上以 O 为中心、ρ 为半径的圆周，其上任一点 P 到 S 的距离为

$$r = \sqrt{z_0^2 + \rho^2} = z_0\sqrt{1 + \frac{\rho^2}{z_0^2}} \tag{1}$$

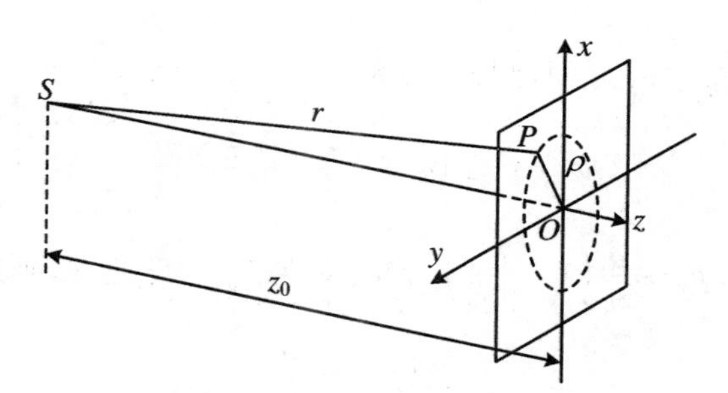

图 2.9　傍轴条件与远场条件

来自 S 的球面光波在上述圆周上的振幅和相位分别为

$$A(\rho) = \frac{a}{r} = \frac{a}{z_0\sqrt{1 + \frac{\rho^2}{z_0^2}}} \tag{2}$$

$$\varphi(\rho) = \varphi_0 + kr = \varphi_0 + \frac{2\pi z_0}{\lambda}\sqrt{1 + \frac{\rho^2}{z_0^2}} \tag{3}$$

若 ρ 比 z_0 小得多，可将式(1)用泰勒展开表示为

$$r = z_0\left[1 + \frac{\rho^2}{2z_0^2} - \frac{1}{4}\left(\frac{\rho^2}{z_0^2}\right)^2 + \cdots\right]$$

则

$$A(\rho) = \frac{a}{z_0}\,\frac{1}{1 + \frac{\rho^2}{2z_0^2} - \frac{1}{4}\left(\frac{\rho^2}{z_0^2}\right)^2 + \cdots} \tag{4}$$

$$\varphi(\rho) = \varphi_0 + \frac{2\pi z_0}{\lambda}\left[1 + \frac{\rho^2}{2z_0^2} - \frac{1}{4}\left(\frac{\rho^2}{z_0^2}\right)^2 + \cdots\right] \tag{5}$$

傍轴条件为 $\rho^2 \ll z_0^2$，即$\frac{\rho^2}{z_0^2} \ll 1$，故式(5)为

$$\varphi(\rho) \approx \varphi_0 + \frac{2\pi z_0}{\lambda} + \frac{\pi z_0}{\lambda}\frac{\rho^2}{z_0^2} - \frac{\pi z_0}{2\lambda}\frac{\rho^4}{z_0^4}$$

通常在实验室中，z_0 的数量级为 m，而可见光的波长 λ 的数量级为 10^{-6} m，所以相位表达式中$\frac{2\pi z_0}{\lambda}$是一个很大的常数，为了使$\frac{\pi z_0}{\lambda}\frac{\rho^2}{z_0^2}$的值在 $0 \sim 10^2\pi$ 之间变化显著而$\frac{\pi z_0}{2\lambda}\frac{\rho^4}{z_0^4}$的值小于$10^{-1}\pi$，应当取 ρ 在$\frac{z_0}{100} \sim \frac{z_0}{50}$之间，这种情形下$\frac{\pi z_0}{\lambda}\frac{\rho^2}{z_0^2}$的值约为$10^2\pi$，显然这一项不能忽略；而$\frac{\pi z_0}{2\lambda}\frac{\rho^4}{z_0^4}$的值约为$10^{-2}\pi$，是可以忽略的。所以傍轴条件通常取 ρ 在$\frac{z_0}{100} \sim \frac{z_0}{50}$之间，则式(5)为

$$\varphi(\rho) \approx \varphi_0 + \frac{2\pi z_0}{\lambda} + \frac{\pi z_0}{\lambda}\frac{\rho^2}{z_0^2} \tag{6}$$

而式(4)为 $A(\rho) \approx \frac{a}{z_0}\left(1 - \frac{\rho^2}{2z_0^2}\right)$，若取 ρ 在$\frac{z_0}{100} \sim \frac{z_0}{50}$之间，则式(4)为

$$A(\rho) \approx \frac{a}{z_0} \tag{7}$$

式(6)的偏差小于 10^{-4}。

对于本题，ρ(傍轴)$\approx \frac{z_0}{100} = \frac{1.8 \times 10^8\ \text{km}}{100} \approx 10^6$ km，显然，这个范围远远超出了地球的尺度。

远场条件为 $z_0 \gg \frac{\rho^2}{\lambda}$，目的是使$\frac{\pi z_0}{\lambda}\frac{\rho^2}{z_0^2}$项可忽略。若取 $z_0 \approx \frac{100\rho^2}{\lambda}$，则式(6)中，$\frac{\pi z_0}{\lambda}\frac{\rho^2}{z_0^2}$的值约为$10^{-2}\pi$，可忽略，相位为

$$\varphi(\rho) \approx \varphi_0 + \frac{2\pi z_0}{\lambda} \tag{8}$$

而满足远场条件的情形下，$\rho^2 \ll z_0\lambda \ll z_0^2$，一定满足傍轴条件。则在半径为 ρ 的区域中，光波的振幅和相位都是常量，相当于平面波。

对于本题，ρ(远场)$\approx \sqrt{\frac{\lambda z_0}{100}} = \frac{\sqrt{550 \times 10^{-9} \times 1.8 \times 10^{11}}}{10}$ m $= 31$ m。

(2) 参考(1)中的分析，可得：

满足傍轴条件的区域 ρ(傍轴)$\approx \frac{z_0}{100} = \frac{3.8\times10^5\ \text{km}}{100} \approx 10^3\ \text{km}$,这是一个足够大的区域。

满足远场条件的区域 ρ(远场)$\approx \sqrt{\frac{\lambda z_0}{100}} = \frac{\sqrt{550\times10^{-9}\times3.8\times10^8}}{10}\ \text{m} = 1.4\ \text{m}$。

【例 2.14】 一射电源距地面的高度约为 300 km,向地面发射波长为 20 cm 的微波,接收器的孔径为 2 m,问这种情况下,是否满足远场条件?

解　参考例 2.13,此处,由于

$$\frac{\rho^2}{\lambda} = \frac{(2\ \text{m}/2)^2}{20\ \text{cm}} = 5\ \text{m} \ll 300\ \text{km}$$

所以满足远场条件。

【例 2.15】 如图 2.10 所示,一个顶角 α 很小的三棱镜(即所谓"光楔"),折射率为 n,波长为 λ 的平面光波从一侧正入射。设入射波在光楔左侧面 Σ_0 处的初相位为 0,求在光楔右侧距离 Σ_0 为 s 处平面 Σ_1 上的波前函数。

分析　平面波经平面折射后,依然是平面波,但方向偏转。只要确定了波的方向,就可方便地求出在某一确定位置处的波前函数。

解　首先计算折射后平面波的传播方向。

如图 2.11(a)所示,在光楔的另一侧面,光的入射角为 α,则折射角 i 可依据折射定律得到,满足 $\sin i = n\sin\alpha$。由于 α 很小,所以折射定律可写作 $i = n\alpha$。出射光波相对于入射光波的偏向角为

$$\delta = i - \alpha = n\alpha - \alpha = (n-1)\alpha$$

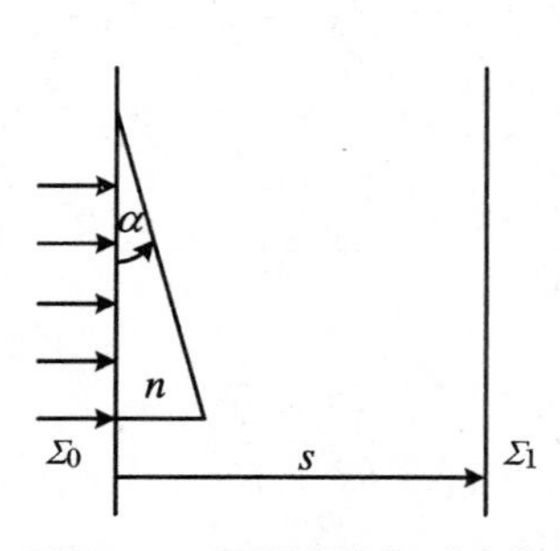

图 2.10　平面光波经过光楔

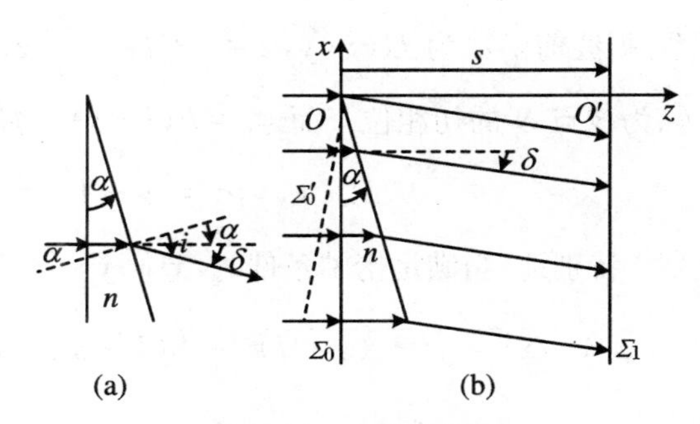

图 2.11　光波的偏折

按图 2.11(b)中所示的方式建立坐标系,以光楔的顶点为原点,折射光波的波矢为

$$\boldsymbol{k} = k(-\sin\delta\boldsymbol{e}_x + \cos\delta\boldsymbol{e}_z) = \frac{2\pi}{\lambda}\left[-\delta\boldsymbol{e}_x + \left(1 - \frac{\delta^2}{2}\right)\boldsymbol{e}_z\right]$$

对于经过光楔的光波，0 相位的波面为 Σ_0'，即坐标原点处的初相位为 0，则平面 Σ_1 上的波前函数为

$$\varphi = \boldsymbol{k}\cdot\boldsymbol{r} = k(-\sin\delta\boldsymbol{e}_x + \cos\delta\boldsymbol{e}_z)\cdot(x\boldsymbol{e}_x + y\boldsymbol{e}_y + s\boldsymbol{e}_z)$$

由于 δ 很小，可作近似 $\sin\delta = \delta$，$\cos\delta = 1$，于是

$$\varphi = \frac{2\pi}{\lambda}(-\delta\boldsymbol{e}_x + \boldsymbol{e}_z)\cdot(x\boldsymbol{e}_x + y\boldsymbol{e}_y + s\boldsymbol{e}_z) = \frac{2\pi}{\lambda}(-\delta x + s)$$

$$= \frac{2\pi}{\lambda}[s - (n-1)\alpha x]$$

【例 2.16】 计算表明，当单色点光源 S 距离光楔（顶角为 α、折射率为 n）为 l 时，从另一侧看到光源 S' 位于 S 的正上方 $h = (n-1)\alpha l$ 处，如图 2.12 所示。据此求出在光楔右侧距离 s 处平面 Σ 上的波前函数，设图中 O 点（即接收屏上与像 S' 等高的点）处的相位为 φ_0。

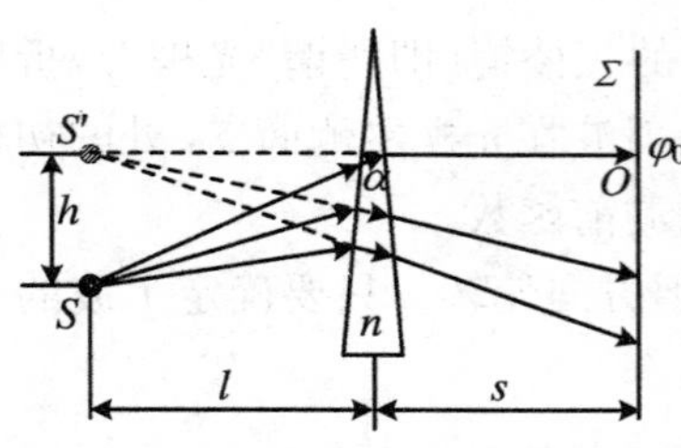

图 2.12 球面光波经过光楔

解 题目要求写出球面波在平面上的波前函数。

点光源 S 经三棱镜在平面 Σ 上的波前函数等价于自由空间中处于点 S' 的点光源发出的球面波自由传播后在平面 Σ 上的波前函数。

以像点 S' 为原点，以向右为 z 轴正方向，向上为 x 轴正方向，建立直角坐标系，则波前函数为 $\widetilde{U}(x,y,z=s+l) = \frac{A_0}{r}\mathrm{e}^{\mathrm{i}(kr+\varphi_0')}$，其中 $r = \sqrt{x^2+y^2+(s+l)^2}$，$\varphi_0'$ 为像点 S' 的初相位。而 $\varphi_0 = k(l+s) + \varphi_0'$，所以

$$\widetilde{U}(x,y,z=s+l) = \frac{A_0}{r}\mathrm{e}^{\mathrm{i}[kr - k(l+s) + \varphi_0]}$$

特别地，当满足傍轴条件时，$x^2 + y^2 \ll (l+s)^2$，故

$$k\sqrt{x^2+y^2+(s+l)^2} - k(l+s) = k(l+s)\left[\sqrt{1+\frac{x^2+y^2}{(s+l)^2}} - 1\right]$$

$$\approx k\frac{x^2+y^2}{2(s+l)}$$

波前函数为

$$\widetilde{U}(x,y,z=s+l)=\frac{A_0}{s+l}e^{i\left[k\frac{x^2+y^2}{2(s+l)}+\varphi_0\right]}$$

注　此时由于坐标的选取特殊，表达式中不含三棱镜参数。

【例2.17】　将一单色点光源置于凸透镜物方(左侧)2倍焦距处，如图2.13所示。计算该点发出的光波经透镜后，在像方(右侧)的会聚点前、后1倍焦距处平面 Σ_1 和 Σ_2 上的波前函数(认为透镜的孔径很小，光波满足傍轴条件。可设会聚点处的初相位为 φ_0)。

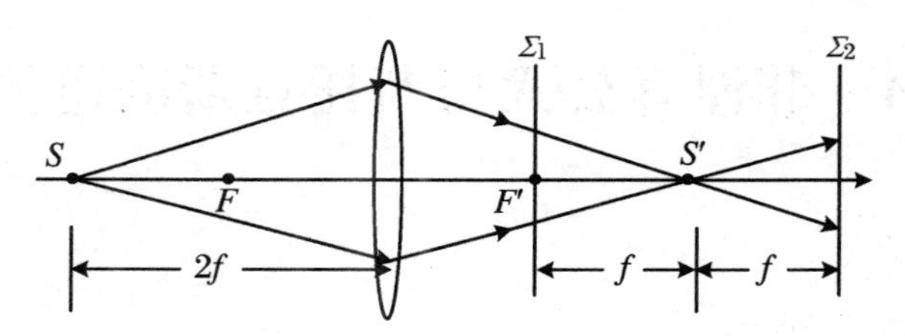

图2.13　球面光波经过透镜

分析　波前 Σ_1 处的光波，是向 S' 处会聚的球面波；波前 Σ_2 处的光波，是从 S' 处发散的球面。由于透镜是傍轴光学元件，故题中需要作相应的近似。

解　透镜右侧球面光波的中心 S' 点在 $2f$ 处，记光波的波矢为 k。

以 S' 为原点，光轴向右为 z 方向建立坐标系。波前 Σ_1 上的任一点 (x_1,y_1)，在傍轴条件下，到 S' 点的距离为

$$r_1=\sqrt{x_1^2+y_1^2+f^2}=f\sqrt{1+\frac{x_1^2+y_1^2}{f^2}}=f\left(1+\frac{x_1^2+y_1^2}{2f^2}\right)=f+\frac{x_1^2+y_1^2}{2f}$$

于是 (x_1,y_1) 点的相位为

$$\varphi(x_1,y_1)=-k\sqrt{x_1^2+y_1^2+f^2}+\varphi_0=-k\left(f+\frac{x_1^2+y_1^2}{2f}\right)+\varphi_0$$

波前 Σ_2 上的任一点 (x_2,y_2)，到 S' 点的距离为

$$r_2=\sqrt{x_2^2+y_2^2+f^2}=f+\frac{x_2^2+y_2^2}{2f}$$

(x_2,y_2) 点的相位为

$$\varphi(x_2,y_2)=k\sqrt{x_2^2+y_2^2+f^2}+\varphi_0=k\left(f+\frac{x_2^2+y_2^2}{2f}\right)+\varphi_0$$

由于只在傍轴区域中，光波在波前 Σ_1 和 Σ_2 上的振幅均为

$$A=\frac{a}{r}=\frac{a}{f}$$

于是 Σ_1 上的波前函数为

$$U(x_1, y_1) = \frac{a}{f}\cos\left[-k\left(f + \frac{x_1^2 + y_1^2}{2f}\right) + \varphi_0\right]$$

Σ_2 上的波前函数为

$$U(x_2, y_2) = \frac{a}{f}\cos\left[k\left(f + \frac{x_2^2 + y_2^2}{2f}\right) + \varphi_0\right]$$

2.4　菲涅耳公式与斯托克斯倒逆关系

2.4.1　菲涅耳公式

1. 光波电矢量的分解

光波是横波，电矢量 $\boldsymbol{E}$ 与波矢 $\boldsymbol{k}$ 垂直。在媒质的界面处，入射光分为反射光和折射光。将各列波的电场分量分解为平行于入射面的 $\boldsymbol{P}$ 分量和垂直于入射面的 $\boldsymbol{S}$ 分量，每一列光的 $\boldsymbol{P}$ 分量、$\boldsymbol{S}$ 分量和波矢 $\boldsymbol{k}$ 由于两两垂直而构成一个直角坐标系，但各列波的坐标轴并不平行。为了便于比较各列光波电矢量的方向，可使 $\boldsymbol{P}$ 分量、$\boldsymbol{S}$ 分量和波矢 $\boldsymbol{k}$ 构成右手系，例如，可取 $\boldsymbol{P}$ 分量、$\boldsymbol{S}$ 分量和波矢 $\boldsymbol{k}$ 的方向分别为 x, y, z 轴，并规定 $+y$ 方向垂直入射面向外，如图 2.14 所示。

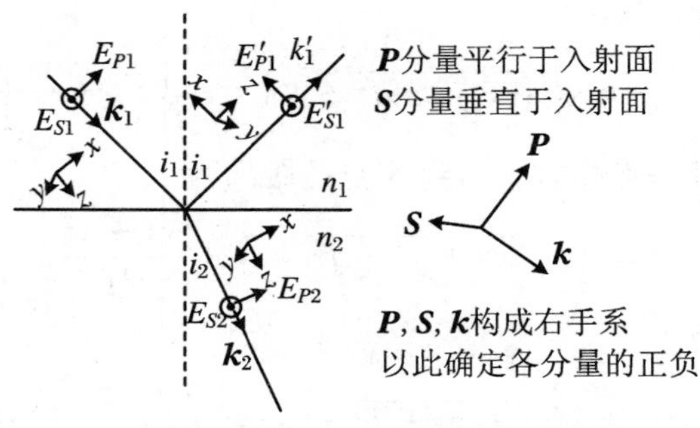

图 2.14　电矢量的分解

2. 菲涅耳公式的表述

根据电磁理论可得，在入射点处，反射波、折射波的电矢量与入射波的电矢量之间有如下的关系：

$$\frac{E'_{S1}}{E_{S1}}=\frac{n_1\cos i_1-n_2\cos i_2}{n_1\cos i_1+n_2\cos i_2}=-\frac{\sin(i_1-i_2)}{\sin(i_1+i_2)}\tag{2.31}$$

$$\frac{E'_{P1}}{E_{P1}}=\frac{n_2\cos i_1-n_1\cos i_2}{n_2\cos i_1+n_1\cos i_2}=\frac{\tan(i_1-i_2)}{\tan(i_1+i_2)}\tag{2.32}$$

$$\frac{E_{S2}}{E_{S1}}=\frac{2n_1\cos i_1}{n_1\cos i_1+n_2\cos i_2}=\frac{2\sin i_2\cos i_1}{\sin(i_1+i_2)}\tag{2.33}$$

$$\frac{E_{P2}}{E_{P1}}=\frac{2n_1\cos i_1}{n_2\cos i_1+n_1\cos i_2}=\frac{2\sin i_2\cos i_1}{\sin(i_1+i_2)\cos(i_1-i_2)}\tag{2.34}$$

菲涅耳公式中的各个物理量，是电场强度的瞬时值，所描述的是同一点（即入射点）、同一时刻（入射瞬间）不同波列的电场强度之间的关系，而不是在任意位置处的关系，一般情况下，也不是各列波振幅之间的关系。但对于平面波，若不考虑正负号的话，也可作为各列波振幅之间的关系。

在式(2.31)和式(2.32)中，比值可能会出现负值，这说明反射光的 **S** 分量可能与入射光的 **S** 分量振动方向相反。由于反射光的 **P** 分量与入射光的 **P** 分量正方向的规定并不一致，比值出现负值只是表明与规定的正方向相反。但是，对于折射的光波，只要不出现全反射，由于式(2.33)、式(2.34)的比值总是正的，所以折射波的 **S** 分量总是与入射光的 **S** 分量方向相同，**P** 分量总是与规定的正方向一致。

2.4.2　斯托克斯倒逆关系

一列波在介质的分界面上，将分为反射和折射两部分。设界面对于复振幅的反射率和透射率分别为 $\tilde{r}$，$\tilde{t}$，在入射点处，入射波复振幅为 $\tilde{U}$，如图2.15(a)所示，则反射波、透射波的复振幅分别为 $\tilde{U}_r=\tilde{U}\tilde{r}$ 和 $\tilde{U}_t=\tilde{U}\tilde{t}$。

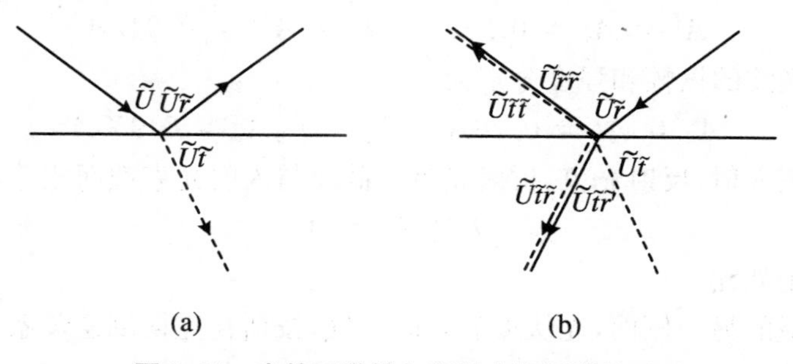

图2.15　光的可逆性与斯托克斯倒逆关系

如果将上述情形反过来，即一列复振幅为 $\widetilde{U}_r$ 的波和一列复振幅为 $\widetilde{U}_t$ 的波分别沿着反射波和折射波的路径射过来，如图 2.15(b)所示。从光的可逆性原理，可以判断，总的效果应该是只有一列沿着原来入射路径的波列 $\widetilde{U}$，可以用公式表示为

$$\begin{cases}\widetilde{U}r^2+\widetilde{U}\tilde{t}\cdot\tilde{t}'=\widetilde{U}\\ \widetilde{U}\tilde{r}\cdot\tilde{t}+\widetilde{U}\tilde{t}\cdot\tilde{r}'=0\end{cases}，即\begin{cases}r^2+\tilde{t}\cdot\tilde{t}'=1\\ \tilde{r}\cdot\tilde{t}+\tilde{t}\cdot\tilde{r}'=0\end{cases}，由此可以得到$$

$$r=-r' \tag{2.35}$$

或

$$r^2=r'^2 \tag{2.36}$$

以及

$$\tilde{t}\cdot\tilde{t}'=1-r^2 \tag{2.37}$$

上述关系称作斯托克斯倒逆关系。

【例 2.18】 振幅为 A 的单色光波从空气垂直射向光学玻璃平板，计算从入射一侧表面反射光波的振幅和强度、玻璃内部正方向传播的光波的振幅和强度以及从玻璃另一侧出射波的振幅和强度。已知光学玻璃的折射率为 1.55，不考虑光的多次反射。

解 根据菲涅耳公式，光从折射率为 n_1 的媒质正入射到折射率为 n_2 的媒质时，振幅的反射率和透射率分别为

$$r=\frac{|n_1-n_2|}{n_1+n_2},\quad t=\frac{2n_1}{n_1+n_2}$$

光从空气射向玻璃，$n_1=1.00$，$n_2=1.55$，于是有

$$r=\frac{1.55-1.00}{1.55+1.00}=0.22,\quad t=\frac{2\times1.00}{1.00+1.55}=0.78$$

因而从玻璃波面反射的光的振幅和强度分别为

$$A'=Ar=0.22A,\quad I'=A'^2=0.047A^2$$

进入玻璃的光波的振幅和强度分别为

$$A_2=At=0.78A,\quad I_2=n_2A_2^2=0.953A^2$$

由于是正入射，反射光束、折射光束的截面与入射光束截面相等，因而应当有

$$I'+I_2=A^2$$

结果正是如此。

在玻璃板的另一侧面，光从玻璃射向空气，按斯托克斯倒逆关系，可得

$$r'=r=0.22,\quad t'=\frac{1-rr'}{t}=1.22$$

不考虑光波之间的干涉和光波在玻璃的两个表面之间的多次反射，也不考虑玻璃对光波的吸收。从玻璃板透射后，振幅和光强分别为

$$A_3 = Att' = A(1-r^2) = A\left[1-\left(\frac{n_1-n_2}{n_1+n_2}\right)^2\right] = 0.953A$$

$$I_3 = A_3^2 = 0.909A^2$$

因而该玻璃板对光强的透射率为

$$T = (tt')^2 = 0.909$$

上述计算没有考虑出射界面反射回玻璃内部的光的多次反射和折射。

正入射时，设界面对光强的反射率为 R，透射率为 T，从能量守恒考虑，应当有 $R+T=1$。需要指出的是，光强的表达式为 $I=\frac{nE_0^2}{2c\mu_0}\propto nE_0^2$，光强的透射率并不等于振幅透射率的平方，即 $T\neq t^2$。利用菲涅耳公式计算，则

$$R = \left(\frac{n_1-n_2}{n_1+n_2}\right)^2,\quad T = \frac{n_2}{n_1}\left(\frac{2n_1}{n_1+n_2}\right)^2$$

$$R+T = \left(\frac{n_1-n_2}{n_1+n_2}\right)^2 + \frac{n_2}{n_1}\left(\frac{2n_1}{n_1+n_2}\right)^2 = \frac{(n_1+n_2)^2}{(n_1+n_2)^2} = 1$$

【例 2.19】 一单色点光源(发出波长为 λ 的光波)到接收屏的距离为 D，在平面镜上方 h 处，且 $h\ll D$。平面镜的镜面与接收屏垂直，分别计算从光源直接射到接收屏上的光和被镜面反射到接收屏上的光在接收屏上的傍轴区域内的相位分布函数，并计算两列波的相位差。

解 如图 2.16 所示，设接收屏所在波前为 xy 平面，光源的初相位为 φ_0。光源 S 到接收屏上 $P(x,y)$ 的光程为

$$r_1 = \sqrt{(x-h)^2+y^2+D^2} = D\sqrt{1+\frac{(x-h)^2+y^2}{D^2}}$$

在傍轴条件下，有

$$r_1 \approx D\left[1+\frac{(x-h)^2+y^2}{2D^2}\right] = D+\frac{(x-h)^2+y^2}{2D}$$

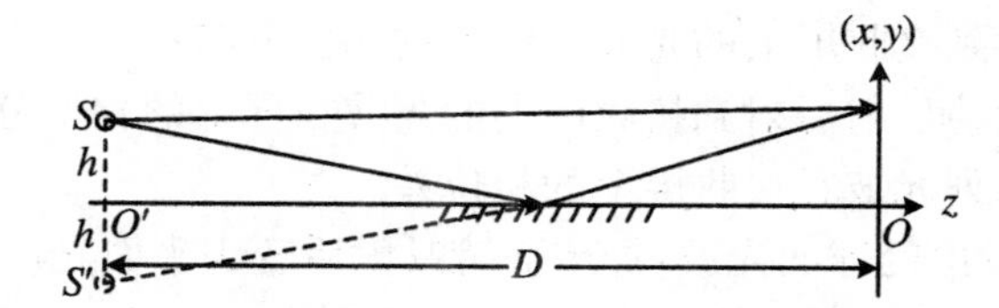

图 2.16　接收屏上的直接入射光和经反射的入射光

直接射到屏上的光波的相位为

$$\varphi_1(x,y) = kr_1 + \varphi_0 = \frac{2\pi}{\lambda}\left[D + \frac{(x-h)^2 + y^2}{2D}\right] + \varphi_0$$

光源 S 经平面镜所成的像为S'，位置为$(-h,0,-D)$，在傍轴条件下，反射波到接收屏上 $P(x,y)$的光程为

$$r_2 = \sqrt{(x+h)^2 + y^2 + D^2} = D + \frac{(x+h)^2 + y^2}{2D}$$

反射波有半波损失，反射波在接收屏上的相位函数为

$$\varphi_2(x,y) = kr_2 + \varphi_0 + \pi = \frac{2\pi}{\lambda}\left[D + \frac{(x+h)^2 + y^2}{2D}\right] + \varphi_0 + \pi$$

相位差为

$$\Delta\varphi(x,y) = \Delta\varphi_2(x,y) - \Delta\varphi_1(x,y) = \frac{2\pi}{\lambda}\frac{2hx}{D} + \pi$$

两列光波的光程差为

$$\delta = \Delta r + \frac{\lambda}{2} = \frac{2hx}{D} + \frac{\lambda}{2}$$

由于半波损失的含义只是表明由于反射导致振动反向，因而光程中可以加半个波长，也可以减半个波长，或者加减半个波长的奇数倍。

【例 2.20】 如图 2.17 所示，单色点光源 S 在凹球面镜M 的焦平面上，从 S 发出的光波，一部分直接射到接收屏上，另一部分被球面镜反射后射到接收屏上。

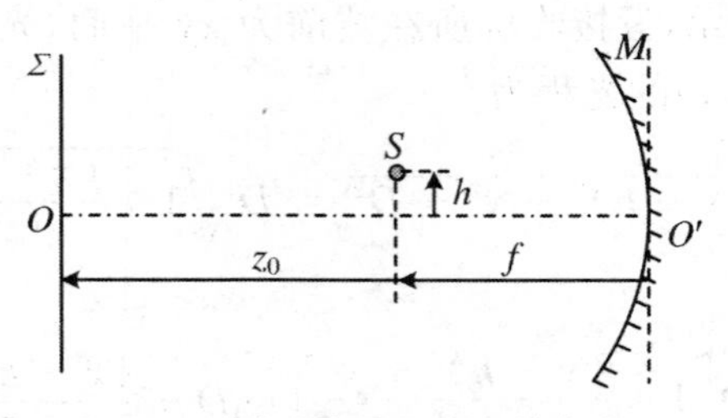

图 2.17 球面镜焦平面上的点光源

(1) 求直接射到接收屏上的光波在屏上的相位分布；

(2) 求被球面镜反射后射到接收屏上的光波在屏上的相位分布；

(3) 求上述两列光波在接收屏上的相位差。

分析 从 S 发出的球面光波，经球面镜反射后变为平面光。

解 建立如图 2.18 所示的坐标系，接收屏所在平面为 xy 平面，光源 S 在 xz 平面内，球面镜的光轴为 z 轴。

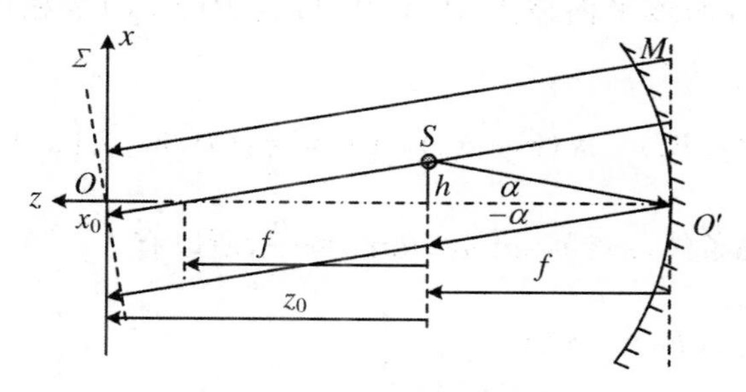

图 2.18 反射光波是平面波

(1) S 到屏上傍轴区域中的一点 $P(x,y)$ 的光程为

$$r_1 = \sqrt{(x-h)^2 + y^2 + z_0^2} = z_0\sqrt{1 + \frac{(x-h)^2 + y^2}{z_0^2}}$$

$$\approx z_0 + \frac{(x-h)^2 + y^2}{2z_0}$$

从光源 S 直接射到屏上的光波的相位为

$$\varphi_1(x,y) = kr_1 + \varphi_0 = \frac{2\pi}{\lambda}\left[z_0 + \frac{(x-h)^2 + y^2}{2z_0}\right] + \varphi_0$$

(2) 被球面反射的光波是平面波,与 z 轴的夹角为 $-\alpha = -\arctan\frac{h}{f} \approx -\frac{h}{f}$。

设反射光中经过 S 的波列在接收屏上的入射点为 $P_0(x_0,0)$,由于 $\frac{0-x_0}{h-0} = \frac{f}{z_0-f}$,可得 $x_0 = -\frac{fh}{z_0-f}$。

在点$(x_0,0)$,反射波的光程比直接入射光的光程大 $2f$。

直接入射的光到 P_0 的光程为

$$\overline{SP_0} = z_0 + \frac{[h + fh/(z_0-f)]^2}{2z_0} = z_0 + \frac{z_0 h^2}{2(z_0-f)^2}$$

相位为

$$\varphi_1(P_0) = k\,\overline{SP_0} + \varphi_0 = k\left[z_0 + \frac{z_0 h^2}{2(z_0-f)^2}\right] + \varphi_0$$

考虑半波损失,经球面反射的光在点 $P_0(x_0,0)$ 的相位为

$$\varphi_2(P_0) = \varphi_1(P_0) + 2kf - \pi = k\left[z_0 + \frac{z_0 h^2}{2(z_0-f)^2}\right] + 2kf + \varphi_0 - \pi$$

由于经球面反射的光是平面波,到点$(x,0)$的光程与到点 $P_0(x_0,0)$ 的光程差

为$-(x-x_0)\sin\alpha$，而该平面波点$P(x,0)$与点$P(x,y)$等相位，于是反射波在$P(x,y)$的相位为

$$\varphi_2(x,y)=\varphi_2(P_0)-k(x-x_0)\sin\alpha=\varphi_2(P_0)-k\left(x+\frac{fh}{z_0-f}\right)\sin\alpha$$

由于满足傍轴条件，$h\ll f$，$\sin\alpha\approx\tan\alpha\approx\frac{h}{f}$，所以有

$$\begin{aligned}\varphi_2(x,y)&=\varphi_2(P_0)-k(x-x_0)\frac{h}{f}\\&=k\left[z_0+\frac{z_0h^2}{2(z_0-f)^2}\right]-k\left(x+\frac{fh}{z_0-f}\right)\frac{h}{f}+2kf+\varphi_0-\pi\\&=-k\frac{h}{f}x+k\left[z_0+\frac{z_0h^2}{2(z_0-f)^2}\right]-k\frac{h^2}{z_0-f}+2kf+\varphi_0-\pi\end{aligned}$$

(3) 两列光波在点$P(x,y)$的相位差为

$$\Delta\varphi(x,y)=\varphi_2-\varphi_1=-k\frac{h}{f}x-k\frac{(x-h)^2+y^2}{2z_0}+k\frac{z_0h^2}{2(z_0-f)^2}+2kf-\pi$$

一种比较简单的情形是光源S在凹球面镜的焦点处，如图2.19所示。这时，直接射向接收屏的光波是轴上物点发出的球面波，光源到接收屏上傍轴区域中的点$P(x,y)$的光程为

$$\begin{aligned}L_1&=\sqrt{x^2+y^2+z_0^2}=z_0\sqrt{1+\frac{x^2+y^2}{z_0^2}}\\&=z_0+\frac{x^2+y^2}{2z_0}\end{aligned}$$

相位为

$$\varphi_1(x,y)=kL_1+\varphi_0=k\left(z_0+\frac{x^2+y^2}{2z_0}\right)+\varphi_0$$

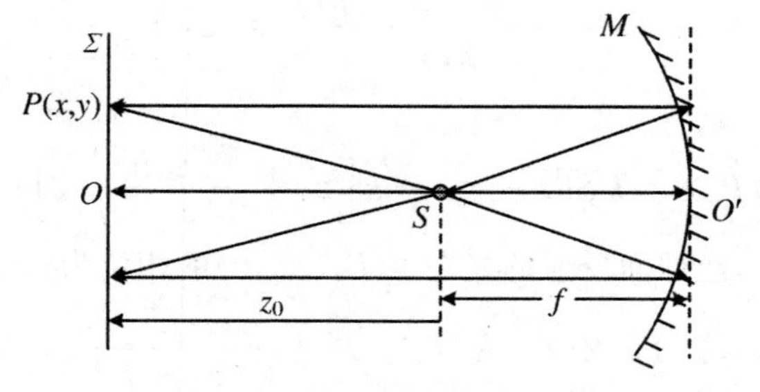

图2.19 光源在凹球面镜的焦点

被反射光正入射到接收屏上，根据球面镜的等光程性，从光源 S 到接收屏上的光波的光程都相等，计入半波损失，光程为

$$L_2 = 2f + z_0 - \frac{\lambda}{2}$$

相位为

$$\varphi_2(x, y) = kL_2 + \varphi_0 = k\left(2f + z_0 - \frac{\lambda}{2}\right) + \varphi_0 = k(2f + z_0) + \varphi_0 - \pi$$

两列光波的相位差为

$$\begin{aligned}\Delta\varphi(x, y) &= \varphi_2 - \varphi_1 = k(2f + z_0) - k\left(z_0 + \frac{x^2 + y^2}{2z_0}\right) - \pi \\ &= \frac{2\pi}{\lambda}\left(2f - \frac{x^2 + y^2}{2z_0}\right) - \pi\end{aligned}$$

2.5　光的吸收、色散与散射

2.5.1　光的吸收

实验研究表明，当光强不是很大时，光通过一定厚度的电介质时，被吸收的光强与吸收体的厚度成正比，这就是光的线性吸收规律。

强度为 I_0 的光波在各向同性均匀介质中传过距离 x 后，光强变为

$$I = I_0 e^{-\alpha x} \tag{2.38}$$

式中 α 为与介质有关的常数，称为吸收系数。该定律被称作布格尔定律或朗伯定律。

在溶液中，上述吸收定律依然成立，但是，对同一类型的溶液，吸收系数与溶液的浓度成正比，即

$$\alpha = AC \tag{2.39}$$

式中 A 是与溶液（溶质、溶剂等）有关的常数，C 为溶液的浓度。因而有

$$I = I_0 e^{-ACx} \tag{2.40}$$

上述关于光在溶液中的吸收定律被称作比尔定律。

2.5.2 光的色散

光的色散是由于不同波长的光具有不同折射率的缘故，因而可以将折射率表示为波长的函数，即 $n=n(\lambda)$。

根据实验总结出的色散规律可以用公式表示，这就是柯西公式，即

$$n = A + \frac{B}{\lambda^2} + \frac{C}{\lambda^4} \tag{2.41}$$

式中 A,B,C 是与介质有关的常数，需要由实验测定。柯西公式是一个经验公式，在波长范围不是很大时，可以只取前两项，即

$$n = A + \frac{B}{\lambda^2} \tag{2.42}$$

通常用色散率$\frac{dn}{d\lambda}$表示折射率随波长变化的幅度。依据柯西公式，可得

$$\frac{dn}{d\lambda} = -\frac{2B}{\lambda} - \frac{4C}{\lambda^3} \approx -\frac{2B}{\lambda}$$

2.5.3 光的散射

进入介质中的光波与介质中的具有极性的原子相互作用，原子内部的电荷在入射光的激发下做受迫振动，发出电磁波。这就是原子的次级辐射，这种次级辐射可以沿各个方向发射。

如果介质是不均匀的，则从介质中发出的散射波在其他方向不能完全抵消，可以向任意方向传播，这就是光的散射。所以，光在密度不均匀的媒质中总能产生散射。

根据散射机制的不同，散射主要有：

(1) 悬浮质点的散射：均匀分布或悬浮在媒质中的质点，例如空气中的尘埃，溶液中的胶体，等等。这种情况下，散射体颗粒度大于波长，散射光强对波长的依赖性不强，各个波长成分的散射光强差别不大，这样的散射被称作米-德拜散射。

(2) 分子散射：虽然介质是均匀的，但是，由于分子的热运动，会在其中产生密度的起伏，从而产生散射。这种情况下，散射体的尺寸小于波长时，入射光中不同的波长成分有不同的散射，实验和理论研究表明，散射光强与入射光波长的四次方成反比，即 $I \propto \lambda^{-4}$。这样的散射被称作瑞利散射。

当 $a>0.3\dfrac{\lambda}{2\pi}$，即 $ka>0.3$ 时，是米-德拜散射；当 $a<0.3\dfrac{\lambda}{2\pi}$，即 $\dfrac{2\pi}{\lambda}a=ka<0.3$ 时，是瑞利散射。

【例2.21】 某种玻璃对某一波长光的吸收系数 $\alpha=1\times10^{-2}\ \mathrm{cm}^{-1}$，问经过1 cm厚的玻璃后，透射光强为原光强的百分之几？

解　根据光的吸收定律 $I=I_0\mathrm{e}^{-\alpha x}$，可得

$$\frac{I}{I_0}=\mathrm{e}^{-\alpha x}=\mathrm{e}^{-1\times10^{-2}\mathrm{cm}^{-1}\times1\ \mathrm{cm}}=\mathrm{e}^{-0.01}=99\%$$

【例2.22】 某种介质的吸收系数 $\alpha=0.32\ \mathrm{cm}^{-1}$，求透射光强为入射光强的0.1，0.2，0.5及0.8时，介质的厚度各为多少？

解　介质对光波线性吸收的公式为 $I=I_0\mathrm{e}^{-\alpha L}$，吸收介质的厚度可表示为 $L=\dfrac{1}{\alpha}\ln\dfrac{I_0}{I}$，则

$$\frac{I}{I_0}=0.1,\quad L=\frac{\ln10}{0.32}\ \mathrm{cm}=7.196\ \mathrm{cm}$$

$$\frac{I}{I_0}=0.2,\quad L=\frac{\ln5}{0.32}\ \mathrm{cm}=5.029\ \mathrm{cm}$$

$$\frac{I}{I_0}=0.5,\quad L=\frac{\ln2}{0.32}\ \mathrm{cm}=2.166\ \mathrm{cm}$$

$$\frac{I}{I_0}=0.8,\quad L=\frac{\ln1.25}{0.32}\ \mathrm{cm}=0.697\ \mathrm{cm}$$

【例2.23】 红光透过15 m深的海水后，其强度减弱到原来的1/4，求：

(1) 海水对红光的吸收系数；

(2) 光强减弱到1%时光透过海水的深度。

解　(1) 根据光的吸收定律 $I=I_0\mathrm{e}^{-\alpha x}$，可得 $\alpha=\dfrac{1}{x}\ln\dfrac{I_0}{I}$，于是得到

$$\alpha=\frac{\ln4}{15\ \mathrm{m}}=0.092\ \mathrm{m}^{-1}$$

(2) $x=\dfrac{\ln(I/I_0)}{\alpha}=\dfrac{\ln100}{0.092\ \mathrm{m}^{-1}}=49.8\ \mathrm{m}$。

【例2.24】 以589.0 nm波长的光入射浓度为0.02 g/100 mL的某溶液，测得透射光强为入射光强的40%，用同种光、同样厚度的容器测量一未知浓度的同种溶液，测得透射光强为入射光强的60%，求未知浓度。

解　同种溶液对光的吸收系数与其浓度成正比，即 $I=I_0\mathrm{e}^{-ACx}$。

容器对光的吸收的比例是固定不变的，本题中，吸收关系可表示为 $I=I_0\mathrm{e}^{-B}$

$\cdot e^{-ALC}$，其中 B 表示容器对光的吸收，L 表示光在溶液中经过的距离，B 和 L 都是常量。溶液的浓度 C 是变量。则当溶液的浓度分别为 C_1 和 C_2 时，吸收的情况分别为 $I_1 = I_0 e^{-B} e^{-ALC_1}$ 和 $I_2 = I_0 e^{-B} e^{-ALC_2}$，按题中所给条件，有 $\frac{C_2}{C_1} = \frac{\ln(I_2/I_0)}{\ln(I_1/I_0)}$，即得

$$C_2 = C_1 \frac{\ln(I_2/I_0)}{\ln(I_1/I_0)} = 0.02\ \text{g}/100\ \text{mL} \times \frac{\ln 0.60}{\ln 0.40} = 0.011\ \text{g}/100\ \text{mL}$$

【例 2.25】 一种光学玻璃对波长为 435.8 nm 和 546.1 nm 的两种光的折射率分别为 1.613 0 和 1.602 6，试应用柯西公式计算这种玻璃对波长为 600.0 nm 的光的折射率 n 和色散率 $\mathrm{d}n/\mathrm{d}\lambda$，以及光在这种玻璃中的相速度和群速度。

解 柯西色散公式为 $n = A + \frac{B}{\lambda^2}$，将题中所给参数代入，得到方程组

$$\begin{cases} 1.613\,0 = A + \dfrac{B}{435.8^2} \\ 1.602\,6 = A + \dfrac{B}{546.1^2} \end{cases}$$

解得

$$\begin{cases} A = 1.584\,4 \\ B = 5.439 \times 10^3\ \text{nm}^2 \end{cases}$$

于是波长为 600.0 nm 时，折射率为

$$n = 1.584\,4 + \frac{5.439 \times 10^3}{600.0^2} = 1.599\,5$$

$$\frac{\mathrm{d}n}{\mathrm{d}\lambda} = -\frac{2B}{\lambda^3} \overset{\lambda = 600.0\ \text{nm}}{=} -\frac{2 \times 5.439 \times 10^3}{600.0^3\ \text{nm}} = -5.04 \times 10^{-5}/\text{nm}$$

600 nm 的光在玻璃中的相速度为

$$v_{\mathrm{p}}(\lambda) = \frac{c}{n(\lambda)} = 1.876 \times 10^8\ \text{m/s}$$

而 $\lambda \frac{\mathrm{d}v_{\mathrm{p}}}{\mathrm{d}\lambda} = \lambda \frac{\mathrm{d}\left(\frac{c}{n}\right)}{\mathrm{d}\lambda} = -\frac{c\lambda}{n^2}\frac{\mathrm{d}n}{\mathrm{d}\lambda} = \frac{c\lambda}{n^2}\frac{2B}{\lambda^3} = \frac{2cB}{n^2\lambda^2}$，于是群速度为

$$v_{\mathrm{g}}(\lambda) = v_{\mathrm{p}}(\lambda) - \lambda \frac{\mathrm{d}v_{\mathrm{p}}}{\mathrm{d}\lambda} = v_{\mathrm{p}}(\lambda) - \frac{2cB}{n^2\lambda^2} = v_{\mathrm{p}}(\lambda)\left(1 - \frac{2B}{n\lambda^2}\right)$$

$$= 1.841 \times 10^8\ \text{m/s}$$

【例 2.26】 用 $A = 1.539\,74$，$B = 4.652\,8 \times 10^4\ \text{nm}^2$ 的玻璃做成顶角为 50°的棱镜，当其对 550.0 nm 的入射光处于最小偏向角位置时，求其角色散率（单位：

rad/nm)。

解　由柯西色散公式，可得这种玻璃对 550.0 nm 光波的折射率为

$$n = A + \frac{B}{\lambda^2} = 1.539\,74 + \frac{4.652\,8 \times 10^4}{550^2} = 1.693\,55$$

而色散率为

$$\frac{\mathrm{d}n}{\mathrm{d}\lambda} = -\frac{2B}{\lambda^3} = -\frac{2 \times 4.652\,8 \times 10^4}{550^3} = -5.593 \times 10^{-4}/\mathrm{nm}$$

出现最小偏向时，有

$$n = \frac{\sin\dfrac{\alpha + \delta_\mathrm{m}}{2}}{\sin\dfrac{\alpha}{2}}$$

式中 α 为棱镜的顶角，δ_m 为最小偏向角。

角色散率

$$D = \frac{\mathrm{d}\delta_m}{\mathrm{d}\lambda} = \frac{\mathrm{d}\delta_m}{\mathrm{d}n}\frac{\mathrm{d}n}{\mathrm{d}\lambda} = \frac{\mathrm{d}n}{\mathrm{d}\lambda}\bigg/\frac{\mathrm{d}n}{\mathrm{d}\delta_m} = \frac{\mathrm{d}n}{\mathrm{d}\lambda}\Bigg/\left(\frac{\dfrac{1}{2}\cos\dfrac{\alpha + \delta_m}{2}}{\sin\dfrac{\alpha}{2}}\right)$$

$$= \frac{2\sin\dfrac{\alpha}{2}}{\sqrt{1 - \sin^2\dfrac{\alpha + \delta_m}{2}}}\frac{\mathrm{d}n}{\mathrm{d}\lambda} = \frac{2\sin\dfrac{\alpha}{2}}{\sqrt{1 - n^2\sin^2\dfrac{\alpha}{2}}}\frac{\mathrm{d}n}{\mathrm{d}\lambda}$$

$$= \frac{2\sin\dfrac{50^\circ}{2}}{\sqrt{1 - 1.693\,55^2\sin^2\dfrac{50^\circ}{2}}} \times (-5.593 \times 10^{-4}) = -6.769 \times 10^{-4}/\mathrm{nm}$$

【例 2.27】　波长为 0.67 nm 的 X 射线，从真空射入到某玻璃的界面，发生全反射的最大掠射角不超过 0.1°，求玻璃对这种 X 射线的折射率。

解　由于 X 射线在媒质中的折射率小于 1，所以从空气射入玻璃时，能够发生全反射，这种全反射被称作全外反射。根据全外反射的条件 $\sin i_\mathrm{c} = n$（注意题中所给为掠射角），可得

$$n = \sin(90^\circ - 0.1^\circ) = \sin\left(\frac{\pi}{2} - \frac{\pi}{1\,800}\right)$$

可利用泰勒展开式，得到

$$n = \sin\frac{\pi}{2} - \frac{1}{2!}\left(\frac{\pi}{1\,800}\right)^2\sin\frac{\pi}{2} = 1 - 1.5 \times 10^{-6}$$

【例 2.28】 摄影者知道用橙黄色滤色镜拍摄天空时，可增加蓝天和白云的对比度。设照相机镜头和底片的灵敏度将光谱范围限制在 390～620 nm 之间，并设在此光谱范围内太阳辐射的强度可看成是常数，若滤色镜把波长在 550 nm 以下的光全部吸收，则天空的散射光被它去掉百分之几？

解 按照瑞利散射定律，散射光的强度与波长的四次方成反比，即

$$i(\lambda) = \frac{\beta}{\lambda^4}$$

于是在 390～620 nm 之间的散射光的强度可表示为

$$I = \int_{390}^{620} i(\lambda)\mathrm{d}\lambda = \int_{390}^{620} \frac{\beta}{\lambda^4}\mathrm{d}\lambda = \frac{\beta}{3}\left(\frac{1}{390^3} - \frac{1}{620^3}\right) = \frac{1.27 \times 10^{-8}\beta}{3}$$

而橙黄色滤色镜将 550 nm 以下的光全部吸收，即吸收的散射光的强度为

$$I_1 = \int_{390}^{550} i(\lambda)\mathrm{d}\lambda = \int_{390}^{550} \frac{\beta}{\lambda^4}\mathrm{d}\lambda = \frac{\beta}{3}\left(\frac{1}{390^3} - \frac{1}{550^3}\right) = \frac{1.08 \times 10^{-8}\beta}{3}$$

于是得到

$$\frac{I_1}{I} = \frac{1.08}{1.27} = 85\%$$

第 3 章　光的干涉与干涉装置

3.1　光波的叠加

不同的波列相遇，必有相互作用。但两列波相遇时的相互作用与两个运动质点相遇时的相互作用是完全不同的。一方面，每一列波并不会由于相互作用而改变各自的运动状态；另一方面，在相遇的区域中，每一点的振动都不同于单独一列波所引起的振动，即所有波列引起的振动要相互叠加。

3.1.1　光波的叠加原理

光波在相遇点的相互作用遵循以下两个规律。

(1) 光波的独立传播定律：从不同光源发出的光波在空间相遇时，如果振动不十分强烈，各列波将保持各自的特性不变，继续传播。

(2) 光波的叠加原理：几列波在相遇点所引起的合振动，即总的光矢量，是各列光波独自在该点所引起的振动的矢量和，是在该点各个光矢量的矢量和。

设各列光波单独在 P 点的电场强度分别为 $E_1(P,t)$，$E_2(P,t)$，…，$E_m(P,t)$，…，则所有这些波列所引起的总的电场强度为

$$E(P,t)=\sum_m E_m(P,t)$$

3.1.2　同频率、同振动方向的光波的叠加

由于各列光波的振动方向相互平行，因而每列波的振动可以用标量表示，光波的叠加可以用标量方法处理。

可以用瞬时值法、复数法和振幅矢量法处理光波的叠加问题。

1. 瞬时值法

瞬时值法也称代数法，即用含时的代数式表示光波的振动。

设两列简谐光波(定态光波)在相遇点 P 的振动分别为

$$U_1(P,t) = A_1(P)\cos[\omega t - \varphi_1(P)],\quad U_2(P,t) = A_2(P)\cos[\omega t - \varphi_2(P)]$$

按照光波的叠加原理，P 点的合振动为

$$\begin{aligned} U(P,t) &= U_1(P,t) + U_2(P,t) \\ &= A_1(P)\cos[\omega t - \varphi_1(P)] + A_2(P)\cos[\omega t - \varphi_2(P)] \end{aligned}$$

叠加的结果为

$$U(P,t) = A(P)\cos[\omega t - \varphi(P)] \tag{3.1}$$

叠加之后的振幅和空间相位分别是

$$A^2(P) = A_1^2(P) + A_2^2(P) + 2A_1(P)A_2(P)\cos[\varphi_2(P) - \varphi_1(P)] \tag{3.2}$$

$$\tan\varphi(P) = \frac{A_1(P)\sin\varphi_1(P) + A_2(P)\sin\varphi_2(P)}{A_1(P)\cos\varphi_1(P) + A_2(P)\cos\varphi_2(P)} \tag{3.3}$$

采用完整的表述形式，是为了强调简谐光波的特点，即光波振幅 A 和相位 φ 只是空间位置的函数。

若将光波的表达式写作 $U(P,t) = A(P)\cos[\varphi(P) - \omega t]$的形式，结果是一致的。

2. 复数法

如果将上述两列光波的振动用复指数表示，则为

$$U_1 = A_1 e^{i(\varphi_1 - \omega t)} = A_1 e^{i\varphi_1} e^{-i\omega t} = \widetilde{U}_1(P) e^{-i\omega t}$$

$$U_2 = A_2 e^{i(\varphi_2 - \omega t)} = A_2 e^{i\varphi_2} e^{-i\omega t} = \widetilde{U}_2(P) e^{-i\omega t}$$

式中 $\widetilde{U}_1(P) = A_1(P)e^{i\varphi_1}$，$\widetilde{U}_2(P) = A_2(P)e^{i\varphi_2}$ 是两列波在相遇点 P 处的复振幅。

按叠加原理，其合振动的复数值为

$$U = U_1 + U_2 = (\widetilde{U}_1 + \widetilde{U}_2)e^{-i\omega t} = \widetilde{U}e^{-i\omega t}$$

故合振动的复振幅为

$$\widetilde{U} = \widetilde{U}_1 + \widetilde{U}_2 = A_1 e^{i\varphi_1} + A_2 e^{i\varphi_2} = A e^{i\varphi} \tag{3.4}$$

即合振动的复振幅等于各列光波复振幅的和。

3. 振幅矢量法

复振幅 $\widetilde{U}_1 = A_1 e^{i\varphi_1}$，$\widetilde{U}_2 = A_2 e^{i\varphi_2}$ 都是复数，可以用复平面上的矢量表示，如图 3.1 所示。求 $\widetilde{U} = \widetilde{U}_1 + \widetilde{U}_2$，就是求复数 $\widetilde{U}_1$，$\widetilde{U}_2$ 在复平面上所对应的两个矢量的和，即 $\widetilde{U}$ 可以按照矢量求和的方法得到。

振幅矢量法简单直观，不需要计算就能形象地表示合振动振幅的大小。更值得一提的是，对于多列光波叠加的情形，若用解析式表示叠加结果，则计算和表达非常烦琐，但是采用与复数求和对应的矢量法处理，则十分简单。

多列波叠加的复振幅可写作 $\tilde{U} = \sum_{m=1}^{n} \tilde{U}_m$，其中 $\tilde{U}_m = A_m e^{i\varphi_m}$ 是其中一列光波的复振幅。按照复数的求和规则，将每个复振幅用矢量表示，让各个矢量依次首尾相接，相邻两矢量 $\tilde{U}_m, \tilde{U}_{m+1}$ 之间的夹角就是它们的辐角之差，也就是两列光波的相位差 $\Delta\varphi_{m+1,m} = \varphi_{m+1} - \varphi_m$。最后，合矢量 $\tilde{U}$ 的模就对应合振动的振幅，如图3.2所示。

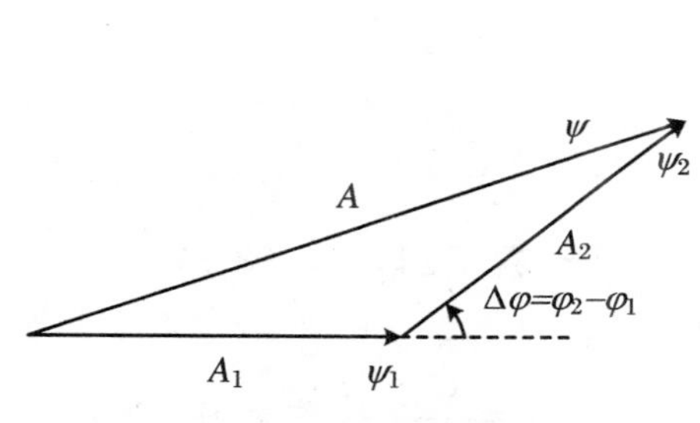

图 3.1　振幅矢量法

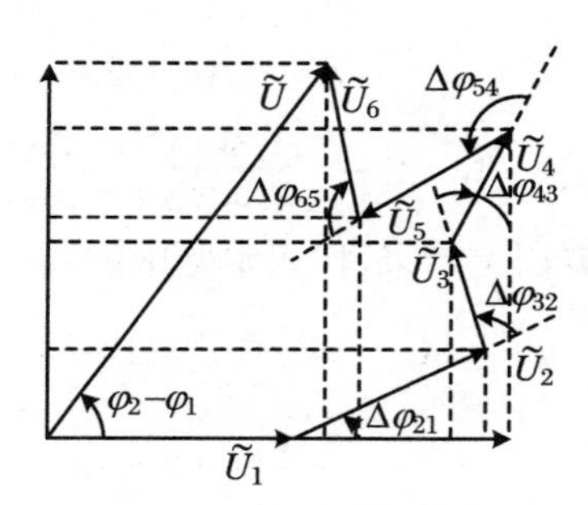

图3.2　多列波的振幅矢量相加得到合振动的振幅

【例 3.1】　设两列单色光波在空间某一点的振动分别为 $E_1 = 4\cos(2\pi \times 10^{15} t)$ 和 $E_2 = 6\cos\left(2\pi \times 10^{15} t + \frac{\pi}{6}\right)$，求该点的合振动。

解　光学中通常采用的表达式为 $E = A\cos(\omega t - \varphi)$，两列光波

$$E_1 = A_1\cos(\omega t - \varphi_1), \quad E_2 = A_2\cos(\omega t - \varphi_2)$$

叠加所引起的合振动的振幅 A 与相位 φ 可按下式得到：

$$\begin{cases} A^2 = A_1^2 + A_2^2 + 2A_1A_2\cos(\varphi_2 - \varphi_1) \\ \tan\varphi = \dfrac{A_1\sin\varphi_1 + A_2\sin\varphi_2}{A_1\cos\varphi_1 + A_2\cos\varphi_2} \end{cases} \tag{1}$$

若将光波场中某点振动的表达式写作 $E = A\cos(\omega t + \varphi)$，结果与式(1)相同。按波的叠加原理，两列光波在该点的合振动为

$$\begin{aligned} E &= E_1 + E_2 = A_1\cos(\omega t + \varphi_1) + A_2\cos(\omega t + \varphi_2) \\ &= A_1(\cos\varphi_1\cos\omega t - \sin\varphi_1\sin\omega t) + A_2(\cos\varphi_2\cos\omega t - \sin\varphi_2\sin\omega t) \\ &= (A_1\cos\varphi_1 + A_2\cos\varphi_2)\cos\omega t - (A_1\sin\varphi_1 + A_2\sin\varphi_2)\sin\omega t \end{aligned}$$

若令 $A^2=(A_1\cos\varphi_1+A_2\cos\varphi_2)^2+(A_1\sin\varphi_1+A_2\sin\varphi_2)^2$，则上式为

$$E = A\left(\frac{A_1\cos\varphi_1+A_2\cos\varphi_2}{A}\cos\omega t-\frac{A_1\sin\varphi_1+A_2\sin\varphi_2}{A}\sin\omega t\right)$$

显然，若记 $\cos\varphi=\dfrac{A_1\cos\varphi_1+A_2\cos\varphi_2}{A}$，则有 $\sin\varphi=\dfrac{A_1\sin\varphi_1+A_2\sin\varphi_2}{A}$，于是

$$E = A(\cos\varphi\cos\omega t-\sin\varphi\sin\omega t) = A\cos(\omega t+\varphi)$$

而其中

$$\begin{aligned}A^2 &= A_1^2\cos^2\varphi_1+2A_1A_2\cos\varphi_1\cos\varphi_2+A_2^2\cos^2\varphi_2+A_1^2\sin^2\varphi_1\\&\quad+2A_1A_2\sin\varphi_1\sin\varphi_2+A_2^2\sin^2\varphi_2\\&= A_1^2+A_2^2+2A_1A_2(\cos\varphi_1\cos\varphi_2+\sin\varphi_1\sin\varphi_2)\\&= A_1^2+A_2^2+2A_1A_2\cos(\varphi_2-\varphi_1)\end{aligned}$$

$$\tan\varphi = \frac{A_1\sin\varphi_1+A_2\sin\varphi_2}{A_1\cos\varphi_1+A_2\cos\varphi_2}$$

根据以上结果，代入本题中的数据，有

$$A^2 = 4^2+6^2+2\times4\times6\cos\left(-\frac{\pi}{6}\right)=52+24\sqrt{3}=93.57$$

$$\tan\varphi = \frac{4\sin0+6\sin\dfrac{\pi}{6}}{4\cos0+6\cos\dfrac{\pi}{6}}=\frac{3\times\dfrac{1}{2}}{2+3\times\dfrac{\sqrt{3}}{2}}=\frac{9\sqrt{3}-12}{11}=0.326$$

即 $A=9.67$，$\varphi=18.067^\circ=0.1\pi$。

则该点的合振动为

$$E = 9.67\cos(2\pi\times10^{15}t+0.1\pi)$$

【例 3.2】 四列同方向振动的单色波在 P 点的振动分别为

$$E_1 = 5\cos(2\pi\times10^{14}t),\quad E_2 = 5\cos\left(2\pi\times10^{14}t+\frac{\pi}{6}\right)$$

$$E_3 = 5\cos\left(2\pi\times10^{14}t+\frac{\pi}{3}\right),\quad E_4 = 5\cos\left(2\pi\times10^{14}t+\frac{\pi}{2}\right)$$

计算该点的合振动振幅及初相位。

解 按光波的叠加原理，上述四列光波在 P 点的合振动为 $E=\sum\limits_{i=1}^{4}E_i$，为了便于计算，可分别逐次求和：

$$E_{12} = E_1+E_2 = A_{12}\cos(2\pi\times10^{14}t+\varphi_{12})$$

其中

$$A_{12}^2 = A_1^2 + A_1^2 + 2A_1A_2\cos\Delta\varphi_{12} = 2\times 5^2\left(1+\cos\frac{\pi}{6}\right) = 5^2(2+\sqrt{3})$$

$$\tan\varphi_{12} = \frac{5\sin 0 + 5\sin\frac{\pi}{6}}{5\cos 0 + 5\cos\frac{\pi}{6}} = 2-\sqrt{3},\quad 即\quad \varphi_{12} = \frac{\pi}{12}$$

然后

$$E_{34} = E_3 + E_4 = A_{34}\cos(2\pi\times 10^{14}t + \varphi_{34})$$

其中

$$A_{34}^2 = 5^2 + 5^2 + 2\times 5\times 5\cos\left(\frac{\pi}{2}-\frac{\pi}{3}\right) = 5^2(2+\sqrt{3})$$

$$\tan\varphi_{34} = \frac{5\sin\frac{\pi}{3} + 5\sin\frac{\pi}{2}}{5\cos\frac{\pi}{3} + 5\cos\frac{\pi}{2}} = \frac{\frac{\sqrt{3}}{2}+1}{\frac{1}{2}+0} = 2+\sqrt{3},\quad 即\quad \varphi_{34} = \frac{5\pi}{12}$$

最后 $E = E_{12} + E_{34} = A\cos(2\pi\times 10^{14}t + \varphi)$，故

$$A^2 = A_{12}^2 + A_{34}^2 + 2A_{12}A_{34}\cos\Delta\varphi_{12,34} = 2\times 5^2(2+\sqrt{3})\left(1+\cos\frac{\pi}{3}\right)$$

$$= 5^2\times 3(2+\sqrt{3})$$

即合振动的振幅为 $A = 5\sqrt{3(2+\sqrt{3})}$。又

$$\tan\varphi = \frac{\sin\frac{\pi}{12} + \sin\frac{5\pi}{12}}{\cos\frac{\pi}{12} + \cos\frac{5\pi}{12}} = 1$$

则得到

$$E = 5\sqrt{3(2+\sqrt{3})}\cos\left(2\pi\times 10^{14}t + \frac{\pi}{4}\right)$$

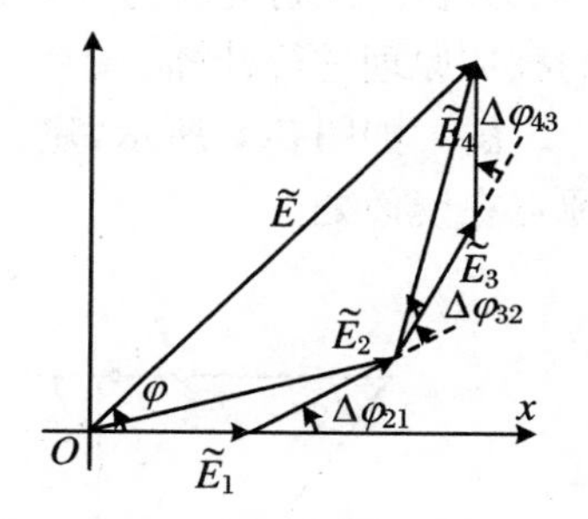

图 3.3　振幅矢量法求解

本题若用振幅矢量法求解，可参见图 3.3，在平面直角坐标系 xOy 中，可得合振幅矢量的 x 分量为

$$E_x = 5\left(1+\cos\frac{\pi}{6}+\cos\frac{\pi}{3}+\cos\frac{\pi}{2}\right) = 5\left(1+\frac{\sqrt{3}}{2}+\frac{1}{2}+0\right) = \frac{5(3+\sqrt{3})}{2}$$

合振幅矢量的 y 分量为

$$E_y = 5\left(0+\sin\frac{\pi}{6}+\sin\frac{\pi}{3}+\sin\frac{\pi}{2}\right) = 5\left(\frac{1}{2}+\frac{\sqrt{3}}{2}+1\right) = \frac{5(3+\sqrt{3})}{2}$$

于是有

$$A^2 = E_x^2 + E_y^2 = 2\left[\frac{5(3+\sqrt{3})}{2}\right]^2 = 5^2\,[3(2+\sqrt{3})]^2$$

$$\varphi = \arctan\frac{E_y}{E_x} = \arctan 1 = \frac{\pi}{4}$$

与代数法的结果完全一致。

【例 3.3】 用振幅矢量法证明

$$3\cos(kz-\omega t) + 4\sin(kz-\omega t) = 5\cos(kz-\omega t+\varphi)$$

并确定 φ 的值。

证明 将上式左端两项均化作余弦函数的形式，有

$$3\cos(kz-\omega t) + 4\sin(kz-\omega t) = 3\cos(kz-\omega t) + 4\cos\left[(kz-\omega t)-\frac{\pi}{2}\right]$$

$$= 5\cos(kz-\omega t+\Delta\varphi)$$

振幅矢量法如图 3.4 所示。显然，合振动的振幅为 $\sqrt{3^2+4^2}=5$，而相位为

$$\varphi = -\arctan\frac{3}{4} = -53^\circ$$

【例 3.4】 一列单色平面简谐光波正入射到平面镜并被镜面反射，求入射光波与反射光波叠加后波场中电场强度的表达式。

分析 反射光波与入射光波频率和波长相同、传播的方向相反。可运用光波的叠加原理进行计算。

解 如图 3.5 所示，建立坐标系，以反射光传播的方向为 z 轴的正方向，坐标原点在镜面处。

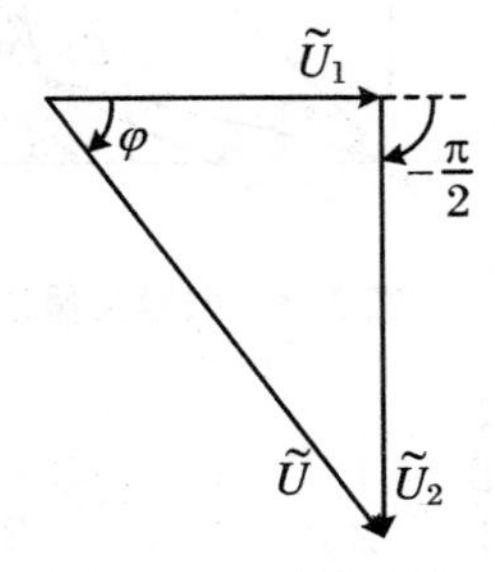

图 3.4 振幅矢量法

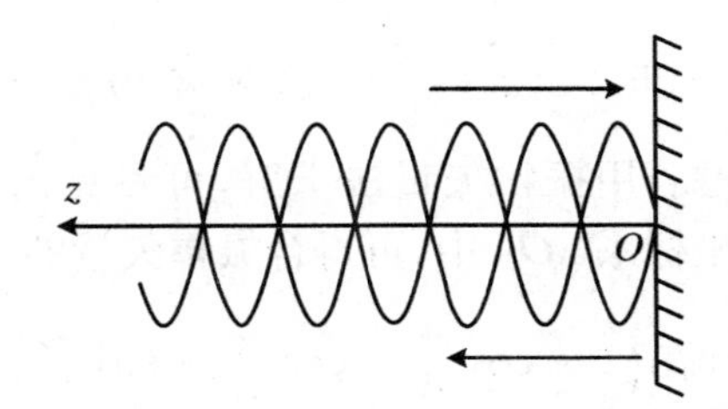

图 3.5 镜面的入射光波与反射光波

设入射光波为

$$E_1(z,t) = A\cos(\omega t - kz + \varphi_0)$$

则反射光波为

$$E_2(z,t) = A\cos(\omega t + kz + \varphi_0 + \delta)$$

式中 δ 为由于反射而引起的相移。由于反射引起相位突变，$\delta = \pi$，这就是所谓的半波损失。

叠加后的电场强度为

$$\begin{aligned} E(z,t) &= E_1(z,t) + E_2(z,t) \\ &= A\cos(\omega t - kz + \varphi_0) + A\cos(\omega t - kz + \varphi_0 + \pi) \\ &= A[\cos(\omega t - kz + \varphi_0) - \cos(\omega t + kz + \varphi_0)] \end{aligned}$$

根据三角函数和差化积公式，可得

$$\begin{aligned} E(z,t) &= -2A\sin\frac{(\omega t - kz + \varphi_0) + (\omega t + kz + \varphi_0)}{2} \\ &\quad \cdot \sin\frac{(\omega t - kz + \varphi_0) - (\omega t + kz + \varphi_0)}{2} \\ &= 2A\sin(kz)\sin(\omega t + \varphi_0) \end{aligned}$$

叠加之后所形成的波，与 $E_1(z,t) = A\cos(\omega t - kz + \varphi_0)$ 所表达的波是不同的。根据 $E_1(z,t)$ 的表达式，只要保持 $\omega t - kz$ 不变，则场强不变，随着时间的推移，空间位置相应变化，即 $\Delta z = \frac{\omega}{k}\Delta t$，这种形式的波称作行波，即物理量在空间传播。而 $E(z,t)$ 的表达式中，因子 $\sin(\omega t + \varphi_0)$ 表示各点的场强随时间的振动，因子 $2A\sin(kz)$ 表示场强在空间的分布，$2A|\sin(kz)|$ 对应 z 点场强的最大值，相当于光波的振幅。$E(z,t) = 2A\sin(kz)\sin(\omega t)$ 形式的波动，振幅最大的位置依次为 $z_n = (2n+1)\frac{\pi}{2}\frac{1}{k} = (2n+1)\frac{\lambda}{4}$，这些点称作波腹；振幅为 0 的位置依次为 $z'_n = \frac{n\pi}{k} = \frac{n\lambda}{2}$，这些点称作波节。由于波场中各点的振幅是固定的，波腹、波节的位置不会随时间移动，所以这样的波似乎不能传播，因而被称作驻波，驻波振动的情况如图 3.6 所示。

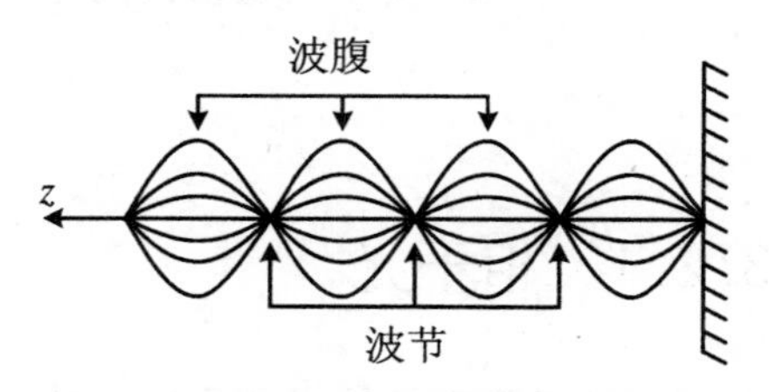

图 3.6　驻波场中各点随时间的振动

【例 3.5】　一列驻波的表达式为 $E = 100\sin\frac{2}{3}z\cos 5\pi t$，找出可以合成这种驻波的两列单色波。

解　两列同频率、等振幅、反向传播的波叠加后可形成的驻波，参见例 3.4。由于

$$E = 100\sin\frac{2}{3}z\cos 5\pi t = 100\sin\left(\frac{2}{3}z\right)\cos\left(5\pi t - \frac{\pi}{2}\right)$$

故知驻波可由以下两列波叠加形成：

$$E_1 = 50\cos\left(\frac{2}{3}z - 5\pi t - \frac{\pi}{2}\right) = 50\sin\left(\frac{2}{3}z - 5\pi t\right)$$

$$E_2 = 50\cos\left(\frac{2}{3}z + 5\pi t - \frac{\pi}{2}\right) = 50\sin\left(\frac{2}{3}z + 5\pi t\right)$$

【例 3.6】 载有信号的波列 $E = A(1 + a\cos\omega_m t)\cos\omega_c t$，相当于频率为 ω_c 的单色波的振幅被频率为 ω_m 的单色波调制。证明这列载波是频率为 ω_c，$\omega_c+\omega_m$ 和 $\omega_c-\omega_m$ 的三列单色波叠加的结果。

证明 利用三角函数的积化和差公式，有

$$\begin{aligned} E &= A(1 + a\cos\omega_m t)\cos\omega_c t = A\cos\omega_c t + aA\cos\omega_m t\cos\omega_c t \\ &= A\cos\omega_c t + \frac{aA}{2}[\cos(\omega_m t + \omega_c t) + \cos(\omega_m t - \omega_c t)] \\ &= A\cos\omega_c t + \frac{1}{2}aA\cos[(\omega_c + \omega_m)t] + \frac{1}{2}aA\cos[(\omega_c - \omega_m)t] \end{aligned}$$

可以看出，这列载波正是频率为 ω_c，$\omega_c+\omega_m$ 和 $\omega_c-\omega_m$ 的三列单色波的叠加，表达式中后两列波的振幅相同。

3.2 光波的相干叠加与非相干叠加

3.2.1 相干光

满足以下条件的光波是相干的：

(1) 各列光波的频率是相同的；

(2) 各列光波之间的相位差不随时间变化，是稳定的；

(3) 各列光波电场强度矢量(即电矢量或光矢量)不是相互垂直的。

上述条件也被称作光的相干条件。

不满足相干条件的光波是非相干的。

3.2.2　相干光的叠加

相干的光波,可以按3.1节中的方法进行叠加。叠加所形成的合振动,依然是简谐振动,由于波场中各点的振幅不随时间变化,振幅和光强在空间都有稳定的分布。在振幅较大的区域,形成亮纹;在振幅较小的区域,形成暗纹。这样稳定的亮暗条纹分布,称作干涉图样。相干光之间的叠加(即相干叠加)被称作光的干涉,干涉的结果,一定会在空间形成稳定的亮暗条纹分布。

相干光的叠加称作相干叠加。

3.2.3　非相干光的叠加

非相干光波依然可以按照光波的叠加原理进行叠加,但无法形成稳定的振幅分布。光波场中各点的振幅随时间迅速改变,因而空间中各处的光强都是均匀的,叠加之后的光强等于各列光波的光强直接相加。这样的叠加称作非相干叠加,非相干叠加不能形成稳定的亮暗条纹分布。

【例3.7】 如图3.7所示装置中,两个相干的点光源 S_1,S_2发出的光波在平面接收屏 Σ 上进行叠加。若设光的波长为 λ,两点光源是同相位的,且 $d \ll D$。求出两光源发出的光波在接收屏上的傍轴区域内形成的光强分布。

分析　这两个点光源是相干的,因而接收屏上的叠加是相干叠加。这实际上就是杨氏双孔干涉。可利用傍轴近似,写出每一列波在接收屏上的波前函数,再利用光波的叠加原理进行讨论。

解　建立直角坐标系,设接收屏所在的平面为 xOy 平面,如图3.8所示。

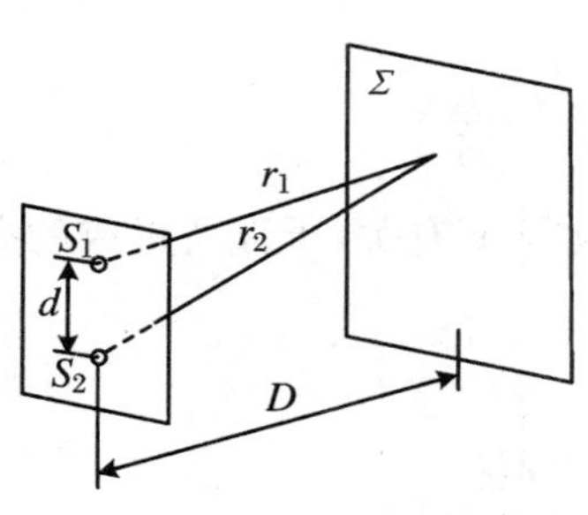

图3.7　两个相干的点光源发出的光波射到接收屏上

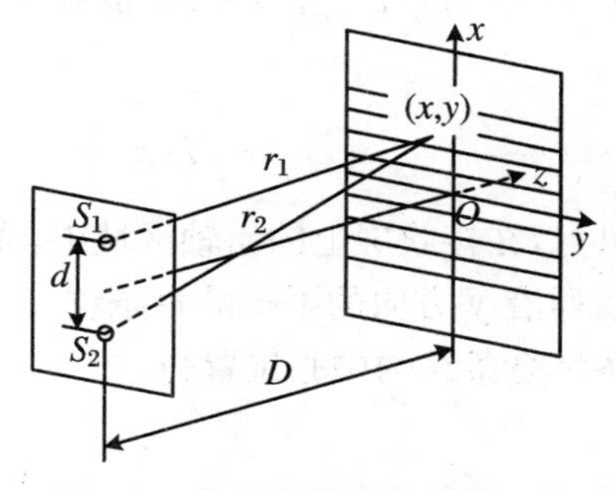

图3.8　傍轴条件下的双孔干涉

下面讨论满足傍轴条件时，干涉图样的特征。

如图 3.8 所示，接收屏为 xy 平面，接收屏上 P 点的坐标为$(x,y,0)$，双孔的间距为 d，到屏的距离均为 D，空间坐标分别为$(x_1,y_1,z_1)=\left(\frac{d}{2},0,-D\right)$和$(x_2,y_2,z_2)=\left(-\frac{d}{2},0,-D\right)$，则

$$r_1=\sqrt{(x-x_1)^2+(y-y_1)^2+(z-z_1)^2}=\sqrt{\left(x-\frac{d}{2}\right)^2+y^2+D^2}$$

$$=\sqrt{D^2+x^2+y^2+\frac{d^2}{4}-dx}=D\sqrt{1+\frac{x^2+y^2}{D^2}+\frac{d^2}{4D^2}-\frac{dx}{D^2}}$$

若 S_1 满足傍轴条件，即$\left(\frac{d}{2}\right)^2\ll D^2$，在接收屏上满足傍轴条件的区域中，即 $x^2+y^2\ll D^2$，有

$$r_1\approx D\left(1+\frac{x^2+y^2}{2D^2}+\frac{d^2}{8D^2}-\frac{dx}{2D^2}\right)$$

用同样的方法，可求得

$$r_2\approx D\left(1+\frac{x^2+y^2}{2D^2}+\frac{d^2}{8D^2}+\frac{dx}{2D^2}\right)$$

则 P 点的光程差为

$$\Delta L=r_2-r_1\approx\frac{dx}{D}\tag{1}$$

若双孔处的光强相等，则 $A_1=A_2=A_0$。P 点的干涉光强为

$$I(P)=2A_0^2+2A_0^2\cos\left(\frac{2\pi dx}{\lambda D}\right)=4A_0^2\cos^2\left(\frac{\pi dx}{\lambda D}\right)$$

记 $I_0=A_0^2$，就是单个孔在接收屏上傍轴区域的光强，则接收屏上的光强分布为

$$I(x,y)=4I_0\cos^2\left(\frac{\pi dx}{\lambda D}\right)\tag{2}$$

可见，在接收屏上的傍轴区域中，光强仅仅与 x 有关，干涉所形成的亮暗条纹是一系列沿 y 方向的平行的直条纹。

各级亮条纹的中心位置为

$$x_j=\left(j-\frac{\Delta\varphi_0}{2\pi}\right)\frac{\lambda D}{d}\tag{3}$$

若初相位差 $\Delta\varphi_0=0$，则

$$x_j = j\frac{\lambda D}{d} \tag{4}$$

暗条纹的中心位置为

$$x_j = \left(j + \frac{1}{2}\right)\frac{D}{d}\lambda \tag{5}$$

说明在接收屏上一个不大的区域内,干涉图样是一系列等间隔的平行直条纹,如图3.9所示。相邻亮(暗)条纹的间距由$\frac{\pi d\Delta x}{\lambda D} = \pi$决定,为

$$\Delta x = \frac{D}{d}\lambda \tag{6}$$

【例3.8】 讨论两列相干的平面光波在接收屏上的干涉光强分布。

解 如图3.10所示,不妨讨论一种既简单又典型的情形,两列平面波的波矢都与xz平面平行,接收屏为xy平面。设波矢$\boldsymbol{k}_1,\boldsymbol{k}_2$与$z$轴的夹角分别为$\theta_1,\theta_2$。

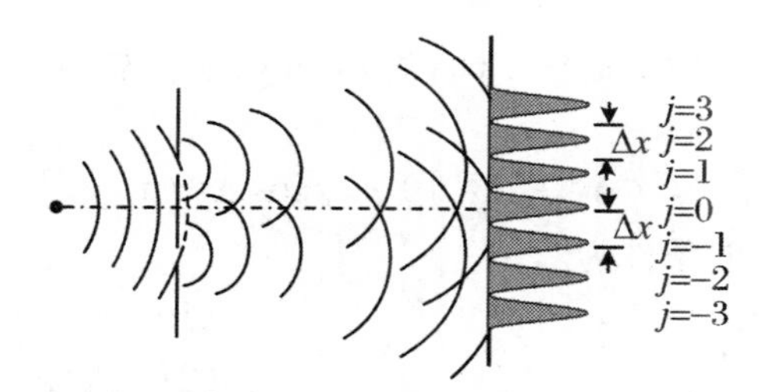

图3.9 接收屏上干涉的光强分布

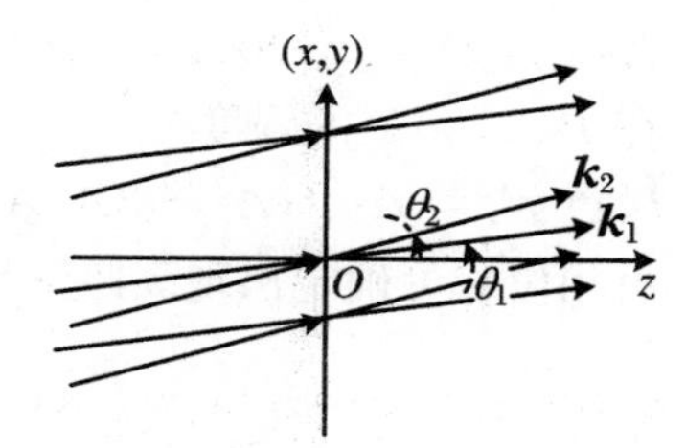

图3.10 两列平面波的波矢

设两列相干光的频率为ω,振幅分别为A_1,A_2。波矢分别为

$$\boldsymbol{k}_1 = k(\sin\theta_1\boldsymbol{e}_x + \cos\theta_1\boldsymbol{e}_z),\quad \boldsymbol{k}_2 = k(\sin\theta_2\boldsymbol{e}_x + \cos\theta_2\boldsymbol{e}_z)$$

接收屏在$z=0$处,波前上任一点的位矢为$\boldsymbol{r} = x\boldsymbol{e}_x + y\boldsymbol{e}_y$。则两列波在接收屏上的波前函数为

$$\varphi_1(x,y) = \boldsymbol{k}_1 \cdot \boldsymbol{r} + \varphi_{10} = kx\sin\theta_1 + \varphi_{10}$$

$$\varphi_2(x,y) = \boldsymbol{k}_2 \cdot \boldsymbol{r} + \varphi_{20} = kx\sin\theta_2 + \varphi_{20}$$

式中$\varphi_{10},\varphi_{20}$为两列波在原点处的相位,也就是初相位。

接收屏上两列光波的相位差为

$$\begin{aligned}\Delta\varphi(x,y) &= \varphi_2(x,y) - \varphi_1(x,y) = kx(\sin\theta_2 - \sin\theta_1) + \varphi_{20} - \varphi_{10}\\ &= \frac{2\pi x(\sin\theta_2 - \sin\theta_1)}{\lambda} + \Delta\varphi_0\end{aligned}$$

式中$\Delta\varphi_0 = \varphi_{20} - \varphi_{10}$为两列光波的初相位差。

相干叠加(干涉)的亮条纹由$\Delta\varphi(x,y) = 2j\pi$确定,即

$$x_j = \frac{j\lambda - (\Delta\varphi_0/2\pi)\lambda}{\sin\theta_2 - \sin\theta_1}$$

这是一系列沿 y 轴的等间隔平行直条纹，相邻亮条纹的间隔为

$$\Delta x = \frac{\lambda}{\sin\theta_2 - \sin\theta_1}$$

更一般地，若 y 轴与两列光的波矢不垂直，方向分别为$(\alpha_1,\beta_1,\gamma_1)$，$(\alpha_2,\beta_2,\gamma_2)$，则波矢分别为

$$\boldsymbol{k}_1 = k(\cos\alpha_1\boldsymbol{e}_x + \cos\beta_1\boldsymbol{e}_y + \cos\gamma_1\boldsymbol{e}_z)$$

$$\boldsymbol{k}_2 = k(\cos\alpha_2\boldsymbol{e}_x + \cos\beta_2\boldsymbol{e}_y + \cos\gamma_2\boldsymbol{e}_z)$$

两列平面波在接收屏上的相位分布分别为

$$\varphi_1(x,y) = k(\cos\alpha_1 x + \cos\beta_1 y + \cos\gamma_1\cdot 0) + \varphi_{10}$$

$$\varphi_2(x,y) = k(\cos\alpha_2 x + \cos\beta_2 y + \cos\gamma_2\cdot 0) + \varphi_{20}$$

相位差为

$$\Delta\varphi(x,y) = k(\cos\alpha_2 - \cos\alpha_1)x + k(\cos\beta_2 - \cos\beta_1)y + (\varphi_{20} - \varphi_{10})$$

在 $P(x,y)$处的强度为

$$I(x,y) = A_1^2 + A_2^2 + 2A_1A_2\cos\Delta\varphi = (A_1^2 + A_2^2)[1 + \gamma\cos\Delta\varphi(x,y)]$$

由相位差可确定出现亮暗干涉条纹的条件为

$$k(\cos\alpha_2 - \cos\alpha_1)x + k(\cos\beta_2 - \cos\beta_1)y + (\varphi_{20} - \varphi_{10}) = \begin{cases}2j\pi \\ (2j+1)\pi\end{cases}$$

即亮、暗条纹都是等间隔的平行直线，形成平行直线族，如图 3.11 所示。斜率为 $-\frac{\cos\alpha_2 - \cos\alpha_1}{\cos\beta_2 - \cos\beta_1}$，沿 x，y 方向的条纹间隔分别为

$$\begin{cases}\Delta x = \dfrac{2\pi}{k(\cos\alpha_2 - \cos\alpha_1)} = \dfrac{\lambda}{\cos\alpha_2 - \cos\alpha_1} \\[2ex] \Delta y = \dfrac{2\pi}{k(\cos\beta_2 - \cos\beta_1)} = \dfrac{\lambda}{\cos\beta_2 - \cos\beta_1}\end{cases}$$

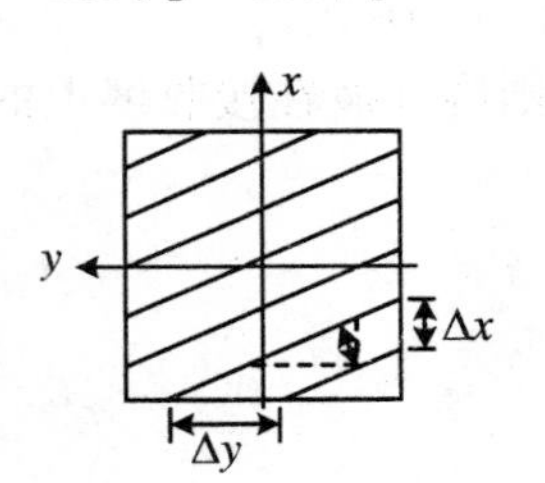

图 3.11 平面波的干涉条纹

或条纹的空间频率分别为

$$\begin{cases}f_x = \dfrac{1}{\Delta x} \\[2ex] f_y = \dfrac{1}{\Delta y}\end{cases}$$

【例 3.9】 有两列传播方向相同的简谐光波，频率相同、相位差稳定，但电矢量的方向相互垂直。试讨论这两列光波在相遇处叠加的光强。

分析 这两列光波是非相干的。光波的光强是光波能流密度的平均值。可以

从这里入手进行讨论。

解　设这两列光波沿 z 方向传播，电矢量分别沿 x 方向和 y 方向，则这两列光波的电矢量和磁矢量分别记作 $E_1\boldsymbol{e}_x$，$B_1\boldsymbol{e}_y$ 和 $E_2\boldsymbol{e}_y$，$-B_2\boldsymbol{e}_x$。每一列光的能流密度(即坡印亭矢量)分别为

$$\boldsymbol{S}_1 = E_1\boldsymbol{e}_x \times B_1\boldsymbol{e}_y,\quad \boldsymbol{S}_2 = -E_2\boldsymbol{e}_y \times B_2\boldsymbol{e}_x$$

光强是能流密度的模的平均值，即

$$I_1 = \langle |S_1| \rangle = \langle |E_1\boldsymbol{e}_x \times B_1\boldsymbol{e}_y| \rangle$$

$$I_2 = \langle |\boldsymbol{S}_2| \rangle = \langle |E_2\boldsymbol{e}_y \times B_2\boldsymbol{e}_x| \rangle$$

在相遇处，叠加之后合振动的电矢量和磁矢量分别为

$$\boldsymbol{E} = E_1\boldsymbol{e}_x - E_2\boldsymbol{e}_y,\quad \boldsymbol{B} = B_2\boldsymbol{e}_x + B_1\boldsymbol{e}_y$$

叠加之后，坡印亭矢量为

$$\begin{aligned}\boldsymbol{S} = \boldsymbol{E}\times\boldsymbol{B} &= (E_1\boldsymbol{e}_x - E_2\boldsymbol{e}_y)\times(B_2\boldsymbol{e}_x + B_1\boldsymbol{e}_y)\\ &= E_1\boldsymbol{e}_x \times B_1\boldsymbol{e}_x - E_2\boldsymbol{e}_y \times B_1\boldsymbol{e}_x = \boldsymbol{S}_1 + \boldsymbol{S}_2\end{aligned}$$

叠加之后的光强为

$$\boldsymbol{I} = \langle |\boldsymbol{S}| \rangle = \langle |\boldsymbol{S}_1 + \boldsymbol{S}_2| \rangle = \langle |\boldsymbol{S}_1| \rangle + \langle |\boldsymbol{S}_2| \rangle = \boldsymbol{I}_1 + \boldsymbol{I}_2$$

即振动方向垂直的光波叠加的光强是各列光波光强的和。单独的一列简谐光波的光强是均匀的，所以上述两列光波叠加之后的光强也是均匀的，不可能出现干涉花样。因而振动方向垂直的光波是不相干的，它们之间的叠加是非相干叠加，是两列光波的强度直接相加。

【例3.10】　讨论两列传播方向相同，振动方向相同，但频率不同的光波的叠加。

解　为了便于用解析式计算，不妨设两列光波的振幅相同，即

$$E_1 = A_0\cos(k_1 z - \omega_1 t),\quad E_2 = A_0\cos(k_2 z - \omega_2 t)$$

这两列波叠加的结果为

$$\begin{aligned}E &= E_1 + E_2\\ &= 2A_0\cos\frac{(k_1+k_2)z-(\omega_1+\omega_2)t}{2}\cos\frac{(k_1-k_2)z-(\omega_1-\omega_2)t}{2}\\ &= 2A_0\cos(k_m z - \omega_m t)\cos(\bar{k}z - \bar{\omega}t)\end{aligned}$$

式中 $\bar{k} = \dfrac{k_1+k_2}{2}$，$\bar{\omega} = \dfrac{\omega_1+\omega_2}{2}$，$k_m = \dfrac{k_1-k_2}{2}$，$\omega_m = \dfrac{\omega_1-\omega_2}{2}$。

对光波而言，频率约为 10^{14} Hz，即 ω 约为 10^{15} Hz；波长约为 10^{-7} m，即 k 约为 $10^6\ \mathrm{m}^{-1}$。显然，$k_m < \bar{k}$，$\omega_m < \bar{\omega}$，即因子 $\cos(k_m z - \omega_m t)$ 随时间和空间的变化都比 $\cos(\bar{k}z - \bar{\omega}t)$ 慢。

如果将 $2A_0\cos(k_m z-\omega_m t)$看作是简谐部分 $\cos(\bar{k}z-\bar{\omega}t)$的振幅的话，则由于该振幅将随时间振荡，所以，合成后的光波场不再是简谐的，如图 3.12 所示，叠加后的光波在空间传播，波场中各点的振幅将随时间改变。

但是，如果这两列波的频率（波长）相差不大，即 $\bar{\omega}\approx\omega_1\approx\omega_2$，$\bar{k}\approx k_1\approx k_2$，因而 $\omega_m\ll\bar{\omega}$，$k_m\ll\bar{k}$，于是，波场 $2A_0\cos(k_m z-\omega_m t)\cos(\bar{k}z-\bar{\omega}t)$就相当于缓慢变化的因子 $\cos(k_m z-\omega_m t)$对 $\cos(\bar{k}z-\bar{\omega}t)$的振幅起调制作用，或者频率为 $\bar{\omega}$ 的波的振幅较缓慢地随时间变化，如图 3.13 所示。

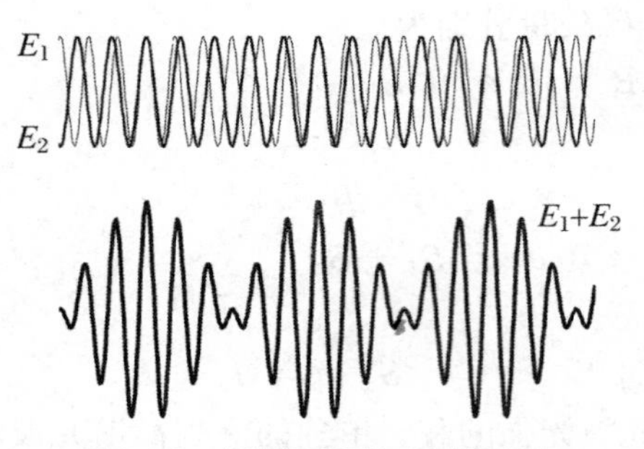

图 3.12 不同频率的光波的叠加

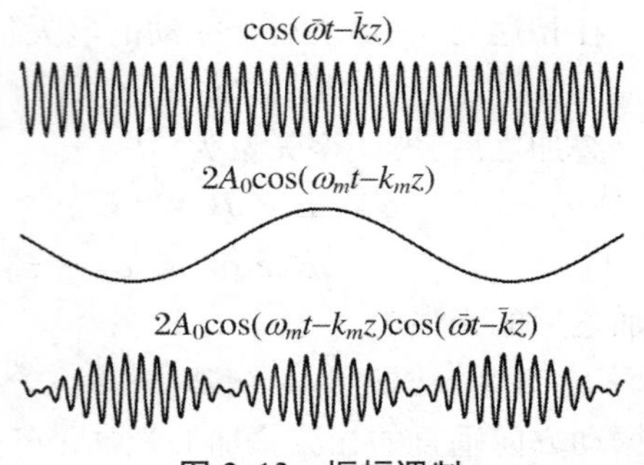

图 3.13 振幅调制

由于 ω_m，k_m 很小，因而测量光强时，可以得到光强数值随时间的变化。根据上面的分析，可得到光强为

$$I(z,t)=4A_0^2\cos^2(\omega_m t-k_m z)=2A_0^2[1+\cos 2(\omega_m t-k_m z)]$$

叠加之后，每一场点的强度都会随时间变化，因而并不是一个稳定的干涉场，这就是光学拍。拍频为 $2\omega_m=|\omega_1-\omega_2|$，这就是场点光强随时间变化的频率。但这样的频率还是极高的，例如，对于波长为 500 nm 和 510 nm 的两列光波，ω 分别为 $12\pi\times10^{14}$ Hz 和 $11.8\pi\times10^{14}$ Hz，$2\omega_m=|\omega_1-\omega_2|=2\pi\times10^{13}$ Hz，因而实际上观测到的光强为$\langle I(z,t)\rangle=2A_0^2$，就是两列光波光强的和。这也是非相干叠加，是两列光波强度的叠加。

【例 3.11】 讨论波长范围在 $\lambda\sim\lambda+\Delta\lambda$ 的非单色光波的叠加。

分析 在上述波长范围内的光波有无穷多列，这种情形下，按照光波的叠加原理求合振动，就成了对连续的物理量求积分的问题。

解 这里讨论波长连续分布的非单色光，则光波的叠加可表示为

$$\widetilde{U}(z,t)=\int_0^{\infty}\widetilde{U}(z,\lambda,t)\mathrm{d}\lambda=\int_0^{\infty}a(z,\lambda)\mathrm{e}^{\mathrm{i}(kz-\omega t)}\mathrm{d}\lambda \tag{1}$$

式中 $a(z,\lambda)$为非单色光中波长为 λ 附近的单位波长间隔内的光波成分在空间 z

点的振幅，也就是常说的振幅的谱密度。由于 $\lambda=\frac{2\pi}{k}$，故对波长 λ 的积分也可以化为对波矢 k 的积分，即

$$\widetilde{U}(z,t)=\int_0^{\infty}\widetilde{U}(z,k,t)\mathrm{d}\lambda=\int_0^{\infty}a(z,k)\mathrm{e}^{\mathrm{i}(kz-\omega t)}\mathrm{d}k \tag{2}$$

需要指出的是，此处的 $a(z,k)$ 与式(1)中的 $a(z,\lambda)$ 不同，一个是单位波矢间隔的振幅，一个是单位波长间隔的振幅，$\frac{k^2}{2\pi}a(z,k)=-a(z,\lambda)$。

设波矢的分布范围为 $k_0\pm\Delta k/2$，为计算简单，可以假设其中的各个单色成分有相等的振幅，如图3.14所示，即振幅可表示为

$$a(z,k)=\frac{A}{\Delta k} \tag{3}$$

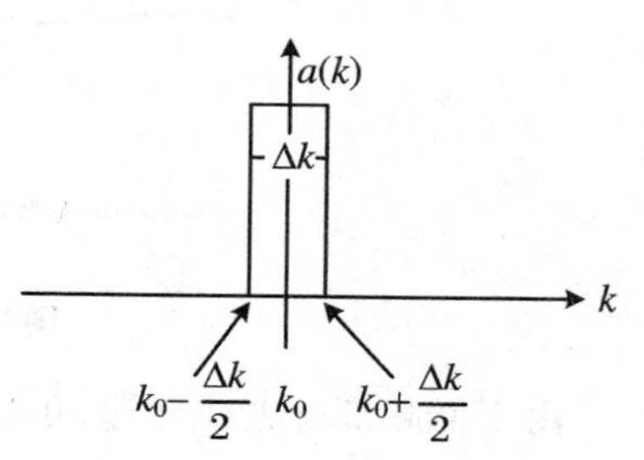

图3.14　准单色波

假设非单色波的波长范围 $\Delta\lambda$ 或 Δk 相当有限，即 $\Delta\lambda\ll\lambda_0$ 或 $\Delta k\ll k_0$，是所谓的“准单色波”。由于准单色波的波长范围很小，可以将 $\omega=\omega(k)$ 用泰勒公式展开，并取到1级近似，有

$$\omega(k)=\omega(k_0)+\left(\frac{\mathrm{d}\omega}{\mathrm{d}k}\right)_{k_0}(k-k_0)=\omega(k_0)+v_{\mathrm{g}}(k-k_0)$$

式中 $\left(\frac{\mathrm{d}\omega}{\mathrm{d}k}\right)_{k_0}=v_{\mathrm{g}}$。则可得到

$$\begin{aligned}kz-\omega t&=kz-[\omega(k_0)+v_{\mathrm{g}}(k-k_0)]t\\&=(k-k_0)z-v_{\mathrm{g}}(k-k_0)t+k_0z-\omega(k_0)t\end{aligned}$$

积分式(2)化为

$$\widetilde{U}(z,t)=\frac{A}{\Delta k}\int_{k_0-\frac{\Delta k}{2}}^{k_0+\frac{\Delta k}{2}}\mathrm{e}^{\mathrm{i}[(k-k_0)z-v_{\mathrm{g}}(k-k_0)t]}\mathrm{e}^{\mathrm{i}(k_0z-\omega(k_0)t)}\mathrm{d}k$$

记 $\omega(k_0)=\omega_0$，并作积分变量的代换 $k-k_0=k'$，则有

$$\begin{aligned}\widetilde{U}(z,t)&=\frac{A}{\Delta k}\left[\int_{-\frac{\Delta k}{2}}^{\frac{\Delta k}{2}}\mathrm{e}^{\mathrm{i}k'(z-v_{\mathrm{g}}t)}\mathrm{d}k'\right]\mathrm{e}^{\mathrm{i}(k_0z-\omega_0t)}=\frac{A}{\Delta k}\frac{\mathrm{e}^{\mathrm{i}\frac{\Delta k}{2}(z-v_{\mathrm{g}}t)}-\mathrm{e}^{-\mathrm{i}\frac{\Delta k}{2}(z-v_{\mathrm{g}}t)}}{\mathrm{i}(z-v_{\mathrm{g}}t)}\mathrm{e}^{\mathrm{i}(k_0z-\omega_0t)}\\&=\frac{A}{\Delta k}\frac{2\mathrm{i}\sin\frac{\Delta k}{2}(z-v_{\mathrm{g}}t)}{\mathrm{i}(z-v_{\mathrm{g}}t)}\mathrm{e}^{\mathrm{i}(k_0z-\omega_0t)}=A\frac{\sin\frac{\Delta k}{2}(z-v_{\mathrm{g}}t)}{\frac{\Delta k}{2}(z-v_{\mathrm{g}}t)}\mathrm{e}^{\mathrm{i}(k_0z-\omega_0t)}\end{aligned}$$

上述有一定波长分布范围的准单色波叠加的结果，是具有不同频率的两部分的乘积：高频部分的角频率为 $\omega(k_0)$，波矢为 k_0；低频部分的角频率为 $\frac{1}{2}v_{\mathrm{g}}\Delta k$，波

矢为$\frac{\Delta k}{2}$。叠加的结果也可以用图 3.15 表示。

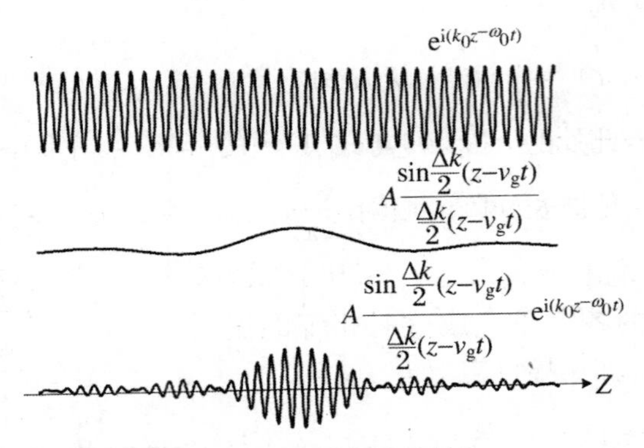

图 3.15 准单色波的叠加

由于低频部分变化缓慢，可以将其并入振幅部分。则总的效果相当于波矢为 k_0，频率为 $\omega(k_0)$，振幅为 $A\dfrac{\sin\frac{\Delta k}{2}(z-v_gt)}{\frac{\Delta k}{2}(z-v_gt)}$的波，即

$$\widetilde{U}(z,t)=\left[A\frac{\sin\frac{\Delta k}{2}(z-v_gt)}{\frac{\Delta k}{2}(z-v_gt)}\right]e^{i(k_0z-\omega_0t)} \tag{4}$$

由于振幅在空间是振荡衰减的，实际上，合成波的有效部分，只是图 3.15 中的中央部分，这一部分是主极大；而其余部分由于振幅小得多，所产生的效应不明显。这样，不同频率的波叠加的结果，就形成了一个在空间传播的波包。在时刻 t，其主极大值的位置为 $z_0=v_gt$，以速度 v_g 在空间传播。相邻极小值的位置由 $\frac{\Delta k}{2}(z_{\pm1}-v_gt)=\pi$ 决定，即 $z_{\pm1}=v_gt\pm\frac{2\pi}{\Delta k}$。

波包的大小就是上述主极大的有效分布区域，通常取 $z_{+1}-z_{-1}$长度的一半。可以算得

$$L_0=\frac{z_{+1}-z_{-1}}{2}=\frac{2\pi}{\Delta k}=\frac{\lambda^2}{\Delta\lambda} \tag{5}$$

这就是波包的大小或非单色波列叠加后的有效长度。

如果将式(5)中的波长用频率代替，由于$\frac{\lambda^2}{\Delta\lambda}=\frac{\lambda^2\nu^2}{\Delta\nu c}=\frac{c}{\Delta\nu}$，所以波包的有效长度也可以表示为

$$L_0 = \frac{c}{\Delta\nu} \tag{6}$$

对于 500 nm 附近波长范围为 10 nm 的非单色光，波包的长度为 $\frac{500^2}{10}$ nm = 25 μm = 50λ；若波长范围为 1 nm，则波包长度为 $\frac{500^2}{1}$ nm = 0.25 mm；若波长范围为0.01 nm，则波包的长度可达 25 mm。

波包的速度就是中央主极大传播的速度，为

$$v_g = \frac{d\omega}{dk} \tag{7}$$

式中 v_g 就是准单色光叠加之后所形成的波群或波包传播的速度，称为群速度。

而其中每一个单色成分 $\widetilde{U}(z,k,t) = a(z,k)e^{i(kz-\omega t)}$，独自传播的速度为 $v_p = \frac{\omega}{k}$。而 $v_p = \frac{\omega}{k}$ 是该成分振动传播的速度，也就是相位传播的速度，即相速度。

由于 $\omega = 2\pi\nu = \frac{2\pi}{\lambda}v_p = kv_p$，所以有 $v_g = \frac{d\omega}{dk} = \frac{d(kv_p)}{dk} = v_p + k\frac{dv_p}{dk}$，而 $dk = d\left(\frac{2\pi}{\lambda}\right) = -\frac{2\pi}{\lambda^2}d\lambda = -\frac{k}{\lambda}d\lambda$，最后得到

$$v_g = v_p - \lambda\frac{dv_p}{d\lambda} \tag{8}$$

式中 $\frac{dv_p}{d\lambda}$ 反映的是媒质中单色光速度随波长的变化关系，实际上，由于媒质中的光速与折射率 n 有关，即 $v_p = \frac{c}{n}$，所以 $\frac{dv_p}{d\lambda}$ 是光的色散关系。

由于在真空中没有色散，$\frac{dv_p}{d\lambda} = 0$，因而 $v_g = v_p$，即光波的群速度和相速度相等。

由于理想的单色波是无限长的波列，是简谐光波，因而波场中各点的强度等物理量总是保持不变的，即单色波列不含有任何信息，故实际上无法测量单色波的相速度。但是，由于在真空中，光波没有色散，所以准单色波的群速度与其中每一波长成分的相速度相等。真空中的光速 c 其实就是光的相速度，也是准单色波的群速度，是一个不变的数值。

但是，在媒质中，光出现色散，$\frac{dv_p}{d\lambda} \neq 0$，因而 $v_g \neq v_p$。

如果 $\frac{dv_p}{d\lambda} > 0$，则 $v_g < v_p$；如果 $\frac{dv_p}{d\lambda} < 0$，则 $v_g > v_p$。通常情况下，由于短波的折

射率较大，所以$\frac{dv_p}{d\lambda}>0$，$v_g<v_p$，即群速度小于相速度。

3.3 相干光的获得

光波是由于原子的运动而发出的。原子内部的正电荷集中于原子核，而负电荷是所有核外电子电量的总和。原子的能量状态改变，会引起核外电子的运动状态的改变，如果用物理图像描述的话，可以说是原子内部正电荷中心到负电荷中心的距离会改变，或者说可以将原子看作一个电偶极子，这样的电偶极子，处在不同的能态时，电偶极矩会改变。原子在低能态时，正负电荷中心之间的距离较小，电偶极矩较小；原子在高能态时，正负电荷中心之间的距离较大，电偶极矩较大。于是可以将原子内部能量变化的过程描述为电偶极子振动的过程。电偶极子的振动，能够发出电磁辐射。光波就是原子内部电荷分布振动，或者说是电偶极子的振动而发出的。这就是原子发光的偶极振子模型。

原子的发光过程是随机过程，光源中的每个原子随机发光，而且每个原子每次受到激发后，振动的过程是短暂的。而光源中发光原子的数量又是十分巨大的，所以每一瞬间光源发出无穷多列随机的光波，尽管其中的每个原子在振动期间发出的都是间歇光波（定态光波），但由于波列的数量太大，波列之间的相位差又是随机的，所以这些光波的叠加是非相干叠加，不会产生干涉。

正因如此，实际的光源所发出的光波一定是非相干的，来自不同光源的光波也不可能产生干涉。

而杨氏双缝干涉或双孔干涉告诉我们，要想获得相干光，只有采用分光波的装置，从每一列光波分出的波列肯定是相干的，这样的相干波列只要相遇，就能够产生干涉。

被广泛应用的获取相干光的装置有两类，一类是以杨氏干涉装置为代表的分光波装置，称作分波前的干涉装置；另一类是以薄膜干涉为代表的分光波装置，称作分振幅的干涉装置。

【例 3.12】 为什么从两个点光源发出的同频率单色光不能产生干涉，而杨氏装置就能产生干涉？为什么要求杨氏装置中光源的空间尺度足够小？

解 实际的光源总是有一定大小的，无限小的点光源是不存在的。只要光源的空间尺度比光的波长小，光源上不同位置的原子所发出的光波之间的光程差就小于波长，就可以将这样的光源视作很好的点光源。可见光波长为500 nm，则点光源的尺度可以是100 nm。100 nm尽管很小，但原子的尺度只有0.1 nm，所以，大小为100 nm的光源中，包含有$1\,000^3$个原子，若其中只有十万分之一的原子是发光的，那么发光的原子也有10^4个。实际上这样小的光源很难制成，实际的光源总是要大得多。但是，只要光源到接收屏的距离足够大，“点光源”也可以更大一些。

首先分析从两个点光源发出的同频率单色光不能产生干涉。

正如前面所指出的，波场中根本不可能只有两列波，甚至不可能有可数的、有限数目的波列。所以，“从两个光源发出两列光波”或者“两列光波在光波场中某点相遇”之类的说法都是错误的。这样一来，用两列同频率简谐光波的叠加计算光强的公式就没有什么实际的意义了。那么，就让我们结合实际的情况来讨论光波叠加的强度。

一方面，光源中原子的数量是巨大的，每一瞬间所发出的光波的数量也是巨大的，所以，不管是否有其他的光源，来自一个光源的光波列都会相互叠加。根据简谐光波叠加的特点，设光源共发出N列同频率的光波，在某相遇点叠加后，有

$$A^2 = \sum_{m=1}^{N} A_m^2 + 2\sum_{j>m}^{N}\sum_{m=1}^{N} A_j A_m \cos(\varphi_m - \varphi_j)$$

另一方面，每个原子发光的过程是自发的、随机的过程，因而从统计的观点看，任意两列光波之间的相位差$\Delta\varphi_{mj} = \varphi_m - \varphi_j$是随机取值的，则$\cos(\varphi_m - \varphi_j)$就是$(-1, +1)$之间的随机值。则

$$\sum_{j>m}^{N}\sum_{m=1}^{N} A_j A_m \cos(\varphi_m - \varphi_j) = 0 \tag{1}$$

所以，叠加的结果就是

$$A^2 = \sum_{m=1}^{N} A_m^2 \tag{2}$$

既然每个实际的光源都发出大量的、无关联的光波，那么一个个不同的光源发出的光波列之间的相位差也是随机取值的，这些光波之间的叠加也一定有式(1)和式(2)那样的结果。因而，若共有K个同频率的单色光源，其中第j个光源发出的共计N_j列光波在波场中某点叠加后的总振幅记为A_j，则该光源单独在该场点产生的强度为$A_j^2 = \sum_{m_j=1}^{N_j} A(j)_{m_j}^2$，其中$A(j)_{m_j}$表示第$j$个光源发出的第$m_j$列光波在该场点的振幅。于是，$K$个光源发出的共计$N_1 + N_2 + \cdots + N_K$列光波在该场点进行叠加，记合振幅为$A$，则有

$$A^2 = \sum_{m_1=1}^{N_1} A(1)_{m_1}^2 + \sum_{m_2=1}^{N_2} A(2)_{m_2}^2 + \cdots = A_1^2 + A_2^2 + \cdots + A_K^2 \tag{3}$$

由于光强等于能流密度的时间平均值，所以这里“对时间求平均值”的含义，实质是对数量巨大的、随机的、无关联的光波进行统计平均。统计平均的结果，对于每个光源，所产生的光强就是其中大量原子发出的所有光波的光强相加；对于多个光源，所产生的光强就是各个光源所产生的光强相加。

由于每个原子每次发出的都是简谐光波（定态光波），强度分布是均匀的，这些强度分布均匀的光波的光强相加，也会得到强度分布均匀的光波场，因而不可能产生干涉，它们之间的叠加是非相干叠加。

以下分析为什么杨氏装置能够产生干涉。

不妨以双孔为例分析杨氏干涉实验中光波的微观物理过程。

小孔的作用当然不仅仅是限制光源的空间尺度，更重要的是，双孔屏起到了分光的作用，射到双孔屏上的光波，通过屏上的两个孔到达接收屏。也就是说，到达接收屏上任何一点的光波，一部分通过孔 S_1 射来，另一部分通过孔 S_2 射来。或者说，来自光源的每一列光波，大部分被屏挡住，其余的，一部分通过 S_1，另一部分通过 S_2，在接收屏上相遇并进行叠加，如图 3.16 所示。

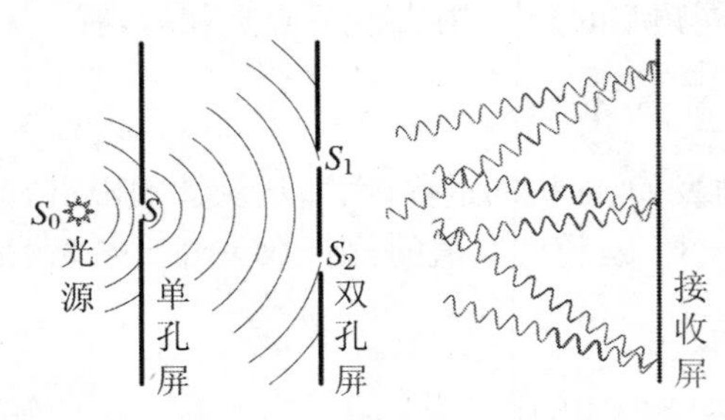

图 3.16 杨氏双孔干涉实验中的分光波过程

例如，某一时刻 t，从光源发出 N 列光波通过 S_1，S_2 到达接收屏上 P 点。对其中的第 i 列波（严格来说，这就是光源中一个原子某次运动所发出的光波）来说，从其中分出来的两部分，频率当然相同，设为 ω，通过孔的两部分在屏上 P 点的振幅分别为 $A_{i1}(P)$，$A_{i2}(P)$，相位分别为 $\varphi_{i1}(P)$，$\varphi_{i2}(P)$，则光矢量可分别表示为

$$\psi_{i1}(P) = A_{i1}(P)\cos[\varphi_{i1}(P) - \omega t], \quad \psi_{i2}(P) = A_{i2}(P)\cos[\varphi_{i2}(P) - \omega t]$$

光波在 P 点叠加，则有

$$\begin{aligned}\psi(P) &= \sum_i [\psi_{i1}(P) + \psi_{i2}(P)] \\ &= \sum_i [A_{i1}(P)\cos(\varphi_{i1} - \omega t) + A_{i2}(P)\cos(\varphi_{i2} - \omega t)] \\ &= \sum_i A_i(P)\cos[\varphi_i(P) - \omega t]\end{aligned}$$

式中 $A_i(P)$，$\varphi_i(P)$分别为第 i 列光波通过双孔分出的两部分在 P 点的振幅和相

位。其中

$$A_i^2(P) = A_{i1}^2 + A_{i2}^2 + 2A_{i1}A_{i2}\cos(\varphi_{i2} - \varphi_{i1}) \tag{4}$$

$$\varphi_i(P) = \arctan\frac{A_{i1}\sin\varphi_{i1} + A_{i2}\sin\varphi_{i2}}{A_{i1}\cos\varphi_{i1} + A_{i2}\cos\varphi_{i2}} \tag{5}$$

从图3.17可以看出，P点的相位可以由光程表示为

$$\varphi_{i1} = k(l_1 + r_1),\quad \varphi_{i2} = k(l_2 + r_2)$$

则相位差$\Delta\varphi_i = \varphi_{i2} - \varphi_{i1}$可以由光程差表示为

$$\Delta\varphi_i = k[(l_2 + r_2) - (l_1 + r_1)] = k(\Delta l + \Delta r)$$

由于光源S和孔S_1，S_2的空间尺度非常小，所以它们都可以被视作点光源，这样，每一列从光源S发出的光波，经过S_1，S_2分出的两部分，到达P点时，都具有相同的相位差，即

$$\Delta\varphi(P) = k(\Delta l + \Delta r) \tag{6}$$

式(4)可写成

$$A_i^2(P) = A_{i1}^2 + A_{i2}^2 + 2A_{i1}A_{i2}\cos\Delta\varphi(P) \tag{7}$$

在时刻t，有大量光波从光源发出，由于从每一列光波分出的两部分在P点的相位差都相同，干涉项$\cos\Delta\varphi(P)$都有相同的数值，所以干涉项不会抵消。

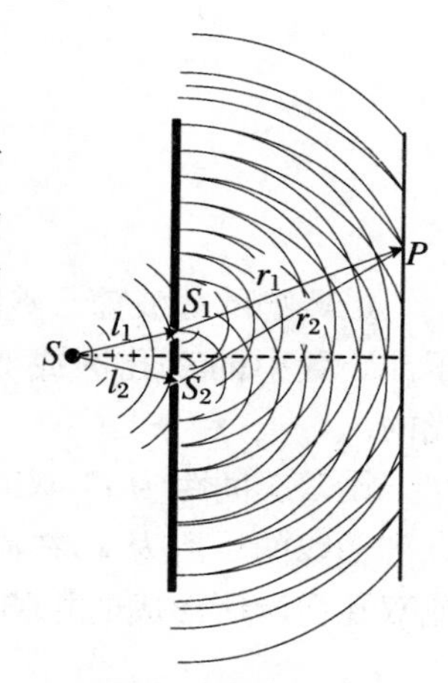

图3.17　杨氏干涉中两列光波的光程

因此可以这样看待杨氏干涉的微观物理过程：每个波列分出的两部分是相干的，在P点进行相干叠加，得到如式(7)所表示的光强$I_i(P) = A_i^2(P)$。而从式(5)可以看出，由于每列波分出的两部分叠加所形成的简谐光波$A_i(P)\cos[\varphi_i(P) - \omega t]$的相位$\varphi_i(P)$是各不相同的，因而不同的波列之间是不相干的，所以在P点进行光强相加，最后P点的光强就是

$$\begin{aligned} I(P) &= \sum_i I_i(P) = \sum_i A_i^2(P) \\ &= \sum_i [A_{i1}^2 + A_{i2}^2 + 2A_{i1}A_{i2}\cos\Delta\varphi(P)] \end{aligned} \tag{8}$$

式中的$\Delta\varphi(P)$与究竟是哪一列光波无关，而仅与从光源S通过两孔S_1，S_2到P点的光程差有关，即只与P点的位置有关。

由于干涉项$\cos\Delta\varphi(P)$只与接收屏上各点的位置有关，因而在屏上不同的位置，光强不同，形成一定形式的干涉图样。

在看似简单的杨氏干涉中，既有同一列光波之间的相干叠加，也有不同光波之间的非相干叠加。由于每列光波单独在接收屏上形成的干涉图样都是相同的，不同的光波之间又是不相干的，它们之间的叠加仅仅是光强相加。因而，对接收屏而

言，光源中的发光中心都是相同的，从 S_1出射的光波都是相同的，从 S_2出射的光波也都是相同的，这样一来，也可以认为从 S_1，S_2 各出射一列光波，而这两列光波是相干的，即只要认为 S_1，S_2是两个相干的光源就行了。单位时间内从 S 发出的光波数越多(就是光源的强度越高)，通过 S_1，S_2的波列数就越多(就是通光孔径越大)，在接收屏看来，相当于光源 S_1，S_2越强。

3.4 分波前的干涉

最典型的分波前干涉装置是杨氏装置。波前是光波场中的一个面，就是杨氏干涉装置中的双孔屏或双缝屏。杨氏干涉是借助于屏上的双孔或双缝实现分光的。

设双缝间距为 d，双缝屏到接收屏的距离为 D，光波长为 λ，接收屏上的观察点到轴线的距离为 x，在满足傍轴条件的前提下，即 $d^2 \ll D^2$，$x^2 \ll D^2$。杨氏双缝或双孔干涉所形成的相邻两根条纹的间距为

$$\Delta x = \frac{D\lambda}{d}$$

其他的分波前装置是由杨氏装置演化而来的。例如，菲涅耳双面镜或双棱镜、劳埃德镜，以及对切透镜，等等，光源 S 通过这些装置，能够成两个像 S_1和 S_2，S_1和 S_2就等效于杨氏装置中的双孔或双缝。

【例 3.13】 在杨氏干涉实验中，用氦-氖激光束($\lambda = 632.8$ nm)垂直照射两个小孔，两小孔的间距为 1.00 mm，小孔至幕的垂直距离为 100 cm。求下列情况下幕上干涉条纹的间距：

(1) 整个装置放在空气中；

(2) 整个装置放在水中(水的折射率 $n = 1.33$)。

分析 正入射到双孔的激光，在小孔处等相位，相当于 S_1和 S_2的初相位相等。

解 (1) 在空气中，光的波长为 $\lambda = 632.8$ nm，干涉条纹的间距为

$$\Delta x = \frac{D}{d}\frac{\lambda}{n} = \frac{100\ \text{cm}}{1.00\ \text{mm}}\frac{632.8\ \text{nm}}{1} = 632.8\ \mu\text{m}$$

(2) 在水中，光的波长为 $\lambda' = \lambda/n$，干涉条纹的间距为

$$\Delta x' = \frac{D}{d}\frac{\lambda}{n} = \frac{100\ \text{cm}}{1.00\ \text{mm}}\frac{632.8\ \text{nm}}{1.33} = 475.8\ \mu\text{m}$$

由于波长减小,条纹间距也变小。

【例3.14】 在杨氏干涉实验中,双缝至幕的垂直距离为2.00 m,测得第10级干涉亮纹到零级亮纹间的距离为3.44 cm,双缝间距为0.342 mm,求光源的波长。

解 按题中所给条件,$d=0.342\ \text{mm}$,$D=2.00\ \text{m}$,$j=10$ 级亮纹的位置 $x_{10}=3.44\ \text{cm}$。由 $x_j=j\dfrac{D}{d}\lambda$,可得

$$\lambda=\frac{d}{D}\frac{x_j}{j}=\frac{0.342\ \text{mm}}{2.00\ \text{m}}\times\frac{3.44\ \text{cm}}{10}=588.2\ \text{nm}$$

【例3.15】 瑞利干涉仪的结构和使用原理如下(图3.18):以钠光灯作为光源置于透镜 L_1 的前焦面,在透镜 L_2 的后焦面上观测干涉条纹的变动,在两个透镜之间安置一对完全相同的玻璃管 T_1 和 T_2。实验开始时,T_2 管充以空气,T_1 管抽成真空,此时开始观察干涉条纹。然后逐渐使空气进入 T_1 管,直到它与 T_2 管的气压位于相同位置,记下这一过程中条纹移过的数目。设光波长为589.3 nm,管长为20 cm,条纹移过98根,求空气的折射率。

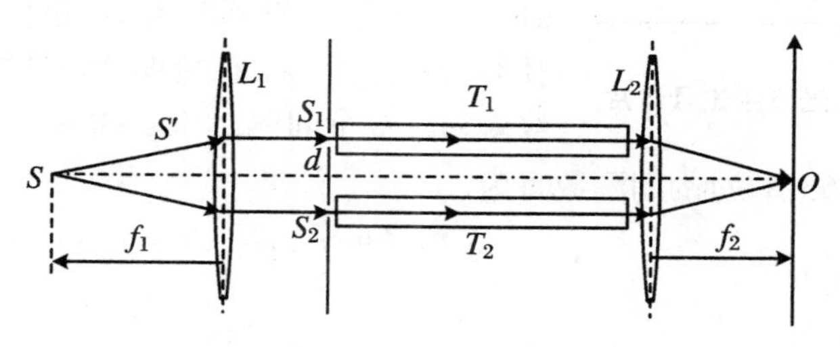

图3.18　瑞利干涉仪

解 两列光波所传播过路径的光程差每改变一个波长,接收屏上某一点就会移过一根条纹。

若每根管的长度为 l,其中气体的折射率分别为 n_1 和 n_2,则 O 点处的光程差为

$$\Delta=n_2l-n_1l=(n_2-n_1)l$$

若 T_1 中气体的折射率改变 δn_1,上述光程差的改变为 $\delta\Delta=-\delta n_1l$,移过的条纹数为

$$\delta m=-\frac{\delta n_1l}{\lambda}$$

题中,$\delta n_1=n-1$,$\delta m=-98$,则

$$n=1-\frac{\delta m\lambda}{l}=1+\frac{98\times589.3\times10^{-6}}{200}=1.000\,289$$

【例 3.16】 利用例 3.13(1)的装置，若光源包含蓝、绿两种色光，波长分别为 436.0 nm 和 546.0 nm，问两种光的 2 级亮条纹相距多少？

解 接收屏上 j 级亮条纹的位置为 $x_j = j\dfrac{D}{d}\lambda$，不同波长 j 级亮条纹间距为

$$\Delta x_j = j\frac{D}{d}(\lambda_2 - \lambda_1) = 2\times\frac{200\ \text{cm}}{1.00\ \text{mm}}(546.0\ \text{nm} - 436.0\ \text{nm}) = 0.44\ \text{mm}$$

【例 3.17】 用很薄的云母片($n = 1.58$)覆盖在双缝干涉装置的一条缝上，观察到干涉条纹移动的距离等于 9 个条纹间隔，求云母片的厚度。已知光源的波长为 550.0 nm。

解 如图 3.19 所示，设云母片的厚度为 h，插入云母片之后，对于接收屏上的一点而言，与插入前比较，两条路径的光程差改变了

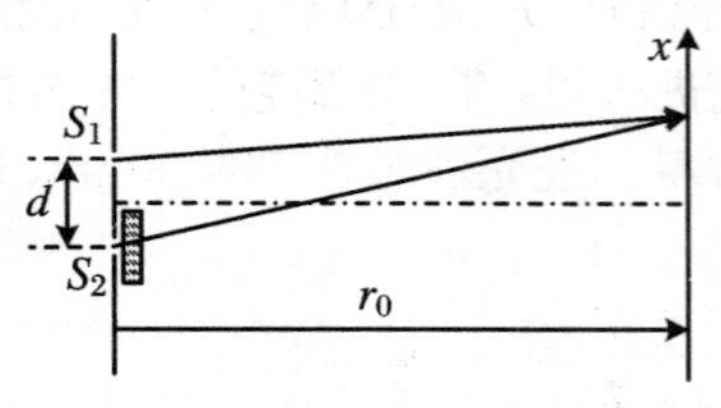

图 3.19 一列光波经过云母片

$$\delta = (n-1)h$$

对于杨氏双缝干涉，$j=0$ 的亮纹，光程差为 0；$j=1$ 的亮纹，光程差为 λ；第 j 级亮纹，两条路径的光程差为 $j\lambda$，即光程差每改变一个波长，亮纹就移过一个间隔。于是插入云母片之后，接收屏上的每一根条纹移过的间隔数目为

$$\Delta j = \frac{\delta}{\lambda} = \frac{(n-1)h}{\lambda}$$

移过的距离为

$$\Delta = \Delta j\Delta x = \frac{(n-1)h}{\lambda}\frac{r_0\lambda}{d} = (n-1)h\frac{r_0}{d} \tag{1}$$

按题中条件，$\Delta j = 9$，于是

$$h = \frac{\Delta j\lambda}{n-1} = \frac{9\times 550\times 10^{-9}\ \text{m}}{1.58-1} = 8.53\times 10^{-6}\ \text{m} = 8.53\ \mu\text{m}$$

这类问题也可以用另一种方法求解。

插入玻璃片后从 S_2 到 P 点的光程为 $r_2 + (n-1)h$，由于该光程增大，$j=0$ 级条纹向下移动，所有条纹亦将同样移动。

由于 P 点处的光程差为 $\delta = r_2 + (n-1)h - r_1 = x\dfrac{d}{r_0} + (n-1)h$，$j$ 级亮纹满足

$$x\frac{d}{r_0} + (n-1)h = j\lambda$$

j 级亮纹的位置为

$$x'_j = j\frac{\lambda r_0}{d} - (n-1)h\frac{r_0}{d}$$

移过的距离为

$$\Delta = -(n-1)h\frac{r_0}{d}$$

与式(1)的结果一致。

【例 3.18】 一点光源置于薄透镜的焦点，薄透镜后放一个双棱镜(图 3.20)，设双棱镜的顶角α为$3'30''$，折射率 n 为 1.5，屏幕与棱镜相距 $D = 5.0$ m，光波长为 $\lambda = 500.0$ nm。求屏幕上条纹的间距，并计算屏幕上能出现干涉条纹的数目。

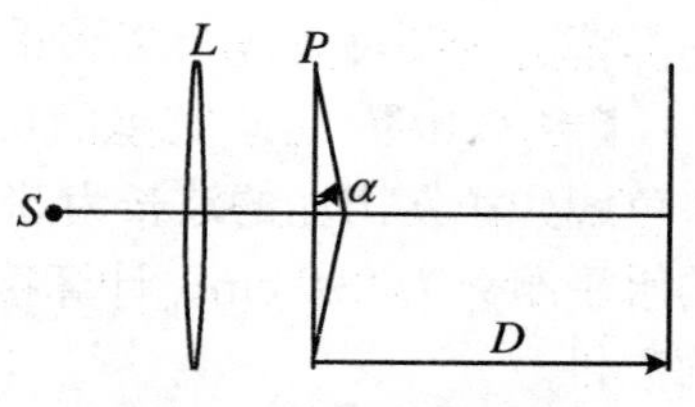

图 3.20　菲涅耳双棱镜

解　平行入射光经过双棱镜，变为平行光，偏转角为 $\delta = (n-1)\alpha$。建立直角坐标系，屏幕所在位置为 $z = 0$，如图 3.21 所示。上下棱镜出射的光，方向用波矢表示，分别为

$$\boldsymbol{k}_1 = \frac{2\pi}{\lambda}(\sin\delta\boldsymbol{e}_x + \cos\delta\boldsymbol{e}_z),\quad \boldsymbol{k}_2 = \frac{2\pi}{\lambda}(-\sin\delta\boldsymbol{e}_x + \cos\delta\boldsymbol{e}_z)$$

两列相干光波的重叠区域如图 3.21 中阴影所示。

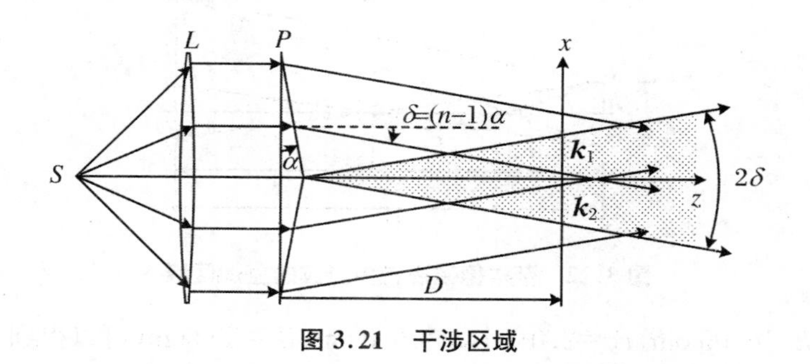

图 3.21　干涉区域

在屏幕上任意点$(x, y, 0)$处，两列平行光的相位表示为

$$\varphi_1 = \boldsymbol{k}_1\cdot\boldsymbol{x} = \frac{2\pi}{\lambda}(\sin\delta\,\boldsymbol{e}_x + \cos\delta\,\boldsymbol{e}_z)\cdot(x\boldsymbol{e}_x + y\boldsymbol{e}_y + 0\boldsymbol{e}_z) = \frac{2\pi}{\lambda}\delta x$$

$$\varphi_2 = \boldsymbol{k}_2\cdot\boldsymbol{x} = \frac{2\pi}{\lambda}(-\sin\delta\,\boldsymbol{e}_x + \cos\delta\,\boldsymbol{e}_z)\cdot(x\boldsymbol{e}_x + y\boldsymbol{e}_y + 0\boldsymbol{e}_z) = -\frac{2\pi}{\lambda}\delta x$$

相位差 $\Delta\varphi = \dfrac{4\pi}{\lambda}\delta x$。

亮条纹出现的条件为$\frac{4\pi}{\lambda}\delta x_j = j2\pi$，即得到 $x_j = \frac{j\lambda}{2\delta}$。

条纹间距

$$\Delta x = \frac{\lambda}{2\delta} = \frac{500\ \text{nm}}{2(1.5-1)\times 3'30''} = 0.49\ \mu\text{m}$$

屏幕上干涉区域的上端位置为 $x_{\max} = D\delta$，此处对应的亮条纹级数为

$$j_{\max} = \frac{2\delta}{\lambda}x_{\max} = \frac{2\delta}{\lambda}D\delta = \frac{2\times\left(\frac{3.5}{60}\times\frac{\pi}{180}\right)^2}{500\ \text{nm}}\times 5.0\ \text{m} = 20$$

则屏幕上亮条纹总数为 $2\times 20+1=41$。

【例 3.19】 劳埃德镜的长度为 5.0 cm，镜的前端到接收屏幕的距离为 3.0 m。单色线光源发出光的波长为 589.3 nm，到镜面的竖直距离为 0.5 mm，到镜面后端的水平距离为 2.0 cm。计算接收屏上相邻亮条纹的间距，以及屏上出现的亮条纹的数目。

解 如图 3.22 所示，在劳埃德镜干涉装置中，光源 S 发出的光波一部分可直接射到屏幕上，一部分经反射镜射到屏幕上，反射光等效于从 S 的像点 S' 发出的。接收屏上光波的重叠区域为 CD。

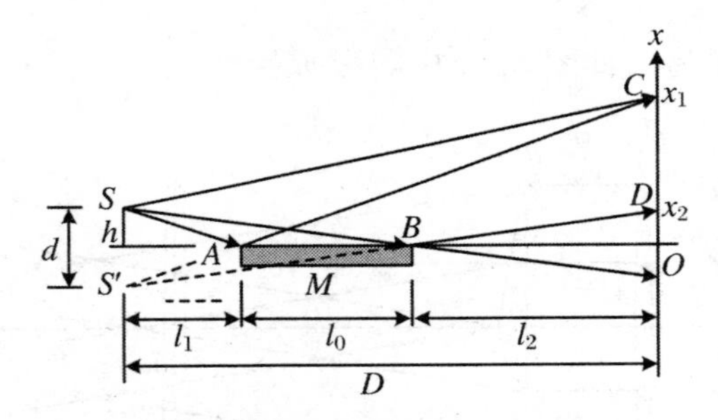

图 3.22 劳埃德镜装置中光波的叠加区域

按图，$h=0.05$ cm，$l_1=2.0$ cm，$l_0=5.0$ cm，$l_2=300$ cm，可以得到

$$d = 2h,\quad D = l_0 + l_1 + l_2,\quad x_1 = \frac{l_0+l_2}{l_1}h,\quad x_2 = \frac{l_2}{l_0+l_1}h$$

条纹间距

$$\Delta x = \frac{D}{d}\lambda = \frac{300+5.00+2.00}{2\times 0.05}\times 589.3\ \text{nm} = 1.80\ \text{mm}$$

由于干涉区域宽度为 $x_1 - x_2 = \frac{l_0+l_2}{l_1}h - \frac{l_2}{l_0+l_1}h = 54.92$ mm，所以条纹

数为

$$N = j_1 - j_2 = \frac{d(x_1 - x_2)}{D\lambda} = \frac{x_1 - x_2}{\Delta x} = \frac{54.92 \text{ mm}}{1.80 \text{ mm}} = 30$$

【例 3.20】 由两个相干光源 S_1 和 S_2(例如杨氏干涉装置中的双孔)在屏 AB 上形成干涉条纹。屏距光源为 $D = 2.0$ m,若在屏与光源之间置一焦距 f 为 25.0 cm 的凸透镜,透镜与光源的距离为 $s = 50.0$ cm,光源波长为 $\lambda = 500.0$ nm,S_1 和 S_2 的间距为 $d = 0.5$ mm,则问放置透镜前后接收屏上所产生的干涉条纹的间距各是多少?

解 未放透镜时,该杨氏干涉装置中,$d = 0.5$ mm,$D = 2.0$ m。接收屏上相邻条纹的间距为

$$\Delta x = \frac{D}{d}\lambda = \frac{2.0 \text{ m}}{0.5 \text{ mm}} \times 500.0 \text{ nm} = 2.00 \text{ mm}$$

每个光源经透镜后的像距为 $s' = \dfrac{sf}{s - f} = 50.0$ cm,是放大率为 -1 的实像。这时两个像光源的间距依然是 $d = 0.5$ mm,而光源到接收屏的距离变为 $D' = D - (s + s') = 1\,000$ mm。于是接收屏上相邻条纹的间距变为

$$\Delta x' = \frac{D'}{d}\lambda = \frac{1\,000 \text{ mm}}{0.5 \text{ mm}} \times 500.0 \text{ nm} = 1.00 \text{ mm}$$

【例 3.21】 如图 3.23 所示杨氏三缝干涉装置,三缝的宽度相等,相邻缝之间的间距 t 相等。证明:当三缝到光源的距离 D 远大于缝的间距 t 时,记 $\theta = kt/D$,接收屏上的光强分布为

$$I(\theta) = I_0(3 + 4\cos\theta + 2\cos 2\theta)$$

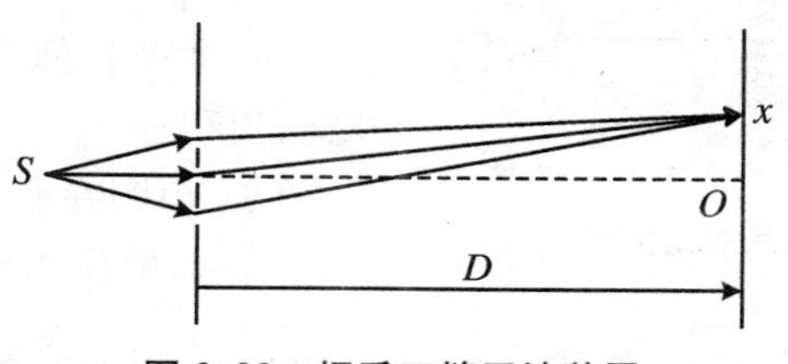

图 3.23　杨氏三缝干涉装置

证明 在接收屏幕距中心为 x 处,三列光波相干叠加,接收屏上的观察点和相干光源都满足傍轴条件时,相邻两波列之间的光程差为

$$\delta = t\sin\frac{x}{D} \approx t\,\frac{x}{D}$$

x 处相邻两列光波的相位差为

$$\Delta\varphi = k\delta \approx \frac{2\pi}{\lambda}t\frac{x}{D}$$

如图 3.24 所示，设单独一列光波在接收屏上的振幅为 A_0，用振幅矢量法，可得叠加的光强为

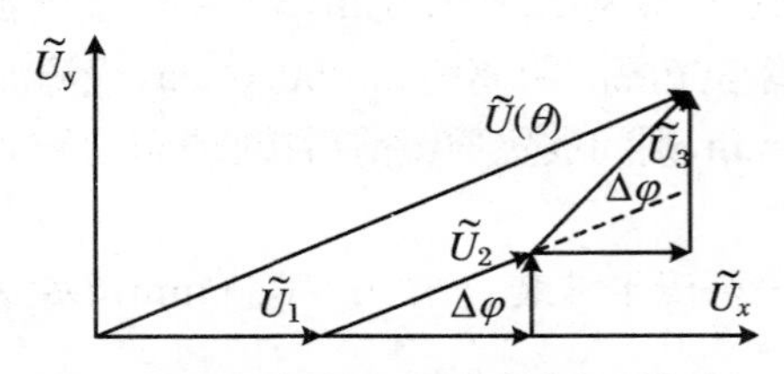

图 3.24 用振幅矢量法求合振动振幅

$$\begin{aligned} I(\theta) &= A^2 = A_0^2[(1+\cos\Delta\varphi+\cos 2\Delta\varphi)^2+(\sin\Delta\varphi+\sin 2\Delta\varphi)^2] \\ &= A_0^2(1+\cos^2\Delta\varphi+\cos^2 2\Delta\varphi+2\cos\Delta\varphi+2\cos 2\Delta\varphi+2\cos\Delta\varphi\cos 2\Delta\varphi \\ &\quad +\sin^2\Delta\varphi+\sin^2 2\Delta\varphi+2\sin\Delta\varphi\sin 2\Delta\varphi) \\ &= A_0^2(3+2\cos\Delta\varphi+2\cos 2\Delta\varphi+2\cos\Delta\varphi) \\ &= I_0(3+4\cos\Delta\varphi+2\cos 2\Delta\varphi) \end{aligned}$$

【例 3.22】 如图 3.25 所示，一凸透镜的焦距 $f=30$ cm，将其剖开为两部分，记为 L_1 和 L_2，再沿光轴将两半错开 8.0 cm，光轴上有一光源，与 L_1 间距为 60 cm，波长为 500 nm。S_1'，S_2'分别为 S 经 L_1，L_2 的像点。设光波在 S_1'的初相位为$\varphi_1=0$。

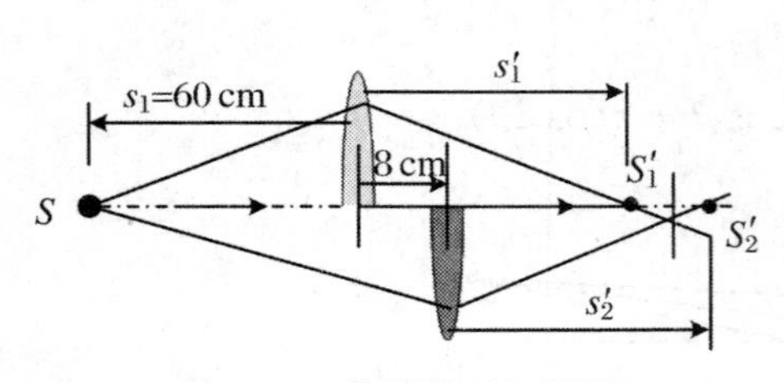

图 3.25 梅斯林对切透镜

(1) 求出光波在像点 S_2' 处的初相位 φ_2；

(2) 如果在 $S_1'S_2'$ 的中点处放置一垂直于光轴的平面，在图上标出干涉条纹出现的区域；

(3) 说明在此平面上干涉条纹的形状，并计算相邻亮条纹的间距。

解 (1) 由$\frac{1}{s'}+\frac{1}{s}=\frac{1}{f}$，得到 $s'=\frac{sf}{s-f}$，算得光源分别经两个半透镜所成像的像距为

$$s_1' = 60\ \text{cm}, \quad s_2' = 53.684\ \text{cm}$$

即 $\overline{SS_1'}=120$ cm，$\overline{SS_2'}=121.684$ cm，两像点间纵向间距 $\overline{S_1'S_2'}=1.684$ cm。

由于物像间所有路径是等光程的，所以可以根据沿着光轴的路径计算两像点的光程差。对沿着光轴的光波而言，从光源到两像点的光程差为 $\Delta L=1.684$ cm，

则 S_1'，S_2'间的相位差为

$$\Delta\varphi_0 = \varphi_2 - \varphi_1 = k\Delta L = \frac{2\pi}{\lambda}\Delta L = 3.368 \times 2\pi \times 10^4$$

说明 S_2'的相位比 S_1'滞后。

(2) 根据图 3.25，只有在两列波的交叠区域才能出现干涉，即干涉条纹出现在光轴下方两像点之间的一个小区域内。

(3) 像点可以看作两个相干的点光源，如图 3.26 所示。但是在观察平面处，S_2'是发散的点光源，S_1'是会聚的点光源，接收屏上两列光波的表达式分别为 $\widetilde{U}_2(r_2) = Ae^{-ikr_2 + i\varphi_2}$和 $\widetilde{U}_1(r_1) = Ae^{ikr_1}$，即屏上的点，相位比 S_2'超前，比 S_1'滞后。屏上亮条纹满足的条件为

$$\Delta\varphi = k(r_1 + r_2) + (\varphi_1 - \varphi_2) = 2j\pi$$

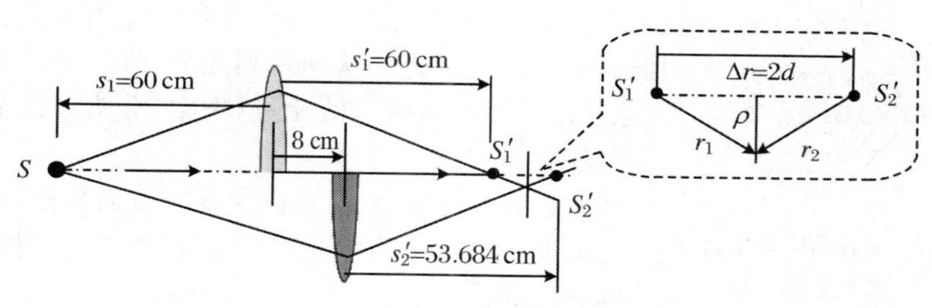

图 3.26　相干光源的位置及相位差

对于观察平面上的距离轴线为 ρ 的点，由于 $r_1 = r_2 = r = \sqrt{\rho^2 + d^2}$，其中 $2d$ 为两像点的间距，$d = 0.842$ cm。由光轴上的距离计算，得到 $\Delta\varphi_0 = \varphi_1 - \varphi_2 = -2kd$。于是有

$$\sqrt{\rho^2 + d^2} = \frac{j}{2}\lambda + d$$

即 $\rho^2 = \left(\frac{j}{2}\lambda + d\right)^2 - d^2$，可见干涉条纹是同心圆环，圆心的干涉级数 $j_0 = 0$。

亮条纹半径为 $\rho = \sqrt{x^2 + y^2}$，即 $\rho = \sqrt{\left(\frac{j}{2}\lambda + d^2\right)^2 - d^2} = \sqrt{\frac{j^2\lambda^2}{4} + j\lambda d}$，由于 $\lambda \ll d$，所以 j 级亮环的半径为

$$\rho_j \approx \sqrt{j\lambda d} = 0.065\sqrt{j}\ \text{mm}$$

亮环并不是等间隔的。相邻亮环的间距为

$$\Delta\rho_j = \rho_{j+1} - \rho_j = \sqrt{(j+1)\lambda d} - \sqrt{j\lambda d}$$

3.5　分振幅的干涉

3.5.1　薄膜的分光

典型的分振幅干涉装置是光学薄膜干涉装置。如图 3.27 所示，一列光波，在薄膜的上表面处分为反射和折射两部分，折射部分在下表面又产生反射和折射，其中反射光到达上表面又有反射与折射……在 n_1 介质中，就有 1，2，…一系列光波，在 n_3 介质中，也有一系列的透射波。由于这些光都是从同一列光分得的，所以是相干的；这些光是将原入射光的能量（振幅）分为几部分得到的，所以就是分振幅的干涉。

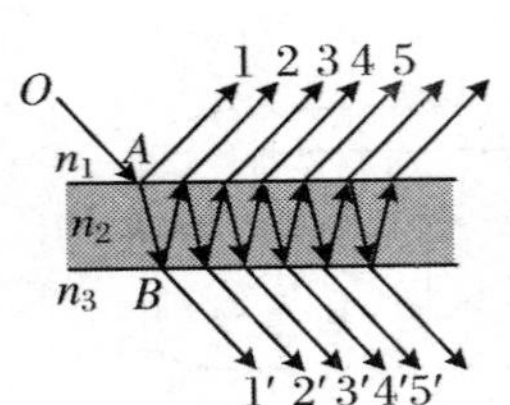

图 3.27　光在薄膜表面上的反射和折射

从上表面反射的光波，可以向任意方向传播，从薄膜内部透射出来的光波，同样也可以向任意方向传播，所以在空间各处都可以产生干涉。采用不同的光学装置，可以在不同的区域观察光的干涉。

对于透明的薄膜，通常只考虑第一列和第二列反射光波之间的干涉。其余的光波，由于振幅衰减较大，对干涉结果的贡献可忽略。

薄膜干涉，必须要考虑反射的光波之间的半波损失。

3.5.2　等倾干涉与等厚干涉

在所有的反射光和透射光中，相互平行的光将会聚在无穷远处，则它们的干涉也将在无穷远处发生。如果在薄膜上方置一凸透镜，如图 3.28 所示，在该透镜的焦平面处置一观察屏，则凡是在屏上能够相遇（即会聚）而进行叠加的光波列，都是平行地射向透镜的，或者说，这些进行干涉的光相对于透镜的光轴有相同的倾角，因而这种干涉被称作等倾干涉。

等倾干涉时，两列相干光之间的光程差可根据图 3.29 算得，为

$$\delta = 2n_2 h\cos i_2 = 2h\sqrt{n_2^2 - n_1^2\sin^2 i_1}$$

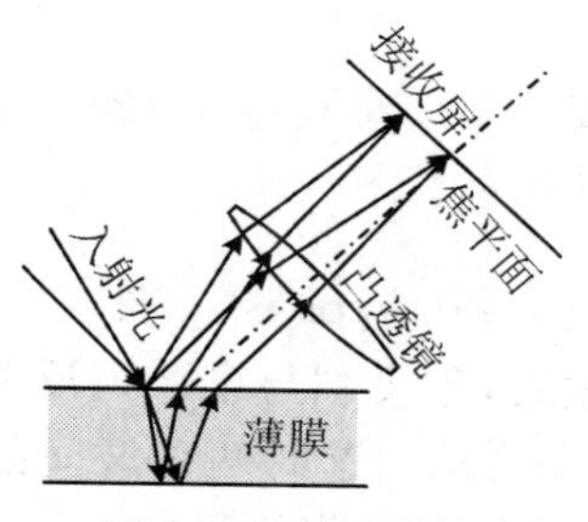

图 3.28　等倾干涉

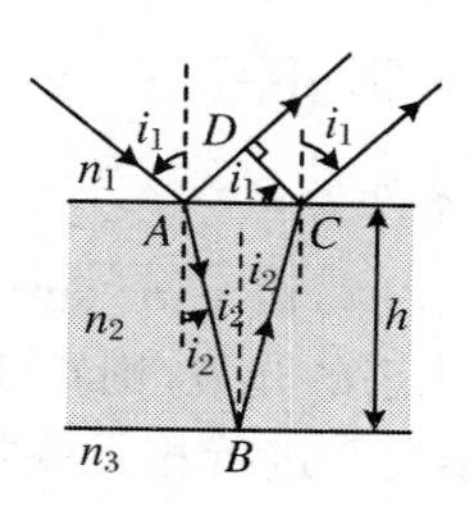

图 3.29　等倾干涉的光程差

这两列波之间要计入半波损失 $\lambda/2$，则

$$\delta' = 2n_2h\cos i_2 \pm \lambda/2 = 2h\sqrt{n_2^2 - n_1^2\sin^2 i_1} \pm \lambda/2$$

干涉相长(亮条纹)的条件是

$$2h\sqrt{n_2^2 - n_1^2\sin^2 i_1} = (2j+1)\frac{\lambda}{2} \quad 或 \quad 2n_2h\cos i_2 = (2j+1)\frac{\lambda}{2}$$

干涉相消(暗条纹)的条件是

$$2h\sqrt{n_2^2 - n_1^2\sin^2 i_1} = j\lambda \quad 或 \quad 2n_2h\cos i_2 = j\lambda$$

由上式可以看出，等倾干涉中，入射角相同，则光程差相同，对应同一干涉级，也就是同一级干涉条纹。

如果薄膜上下两表面不平行，而是有一夹角，如图 3.30 所示，则在入射光波与反射光波的相遇处均有干涉，整个空间都有干涉条纹。

可根据图 3.31 计算两列相干光波的光程差。由于薄膜两表面的夹角往往很小，所以，两列反射波的光程差 $n_2(\overline{AB}+\overline{BC}) - n_1\overline{DC}$，可以直接引用等倾干涉的结果进行计算，即

$$\Delta L = 2n_2h\cos i_2 = 2h\sqrt{n_2^2 - n_1^2\sin^2 i_1}$$

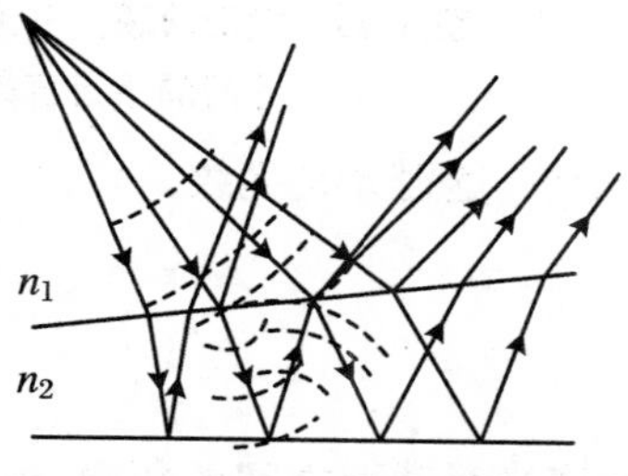

图 3.30　薄膜上下两表面不平行时干涉的非定域性

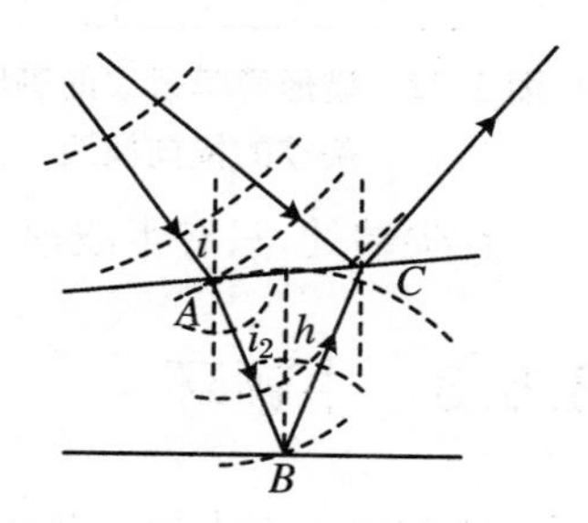

图 3.31　等厚干涉的光程差

则亮条纹满足的条件为

$$2h\sqrt{n_2^2 - n_1^2\sin^2 i_1} = (2j+1)\frac{\lambda}{2} \quad 或 \quad 2n_2 h\cos i_2 = (2j+1)\frac{\lambda}{2}$$

暗条纹满足的条件为

$$2h\sqrt{n_2^2 - n_1^2\sin^2 i_1} = j\lambda \quad 或 \quad 2n_2 h\cos i_2 = j\lambda$$

对于垂直入射的光波，则在薄膜的上表面处，第1列与第2列反射波几乎重合，因而能够相遇并进行相干叠加，如图3.32所示。这时两列波间的光程差为$2n_2h$，如果计入半波损失，则在薄膜的上表面，两列波的相位差为

$$\Delta\varphi = \frac{4\pi}{\lambda}n_2 h \pm \pi$$

则亮条纹出现的条件是

$$2n_2 h = (2j+1)\frac{\lambda}{2}$$

暗条纹出现的条件是

$$2n_2 h = j\lambda$$

由于同一级(条)亮纹出现在薄膜厚度相等的地方，因而这种干涉被称作等厚干涉。

对于图3.33所示的楔形薄膜，相邻两根亮条纹间的厚度差为$\Delta h = \lambda/(2n_2)$，如果楔角为$\alpha$，则在表面上，亮条纹的间距为

$$\Delta l = \Delta h/\sin\alpha = \lambda/(2n_2\sin\alpha)$$

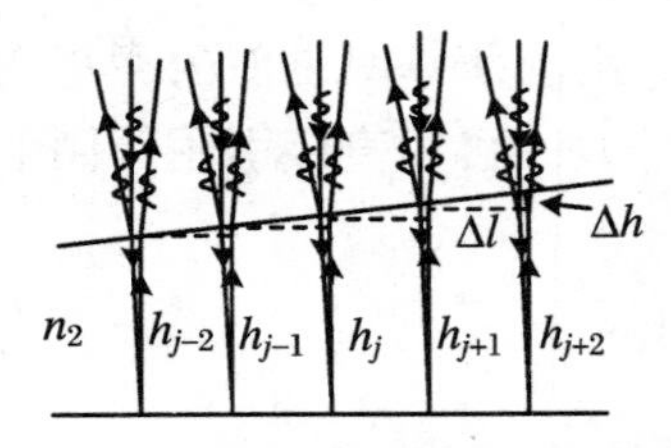

图3.32 楔形薄膜条纹的等厚条纹及条纹的横向间距

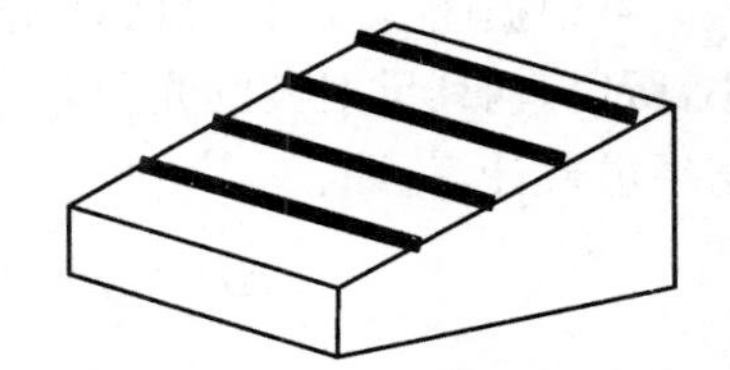

图3.33 楔形薄膜上干涉形成的等间隔平行直条纹

在尖端处，只有半波损失，反射光永远是暗纹，透射光是亮纹。

3.5.3 牛顿环

球面与平面之间的薄膜，或者两个不等曲率半径球面之间的薄膜，也能产生等厚干涉。由于薄膜的厚度是轴对称的，所以等厚条纹的形状也是轴对称的圆环，这

样的干涉花样就是牛顿环。

图3.34是一个产生牛顿环的干涉装置，在一玻璃平板上放一平凸透镜，则两者之间就形成了一层空气薄膜。从上方垂直入射的光，由于分别被空气膜的上下两个表面反射，于是就产生了干涉。图3.35为实际的观察牛顿环装置的原理图。

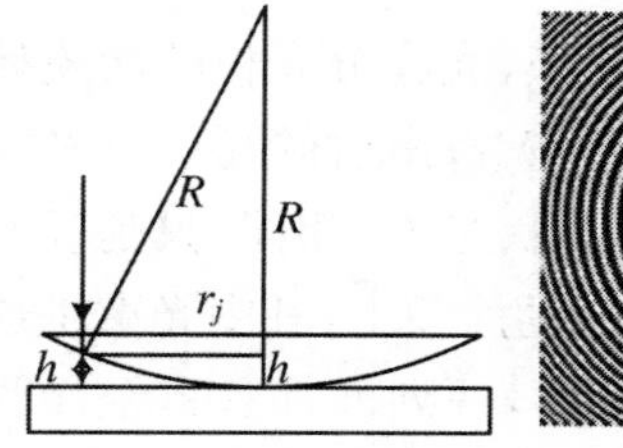

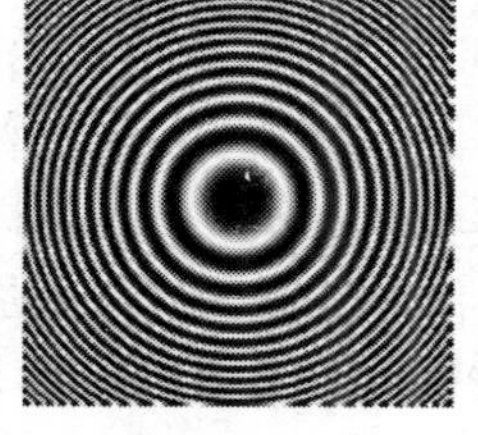

图3.34　牛顿环的产生及干涉条纹

图3.35　观察牛顿环装置的原理图

观察反射光在空气膜上表面的干涉，一列在球面(玻璃-空气界面)被反射，没有半波损失；而另一列在平面(空气-玻璃界面)被反射，有半波损失。于是亮条纹产生的条件为 $\Delta L = 2h \pm \lambda/2 = j\lambda$，$\Delta L$ 为光程差，即 $2h = j\lambda \pm \lambda/2$。设球面半径为 R，在空气膜厚度为 h 处干涉条纹的半径为 r，由相交弦定理，则有 $h(2R-h) = r^2$，$2Rh - h^2 = r^2$。由于 $R \gg h$，$h = r^2/(2R)$，因而牛顿环半径为

$$r_j = \sqrt{(j+1/2)\lambda R} \quad (j = 0,1,2,\cdots)$$

对于透射光在空气膜下表面的干涉，一列直接透过，另一列在平面和球面间反射后透过，由于两次反射，无半波损失。这种情况下，光程差为 $\Delta L = 2h = j\lambda$，透射光牛顿环的半径为

$$r_j = \sqrt{j\lambda R} \quad (j = 0,1,2,3,\cdots)$$

可利用牛顿环检验、测量球面透镜的质量和曲率半径 R，如图3.36所示。

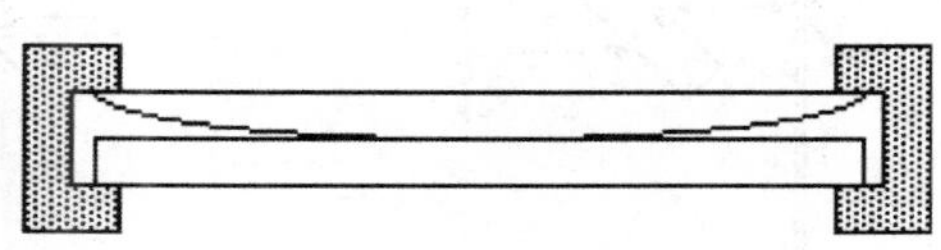

图3.36　用牛顿环检验、测量球面透镜

3.5.4 迈克耳孙干涉仪

迈克耳孙干涉仪是依据薄膜干涉的原理设计的，迈克耳孙干涉仪的光路结构如图3.37所示。

入射光波射入分光板 G_1，G_1 的背面涂敷有半透半反膜，光在分光板的涂膜处分为两部分，被反射回 G_1 的光从其中射出后，射向平面镜 M_1；出射的光射向平面镜 M_2，在 G_1 和 M_2 之间有一块补偿板 G_2，G_2 的材质和形状与 G_1 相同，只是没有涂膜。两列光被 M_1，M_2 反射后，又各自沿原路返回到 G_1 的涂膜上，其中光束1透过涂膜，光束2被涂膜反射，这两列波进行相干叠加。这样，两列波都各自经涂膜反射、透射一次，经玻璃板透射三次，被反光镜反射一次，只是在空气中经过的路程不同，因而光程差就是由于两反射镜到涂膜层的距离不同而造成的。调节好的干涉仪，M_1 和 M_2 相互垂直，G_1 和 G_2 平行且与 M_1，M_2 成45°角。

需要注意的是，光束1,2各被平面镜反射一次，因而半波损失的情况一致。但是，在分光板处，光束1由玻璃射向涂膜被反射，而光束2由空气射向涂膜被反射，因此这两次反射的情况恰好相反，即两列波的反射角、折射角互换，如图3.38所示，所以，如果涂膜是非金属介质，两列波之间会产生半波损失。其实有无半波损失仅仅会影响干涉条纹的具体位置，而不会影响到整个干涉图样以及条纹之间的距离，好在通常受关注的是条纹整体移动变化的情况，所以不必考虑半波损失的细节。

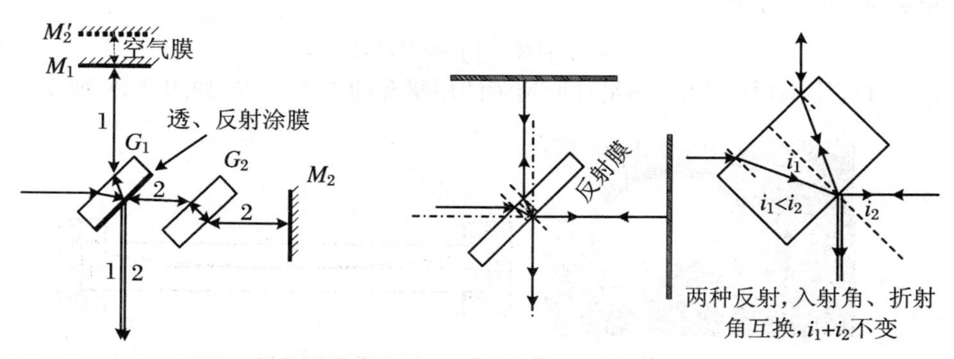

图3.37 迈克耳孙干涉仪的光路结构　　图3.38 两列光之间半波损失的产生

平面镜 M_2 相对于涂膜有一个镜像 M_2'，光波2相当于从 M_2' 反射过来的，而 M_2' 与 M_1 构成了一个空气薄膜，所以迈克耳孙干涉仪就相当于“空气膜”的干涉。

两列波的光程差就是 M_2' 与 M_1 间距的2倍。M_1 与 M_2' 间或平行、或不平行，就能产生等倾或等厚干涉。此时，由于 $n_1=n_2, i_1=i_2$，所以，在计入半波损失的情况下，亮条纹产生的条件为

$$2h\cos i = (2j+1)\lambda/2$$

处于视场中央的条纹，是由平行于透镜光轴的光束产生的，因而 $i=0$，于是有

$$2h = (2j+1)\lambda/2$$

移动干涉仪的一臂，便可改变上述"空气膜"的厚度，从而引起视场中央条纹级数的改变。设移动 Δh，看到视场中央条纹改变了 Δj 次，则

$$2\Delta h = \Delta j\lambda$$

宏观的长度 Δh 与微观的波长 λ 通过 Δj 联系起来，可用于精确长度测量。

迈克耳孙干涉仪既能产生等倾干涉，也能产生等厚干涉，干涉条纹的特征与其中各个元件的相对位置有关，分以下几种情况(图3.39)：

(1) 若 $M_1 \perp M_2$，即 $M_1 /\!/ M_2'$，则为等倾干涉。条纹是同心圆环，圆心在视场中央。

(2) 若 M_1 不平行于 M_2'，则为等厚干涉。此时，条纹的形状与 M_1, M_2' 间的距离有关。

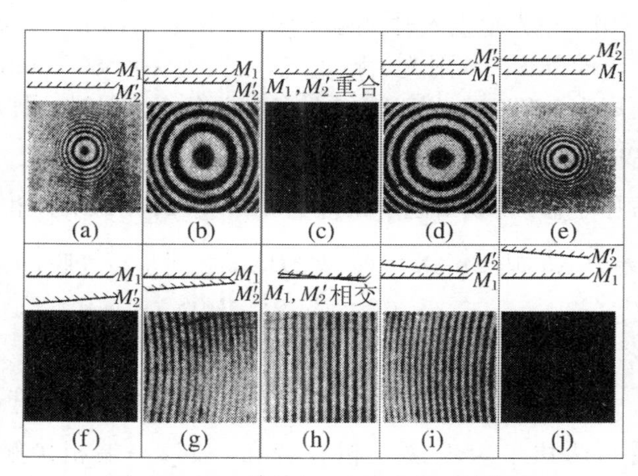

图3.39 迈克耳孙干涉仪观察到的条纹

将干涉仪中的一个反射镜换成球面镜，就可以产生牛顿环。在光路中插入其他的元件，也能观察到特殊的干涉图样。

3.5.5 干涉滤波片

利用薄膜干涉相长或干涉相消原理,可以对某些波长增透或增反。如在玻璃板上镀一层薄膜(图 3.40),则入射光中满足干涉相长的波长被反射,其他的波长则由于干涉而减弱,可以只让特定波长的光被反射,起到滤光的作用。也可以在光学仪器的镜头表面镀(涂)膜,使得透射光由于干涉而得到增强,这种膜称作增透膜。现在使用的照相机、望远镜、显微镜,由于都采用了较复杂的透镜组,透镜较多,每个透镜的表面都会反射一部分光,因而造成的光能量损失比较严重。在每一个镜头的表面镀上增透膜,可以大大降低入射光能量的损失。

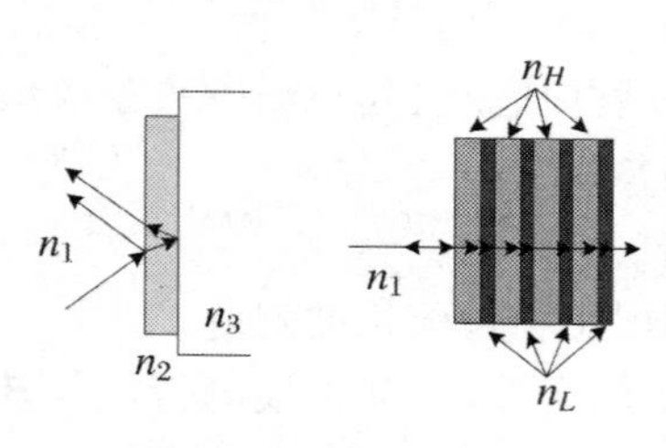

图 3.40　干涉滤波片

由于仅有一层增透膜或增反膜还不能充分起作用,所以,现在往往采用多层膜。将光学常数(折射率)不同的材料按一定的次序和厚度镀在镜头表面,其效果比仅有一层薄膜要好得多。

【例 3.23】 用单色光垂直入射到两块玻璃板构成的楔形空气薄膜上,观察反射光形成的等厚干涉条纹。入射光为钠黄光(波长为 $\lambda = 589.3\ \text{nm}$)时,测得相邻两暗条纹间的距离为 0.22 mm,当以未知波长的单色光入射时,测得相邻两暗条纹的间距为 0.24 mm,求未知波长。

解 这是等厚干涉,亮纹出现的条件为 $2nh = (2j+1)\dfrac{\lambda}{2}$。相邻两干涉条纹处,薄膜的厚度差为 Δh,则 $2n\Delta h = \lambda$。两玻璃板之间是空气膜,$n = 1$。则条纹横向间距 $\Delta l = \dfrac{\Delta h}{\alpha} = \dfrac{\lambda}{2\alpha}$,于是得到

$$\lambda_2 = \frac{\Delta l_2}{\Delta l_1}\lambda_1 = \frac{0.24\ \text{mm}}{0.22\ \text{mm}} \times 589.3\ \text{nm} = 642.9\ \text{nm}$$

【例 3.24】 两块平板玻璃互相叠合在一起,一端相接触,在离接触线 12.50 cm 处用一金属细丝垫在两板之间。以波长为 546.0 nm 的单色光垂直入射,用显微镜测得相邻条纹的间距为 1.50 mm,求金属细丝的直径。

解 如图 3.41 所示,两玻璃板之间形成一空气尖劈,设楔角为 α,相邻两等厚条纹的间距为

$$\Delta l = \frac{\Delta h}{\alpha} = \frac{\lambda}{2n}\frac{1}{\alpha} = \frac{\lambda}{2n}\frac{L}{D}$$

由于 $n=1$,注意到由于有半波损失,玻璃板接触线处和细丝处都是暗纹。故可得细丝直径为

$$D=\frac{\lambda L}{2n\Delta l}=\frac{546.0\ \text{nm}\times 12.50\ \text{cm}}{2\times 1\times 1.50\ \text{mm}}=22.75\ \mu\text{m}$$

【例 3.25】 如图 3.42 所示,玻璃平板的右侧放置在晶体上,左侧架在高度固定不变的刀刃上,于是在玻璃平板与晶体之间形成一空气尖劈。玻璃板与晶体的接触线到刀刃的距离 $d=5.00$ cm,今以波长为 600.0 nm 的单色光垂直入射,观察光波由于空气尖劈而形成的等厚干涉条纹。当晶体由于温度上升而膨胀时,观察到条纹间距从 0.96 mm 变到 1.00 mm,问晶体的高度膨胀了多少?

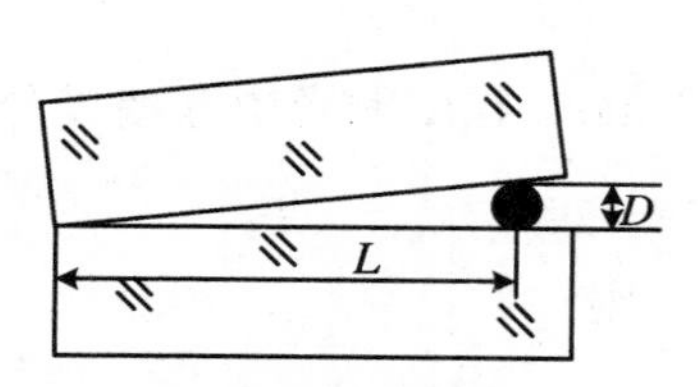

图 3.41　用细丝在玻璃板之间形成一空气尖劈

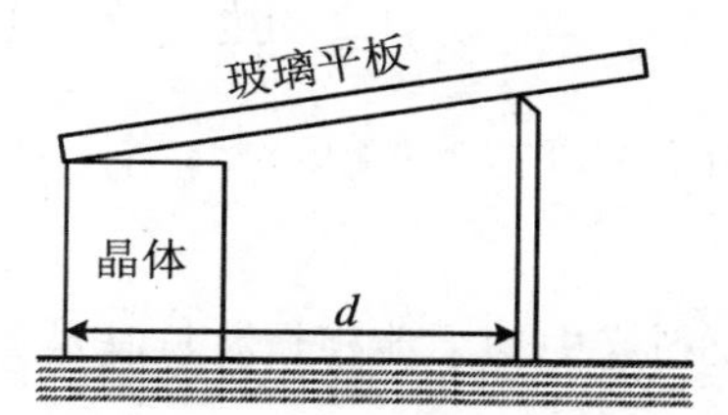

图 3.42　玻璃平板与晶体之间形成一空气尖劈

解　设晶体上表面与刀刃间的高度差为 H,则空气尖劈的顶角为 $\alpha=\frac{H}{D}$。参考例 3.24,可知相邻等厚亮纹的间隔为 $\Delta l=\frac{\Delta h}{\alpha}=\frac{\lambda}{2}\frac{1}{\alpha}=\frac{\lambda}{2}\frac{d}{H}$,因此可得 $H=\frac{\lambda d}{2\Delta l}$。

于是晶体膨胀后高度差的改变量为

$$\Delta H=\frac{\lambda d}{2}\left(\frac{1}{\Delta l_1}-\frac{1}{\Delta l_2}\right)=\frac{600.0\ \text{nm}\times 5.00\ \text{cm}}{2}\times\left(\frac{1}{0.96\ \text{mm}}-\frac{1}{1.00\ \text{mm}}\right)$$
$$=0.625\ \mu\text{m}$$

【例 3.26】 沉积在玻璃衬底上的氧化钽(Ta_2O_3)薄膜从 A 到 B 厚度逐渐减小到零,从而形成一尖劈(图 3.43)。为测定氧化钽薄膜的厚度 t,用波长为 632.8 nm的 He-Ne 激光垂直照射到薄膜上。观察到楔形端共出现 11 条暗纹,且 A 处为一条暗纹,问氧化钽的厚度 t 等于多少?已知氧化钽的折射率为 2.21,玻璃的折射率为 1.5。

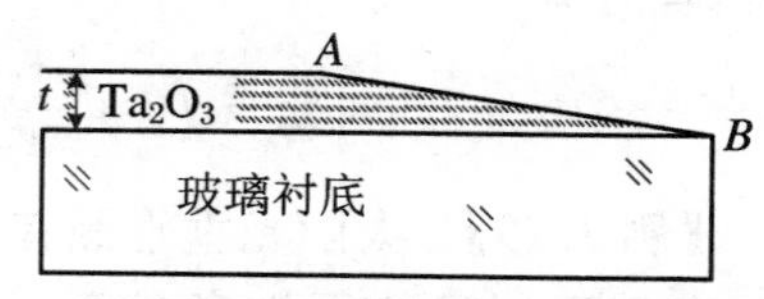

图 3.43　将薄膜磨出一个楔角

解　氧化钽的折射率比玻璃的折射率大,于是从薄膜上下表面反射的光波之间要记入半

波损失。于是厚度为0的尖端B处为暗纹。楔形薄膜处，暗纹满足$2nh_j = j\lambda$。则薄膜的厚度为

$$t = \Delta j \frac{\lambda}{2n} = 10 \times \frac{632.8\ \text{nm}}{2 \times 2.21} = 1.432\ \mu\text{m}$$

【例3.27】 肥皂膜的厚度为0.55 μm，折射率为1.35，白光(波长范围为370～700 nm)垂直入射到膜上，问在反射光中哪些波长的光得到增强？哪些波长的光干涉相消？

解 记肥皂膜的折射率为n，正入射时，是等厚干涉，反射光中的相消波长满足$2nh = j\lambda$，即

$$\lambda = \frac{2nh}{j} = \frac{2 \times 1.35 \times 550\ \text{nm}}{j} = \frac{1\,485\ \text{nm}}{j}$$

当$j = 3$时，$\lambda = 495$ nm；当$j = 4$时，$\lambda = 371$ nm。在反射光中这些成分干涉相消。

反射光中的干涉相长波长满足$2nh = j\lambda + \frac{\lambda}{2}$，则

$$\lambda = \frac{2nh}{j + \frac{1}{2}} = \frac{2 \times 1.35 \times 550\ \text{nm}}{j + \frac{1}{2}} = \frac{1\,485\ \text{nm}}{j + \frac{1}{2}}$$

当$j = 2$时，$\lambda = 594$ nm；当$j = 3$时，$\lambda = 424$ nm。在反射光中这些成分干涉相长。

【例3.28】 在玻璃表面上涂一层折射率为1.30的透明薄膜，设玻璃的折射率为1.5。对波长为550.0 nm的入射光来说，膜厚应为多少才能使反射光干涉相消，从而增强透射光束的强度？

解 从空气入射的光，一部分在空气与透明膜的界面被反射，一部分在透明膜与玻璃的界面被反射，这两列反射光之间没有半波损失，反射光干涉相消的条件为

$$2nh = \left(j + \frac{1}{2}\right)\lambda$$

可得膜厚为

$$h = \left(j + \frac{1}{2}\right)\frac{\lambda}{2n} = 0.105\,8(2j + 1)\ \mu\text{m}$$

【例3.29】 太阳光垂直照在水面上的一层油膜上，显示出彩色的干涉条纹。在A,B两点间的干涉条纹颜色依次是黄、绿、蓝、红和黄。设黄色的波长为580.0 nm，油膜的折射率为1.40。问：

(1) A,B两点间油膜的厚度差是多少？

(2) 如果彩色的次序为黄、绿、蓝、黄，则上述厚度差为多少？

(3) 设红光的波长为 700.0 nm，问红光消失时，薄膜的厚度至少为多少？

分析　本题是有关薄膜干涉的问题。光垂直入射时，膜厚为 h 处反射光的亮条纹满足以下条件(考虑半波损失)：

$$2nh = m\lambda + \frac{1}{2}\lambda \quad (m = 0,1,2,\cdots) \tag{1}$$

可见不同的波长的极大值出现在不同的厚度处，因而这种干涉称作等厚干涉，意为相等的波长在相等的厚度处有相同的干涉级。

由式(1)可得同一波长相邻干涉条纹间的厚度差为

$$\Delta h = \frac{\lambda}{2n} \tag{2}$$

从油膜上方观察，同一种色光相邻条纹的间距与波长成正比，因而红光的条纹间隔大于黄光。即当两黄条纹恰处于两红条纹之间时，则在两黄条纹中间看不到红条纹。或者，靠近 B 点处的薄膜厚度很小，已无法满足红光干涉的条件，即 $2nh<\frac{\lambda_R}{2}$。题中所描述的两种情形如图 3.44 所示。

图 3.44　楔形薄膜上的彩色条纹分布

解　(1) 由于 A，B 两点恰为相邻两级黄光的干涉极大值处，由“分析”中的式(2)可算出这两点的厚度差为

$$\Delta h_1 = \frac{\lambda_Y}{2n} = \frac{580.0\ \text{nm}}{2\times 1.40} = 207.1\ \text{nm}$$

(2) 彩色的次序为黄、绿、蓝、黄，则根据上述分析，厚度差仍为 207.1 nm。

(3) 红光的波长最长，红光消失，膜厚很薄，此时满足的条件为

$$m\lambda_R > (m+1)\lambda_Y, \quad (m-1)\lambda_R < m\lambda_Y$$

即红光的条纹处于相邻黄光的条纹之外，由上述两不等式可得

$$m > \frac{\lambda_Y}{\lambda_R - \lambda_Y} = \frac{580.0\ \text{nm}}{700.0\ \text{nm} - 580.0\ \text{nm}} = 4.8$$

$$m < \frac{\lambda_R}{\lambda_R - \lambda_Y} = \frac{700.0\ \text{nm}}{700.0\ \text{nm} - 580.0\ \text{nm}} = 5.8$$

得到 $m=5$，由此可知 A 点的厚度至少为

$$h_A = \frac{m\lambda_Y}{2n} = 1\,035.7\ \text{nm}$$

由分析可知，如果膜厚 $h<\frac{\lambda_R}{4n}$，则红光亦消失。

【例 3.30】 在迈克耳孙干涉仪的一臂中放置一长度为 2.00 cm 的抽成真空的玻璃管。用波长为 579.0 nm 的钠黄光入射到干涉仪中，当把某种气体缓缓通入管内时，观察到视场中心的光强发生了 210 次周期性变化，求气体的折射率。

解 在将气体缓缓通入真空管的过程中，管中的折射率从 1 逐渐改变，直至为 n。

由于光在干涉仪的每一臂中都要经历一个来回，通入气体后，光在该臂中光程的改变为 $\Delta L = 2(n-1)l$，两臂间光程差的改变为 $\delta = 2(n-1)l$。两臂间光程差每变化一个波长，视场中就会有一个干涉环吞吐，即 $\delta = \Delta j\lambda$，于是 $2(n-1)l = \Delta j\lambda$，故可得

$$n = \frac{\Delta j\lambda}{2l} + 1 = \frac{210 \times 579.0\ \text{nm}}{2 \times 2.00\ \text{cm}} + 1 = 1.0030$$

【例 3.31】 为了测量一精密螺栓的螺距，可用此螺栓来移动迈克耳孙干涉仪中的一面反射镜。已知所用光的波长为 546.0 nm，螺栓旋转一周的过程中视场中共移过了 2 023 根干涉条纹，求螺栓的螺距。

解 在旋转螺栓的过程中，干涉仪两臂间的距离改变，设距离改变 Δh 会引起 Δj 根条纹吞吐，则 $2\Delta h = \Delta j\lambda$，于是可得 $\Delta h = \dfrac{\Delta j\lambda}{2}$。代入题中参数，可得螺距为

$$\Delta h = \frac{2\,023 \times 546.0}{2}\ \text{nm} = 0.552\ \text{mm}$$

【例 3.32】 迈克耳孙干涉仪以波长为 589.3 nm 的钠黄光作光源，观察到视场中心为亮点，此外还能看到 10 个亮环。今移动一臂中的反射镜，发现有 10 个亮环向中心收缩而消失(即中心级次减少了 10)，此时视场中除中央亮点外还剩 5 个亮环。求：

(1) 反射角移动的距离；

(2) 开始时中央亮点的干涉级；

(3) 反射镜移动后视场中最外那个亮环的干涉级。

分析 一般通过显微镜或望远镜观察迈克耳孙干涉仪所形成的干涉条纹。两臂的反射光通过物镜，在物镜的像方焦平面上产生干涉，如图 3.45 所示，等倾条纹是具有相同倾角的光波叠加而成的，在焦平面上的形状是圆环。在视场中心的干涉纹，光的入射角为 0；视场的外边缘，即最外干涉环，光的入射角为图 3.45 中的 i，在 M_1 移动过程中，产生视场最外边缘干涉亮纹的光波的入射角是不变的。

解 (1) 迈克耳孙干涉仪，若不计半波损失，等倾干涉时，其中心条纹

$$2h = j_0\lambda \tag{1}$$

最外条纹

$$2h\cos i = j_1\lambda \tag{2}$$

(1)－(2)，得到

$$2h(1-\cos i) = (j_0 - j_1)\lambda \tag{3}$$

其中 $j_0 - j_1$ 为干涉场(视场)中条纹的数目。

由于 M_1 移动后，视场中条纹减少，因而 h 减小。有10个亮环向中心收缩而消失，说明中心级次减小了10。由式(1)，得到

$$2\Delta h = \Delta j\lambda = -10\lambda \tag{4}$$

因而 M_1 的移动距离为

$$\Delta h = \Delta j\lambda/2 = -10\lambda/2 = -2.947\ \mu\text{m}$$

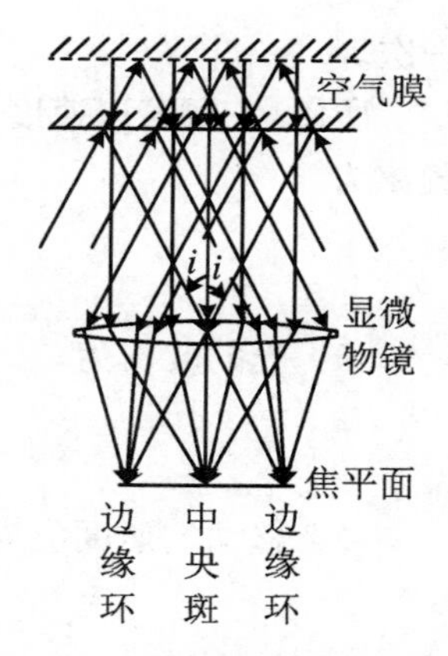

图3.45　所观察到的等倾条纹

(2) 设开始时中心斑的级次为 j_0，最外条纹的级次为 j_0-9，则式(2)为

$$2h\cos i = (j_0 - 9)\lambda \tag{5}$$

结合式(1)、式(5)，可得

$$j_0\lambda\cos i = (j_0 - 9)\lambda \tag{6}$$

结束时，中心条纹级数为 $j_0' = j_0 - 10$，最外的条纹为 $j_0' - 4 = j_0 - 14$，有

$$2(h + \Delta h) = (j_0 - 10)\lambda \tag{7}$$

$$2(h + \Delta h)\cos i = (j_0 - 14)\lambda \tag{8}$$

结合式(7)、式(8)，可得

$$(j_0 - 10)\lambda\cos i = (j_0 - 14)\lambda \tag{9}$$

由式(6)、式(9)，可得 $\dfrac{j_0-10}{j_0} = \dfrac{j_0-14}{j_0-9}$，即

$$j_0 = 18$$

(3) 移动后，中心条纹的级次为

$$j_0 - 10 = 18 - 10 = 8$$

【例3.33】 迈克耳孙干涉仪中的一臂以速度 v 匀速推移，用透镜接收干涉条纹，将它会聚在光电元件上，把光强变化转换为电信号。

(1) 若测得电信号的时间频率为 ν_1，求入射光的波长 λ；

(2) 若入射光的波长在 $0.6\ \mu\text{m}$ 左右，要使电信号频率控制在50 Hz，反射镜平移的速度应为多少？

解　干涉仪的一臂移动 Δl，该臂中光波的光程为 $2\Delta l$，两臂光波的光程差改变 $2\Delta l$。每改变一个波长的光程差，干涉条纹变化一次，光电元件接收的信号变化

一次。

所以，一臂若以速度 v 移动，单位时间内信号变化的次数，即接收信号的时间频率为

$$f=\frac{2v}{\lambda}$$

(1) 光的波长为

$$\lambda=\frac{2v}{f}=\frac{2v}{\nu_1}$$

(2) 移动的速度应为

$$v=\frac{\lambda f}{2}=\frac{0.6\ \mu\text{m}\times 50\ \text{s}^{-1}}{2}=15\ \mu\text{m}\cdot\text{s}^{-1}$$

【例 3.34】 观察波长为 589 nm 的单色光在球面与平面所形成的空气膜上反射所产生的牛顿环，测得从中心数起第 5 亮环和第 10 亮环的直径分别为 0.70 mm 和 1.70 mm。

(1) 求透镜凸面的曲率半径；

(2) 若透镜球面与平面间隙中充满折射率为 1.33 的水，则上述从中心数起第 5 根和第 10 根暗环的直径分别变为多大?

解 (1) 考虑反射光的半波损失，从中心数起第 j 根亮环的半径为 $r_j=\sqrt{\left(j+\frac{1}{2}\right)R\lambda}$，即

$$\left(j+\frac{1}{2}\right)R\lambda=r_j^2$$

上式表示第 1 根亮环的序号为 0。于是序数相差 Δj 的两根干涉环之间有关系式

$$\Delta jR\lambda=r_{j+\Delta j}^2-r_j^2$$

则球面的半径为

$$R=\frac{r_{j+\Delta j}^2-r_j^2}{\Delta j\lambda}=\frac{d_{j+\Delta j}^2-d_j^2}{4\Delta j\lambda}=\frac{(1.70^2-0.70^2)\ \text{mm}^2}{4\times 10\times 589\ \text{nm}}=101.9\ \text{mm}$$

(2) 若两反射面之间媒质的折射率为 n，由于水的折射率小于玻璃，对暗环，不需考虑半波损失，参考上述结果，于是可得 $r_j'=\sqrt{jR\frac{\lambda}{n}}$，有水时的暗环与无水时的亮环半径关系为

$$\frac{r_j'}{r_j}=\sqrt{\frac{2j+1}{2j}\frac{1}{n}}$$

于是可得 $d'_j = d_j\sqrt{\frac{2j+1}{2j}\frac{1}{n}}$。第5根和第10根暗环的直径分别为0.64 mm和1.51 mm。

【例3.35】 用波长为589.0 nm的黄光观察牛顿环。在透镜与平板接触良好的情况下，测得第20个暗环的直径为0.687 cm。当透镜向上移动 5.0×10^{-4} cm时，同一级暗环的直径变为多少？

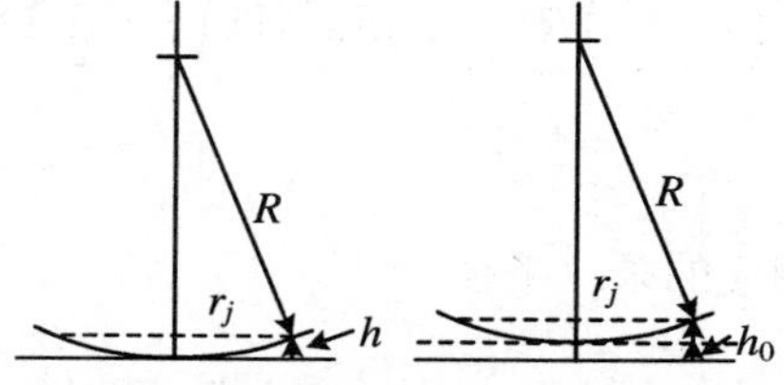

图3.46　球面与平面之间的空气薄层

解　设球面与平面之间空气膜的厚度为 h，球面的曲率半径为 R，牛顿环的半径为 r。则透镜与平板接触时，如图3.46所示，根据相交弦定理，$(2R-h)h=r^2$，由于 $2R\gg h$，可得

$$r=\sqrt{2Rh}$$

若球面顶点到平面的距离为 h_0，半径为 r 的牛顿环出现的位置，空气膜的厚度为 h，则

$$r=\sqrt{2R(h-h_0)}$$

形成反射光的暗环的光波之间没有半波损失，因而暗环的级数 j 与空气膜厚的关系为

$$2h=j\lambda$$

球面与平面接触良好时，第1条暗纹是0级。第 j 级暗环（第 $j+1$ 条）直径为 $d_j=2\sqrt{jR\lambda}$，可得球面曲率半径为

$$R=\frac{d_j^2}{4j\lambda}$$

将透镜上移后，第 j 级暗环的直径为

$$d=2\sqrt{R(2h-2h_0)}=2\sqrt{\frac{d_j^2}{4j\lambda}(j\lambda-2h_0)}=d_j\sqrt{1-\frac{2h_0}{j\lambda}}$$

$$=0.687\ \text{cm}\sqrt{1-\frac{2\times5.0\times10^{-4}\ \text{cm}}{19\times589.0\ \text{nm}}}=0.224\ \text{cm}$$

【例3.36】 用包含两种波长成分的光入射牛顿环干涉装置，它们的波长分别为400.0 nm和400.2 nm，试计算从接触点到条纹消失处的距离。已知透镜的曲率半径为80 cm。

解　反射光所形成的牛顿环的中心是暗纹，此后，由于入射光是波长不等的两种光，两个波长成分的暗纹逐渐错开，同一级数，长波的条纹比短波的条纹大，当长波的第 j 条暗纹与短波的第 j 条亮纹重合时，条纹消失。短波亮环的半径为 $r_j = \sqrt{\left(j+\frac{1}{2}\right)R\lambda}$，长波暗环的半径为 $r'_j = \sqrt{jR\lambda'}$，条纹消失时，需满足条件 $\sqrt{\left(j+\frac{1}{2}\right)R\lambda} = \sqrt{jR\lambda'}$，即 $\left(j+\frac{1}{2}\right)\lambda = j\lambda'$，可得

$$j = \frac{\lambda}{2(\lambda' - \lambda)}$$

相应的条纹半径

$$r_j = \sqrt{\frac{R\lambda\lambda'}{2(\lambda' - \lambda)}} = 17.9\ \mathrm{mm}$$

3.6 光的空间相干性与时间相干性

3.6.1 光的空间相干性

从一列光波分出来的部分之间才是相干的，所以光的干涉都是通过分波列而实现的。在杨氏干涉装置中，若光波都来自同一位置的点光源，则在接收屏上的同一点，每一列光波分出的两部分之间的光程差都相等，因而能够形成清晰的干涉图样。若光源是在空间扩展的，尽管从每一列光波分出的两部分依然是相干的，但从不同位置发出的光波，在接收屏上有不同的强度分布，叠加的结果，屏幕上的干涉花样就会变得模糊直至消失。空间相干性的实质是不同位置的光源是不相干的。

不妨通过杨氏干涉说明光的空间相干性。如图 3.47 所示，设扩展光源的宽度为 b，从光源上位置为 x' 的点所发出的光波，到双缝的光程相差 $l_{x'}$，在接收屏上满足傍轴条件的 x 点，干涉强度为

$$i(x, x') = 2a^2\left[1 + \cos k\left(l_{x'} + \frac{d}{D}x\right)\right]$$

式中 a 为 x' 点发出的光波经过单个狭缝后在接收屏上 x 点的振幅。

则在 x' 点附近宽度为 $\mathrm{d}x'$ 的面元所发出的光波在接收屏上 x 点的光强可表示为

$$\mathrm{d}i(x,x') = 2i_0\left[1+\cos k\left(l_{x'}+\frac{d}{D}x\right)\right]\mathrm{d}x'$$

式中 i_0 为光源上单位宽度的面元所发出的光波通过单个狭缝在接收屏上的光强。

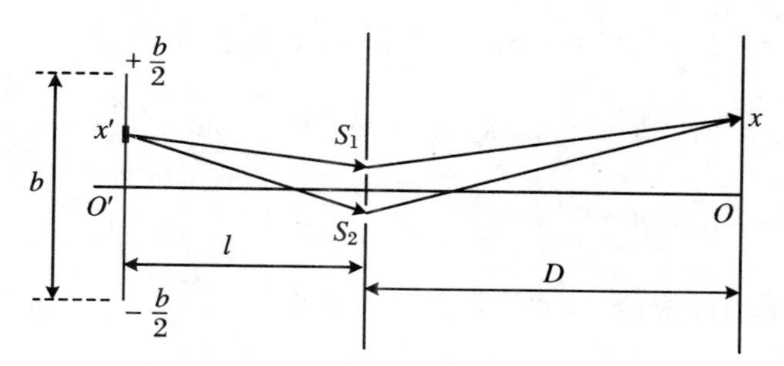

图 3.47　扩展光源产生的杨氏双缝干涉

由于扩展光源不同位置发出的光波是不相干的，在接收屏上每一点，这些光波进行非相干叠加，即光强相加，于是宽度为 b 的扩展光源在接收屏上 x 点的光强为

$$I(x) = \int_{-b/2}^{+b/2}\mathrm{d}i(x,x') = \int_{-b/2}^{+b/2}2i_0\left[1+\cos k\left(l_{x'}+\frac{d}{D}x\right)\right]\mathrm{d}x'$$

若光程差 $l_{x'}$ 与 x' 是线性关系，不妨表示为 $x'=\chi l_{x'}$，则上述积分可化为

$$I(x) = 2\chi i_0\int_{-\delta/2}^{+\delta/2}\left[1+\cos k\left(l_{x'}+\frac{d}{D}x\right)\right]\mathrm{d}l_{x'}$$

结果为

$$I(x) = 2\chi i_0\left[\delta+\frac{1}{k}\sin k\left(\frac{d}{D}x+\frac{\delta}{2}\right)-\frac{1}{k}\sin k\left(\frac{d}{D}x-\frac{\delta}{2}\right)\right]$$

可以看出，若

$$\sin k\left(\frac{d}{D}x+\frac{\delta}{2}\right) = \sin k\left(\frac{d}{D}x-\frac{\delta}{2}\right)$$

则接收屏上光强为 $I(x)=2\chi i_0\delta$，是不变值，即屏上各处强度相等，没有亮暗差别，干涉条纹消失。在这种情形下，扩展光源是不相干的，即不满足空间相干性的要求。

干涉现象消失的条件为 $k\left(\frac{d}{D}x+\frac{\delta}{2}\right)=k\left(\frac{d}{D}x-\frac{\delta}{2}\right)+2m\pi$，即

$$\frac{\delta}{2} = m\frac{\lambda}{2}$$

上面的讨论说明，对称的扩展光源，边缘到两缝的光程差为半波长的整倍数时，就不满足空间相干性。

若图 3.47 中的扩展光源可满足傍轴条件，则 x' 点到两缝的光程差为

$$l_{x'} = \frac{d}{l}x'$$

于是可算得接收屏上的光强分布为

$$\begin{aligned} I(x) &= \int_{-b/2}^{+b/2} 2i_0\left[1+\cos k\left(\frac{d}{D}x+\frac{d}{l}x'\right)\right]\mathrm{d}x' \\ &= 2i_0\left[b+\frac{l}{kd}\sin k\left(\frac{d}{D}x+\frac{bd}{2l}\right)-\frac{l}{kd}\sin k\left(\frac{d}{D}x-\frac{bd}{2l}\right)\right] \\ &= 2i_0\left[b+\frac{2l}{kd}\sin\left(\frac{kd}{2l}b\right)\cos\left(\frac{kd}{D}x\right)\right] \end{aligned}$$

干涉消失的条件为$\frac{kd}{2l}b = m\pi$，即光源的宽度为

$$b = m\frac{l}{d}\lambda$$

其实，从上述光强的表达式可以看出，光源宽度 b 越大，光强 $I(x)$ 中不变的部分 $2bi_0$ 越大，而由于 $2i_0\frac{2l}{kd}\sin\left(\frac{kd}{2l}b\right)\cos\left(\frac{kd}{D}x\right)$部分的变化幅度与光源宽度 b 无关，因而在强度中所占的比例越小。因而 $2bi_0$ 就是接收屏上的背景光强，$2i_0\frac{2l}{kd}\sin\left(\frac{kd}{2l}b\right)\cos\left(\frac{kd}{D}x\right)$是随位置改变的光强。$b$ 越大，干涉条纹的亮暗差别越小。所以在上面的表达式中，$m=1$ 所对应的就是扩展光源的最大相干宽度，或者，相干光源的宽度要满足以下条件：

$$b < \frac{l}{d}\lambda$$

满足傍轴条件下，$\frac{d}{l}$是双缝对扩展光源的张角，若记作 $\beta=\frac{d}{l}$，则有 $b\beta<\lambda$。满足该式的最大张角称作扩展光源的相干孔径，则

$$b\Delta\theta_0 < \lambda$$

这就是空间相干性的反比关系。

分波前的干涉装置，只要光源不是无限小的，都有空间相干性的问题。而分振幅的干涉装置，由于波列在薄膜的表面处分开，同一位置的干涉，或者是倾角相等的光波产生的（等倾干涉），或者是经过等厚度薄膜的光波产生的（等厚干涉），与光波来自何处无关，所以不涉及空间相干性的问题。

3.6.2　光的时间相干性

若不考虑空间相干性，单色光所产生的干涉图样是清晰的，非单色光所产生的干涉图样中，不同波长的同一级条纹在不同的位置，将会变得模糊以至于干涉图样消失。因而光的单色性也是影响干涉效果的重要因素。这就是光的时间相干性。

例如，在杨氏干涉中，波长为 λ 的 j 级亮纹的位置为 $x_j(\lambda)=j\dfrac{D}{d}\lambda$，波长为 $\lambda+\Delta\lambda$ 的 j 级亮纹的位置为 $x_j(\lambda+\Delta\lambda)=j\dfrac{D}{d}(\lambda+\Delta\lambda)$。于是，若光的波长范围为 $\lambda\sim\lambda+\Delta\lambda$，则每一级亮条纹都会展宽，以至于长波的 j 级亮纹与短波的 $j+1$ 级亮纹相连起来，这种情形下，暗纹消失，干涉消失。于是，最大的干涉级数为 j。该级数与波长范围的关系可由 $(j+1)\lambda=j(\lambda+\Delta\lambda)$ 得到，为

$$j_{\max}=\frac{\lambda}{\Delta\lambda}$$

与该干涉级对应的光程差为

$$\Delta L_{\max}=j\lambda=\frac{\lambda^2}{\Delta\lambda}$$

若是等倾干涉，则不同波长的同一干涉级也会出现在不同的方向。由 $2nh\cos i=\left(j+\dfrac{1}{2}\right)\lambda$ 可知，长波的 j 级亮纹与短波的 $j+1$ 级亮纹重合，干涉消失，即由

$$\left(j+\frac{1}{2}\right)(\lambda+\Delta\lambda)=\left(j+1+\frac{1}{2}\right)\lambda$$

可得 $j\Delta\lambda=\lambda-\dfrac{1}{2}\Delta\lambda$，由于通常 $\dfrac{1}{2}\Delta\lambda\ll\lambda$，所以也有 $j_{\max}=\dfrac{\lambda}{\Delta\lambda}$。

若是等厚干涉，由 $2nh=\left(j+\dfrac{1}{2}\right)\lambda$ 可得相同的结果。

可以看出，非单色光干涉所对应的最大光程差 $\Delta L_{\max}=\dfrac{\lambda^2}{\Delta\lambda}$ 就是波包的有效长度。从分波列处开始，两列光波到某一空间点的光程差若大于波列的空间长度，则这两列波将一前一后通过该点，而不能在该点相遇，当然也就不能进行相干叠加，就不能产生干涉，如图 3.48 和图 3.49 所示。这一区域总是被一列光波交替辐照，光强是均匀的。

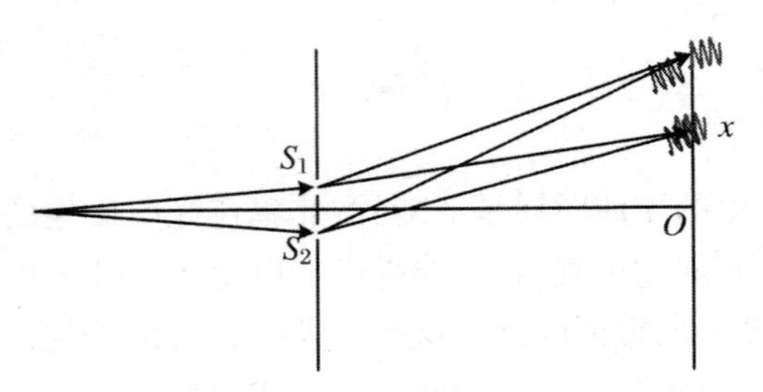

图 3.48　杨氏干涉的时间相干性

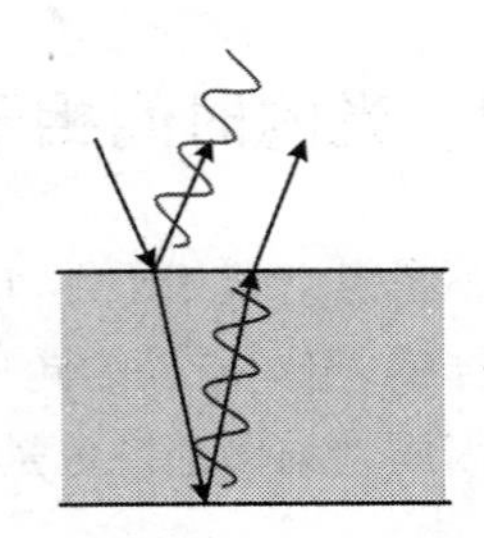
图 3.49　薄膜干涉的时间相干性

可以看出，正是由于两列相干光不能同时到达特定区域，才导致干涉消失，因而这样的情形被称作光的时间相干性。

$\tau=\dfrac{L_{\max}}{c}$是光波传过 $\Delta L_{\max}$光程所需的时间，τ 称作相干时间。若以频率范围表示非单色光，则 $\Delta\nu=\Delta\left(\dfrac{c}{\lambda}\right)=\dfrac{c\Delta\lambda}{\lambda^2}$，时间相干性的要求 $\Delta L_{\max}=\dfrac{\lambda^2}{\Delta\lambda}$表示为 $c\tau=\dfrac{\lambda^2}{\Delta\nu\lambda^2/c}$，即

$$\tau\Delta\nu=1$$

这就是时间相干性的反比关系。

即频率范围为 $\Delta\nu$ 的非单色光所分出的波列，到达指定区域的时间差小于 τ，就能在该区域内产生干涉。

【例 3.37】　在典型的杨氏双缝干涉装置中，已知光源宽度 $b=0.25\ \text{mm}$，双孔间距 $d=0.50\ \text{mm}$，光源到双孔的距离 $R=20\ \text{cm}$，所用光波的波长 $\lambda=546\ \text{nm}$。

(1) 试计算双孔处的横向相干宽度，在观察屏幕上能否看到干涉条纹？

(2) 为能观察到干涉条纹，光源至少应再移远多少距离？

解　(1) 光源的相干孔径为 $\Delta\theta_0=\dfrac{\lambda}{b}$，双孔处的横向相干宽度为

$$d_0=R\Delta\theta_0=R\frac{\lambda}{b}=20\ \text{cm}\times\frac{546\ \text{nm}}{0.25\ \text{mm}}=0.437\ \text{mm}$$

由于双孔间距 d 大于相干宽度 d_0，所以不能观察到干涉条纹。

(2) 若光源到双孔的距离为 R'，则必须有$\dfrac{d}{R'}\leqslant\Delta\theta_0$，才满足空间相干性的要求。故 $R'\geqslant\dfrac{d}{\Delta\theta_0}$，光源要向远离双缝方向移动

$$R'-R\geqslant\frac{d}{\Delta\theta_0}-R=\frac{0.50\ \text{mm}}{546\ \text{nm}/0.25\ \text{mm}}-20\ \text{cm}=2.89\ \text{cm}$$

即至少再移远 2.89 cm，才能产生干涉。

【例 3.38】 设菲涅耳双面镜的夹角为 20′，缝光源距两镜交线 10 cm，接收屏幕与光源的两个像点的连线平行，且与两镜连线间的距离为 210 cm，光波长为 600.0 nm，问：

(1) 干涉条纹的间距为多少？

(2) 如果光源到两镜交线的距离增大一倍，干涉条纹有何变化？

(3) 如果光源与两镜交线的距离保持不变，而在横向有所移动，干涉条纹有何变化？

(4) 如果要在屏幕上观察到有一定反衬度的干涉条纹，所允许的缝光源的最大宽度是多少？

解 (1) 菲涅耳双面镜接收屏上干涉条纹的间距为

$$\Delta x = \frac{L+r}{2r\varepsilon}\lambda = \frac{210+10}{2\times 10\times \frac{20}{60}\times \frac{\pi}{180}}\times 600.0\ \text{nm} = 1.13\ \text{mm}$$

(2) 光源到两镜交线的距离增大一倍，即 $r'=2r$，可得

$$\Delta x' = \frac{L+r'}{2r'\varepsilon}\lambda = \frac{210+20}{2\times 20\times \frac{20}{60}\times \frac{\pi}{180}}\times 600.0\ \text{nm} = 0.59\ \text{mm}$$

(3) 如图 3.50 所示，光源做横向移动时，由于距离 r 保持不变，像光源 S_1，S_2 对两镜交线 C 的张角 2ε 保持不变，即 S_1，S_2 间距不变，所以干涉条纹的间距没有变化。光源 S 移动前引起像光源 S_1，S_2 的移动，但是，由于光源的移动引起了两个像光源的整体平移，所以屏上的条纹也会整体平移。

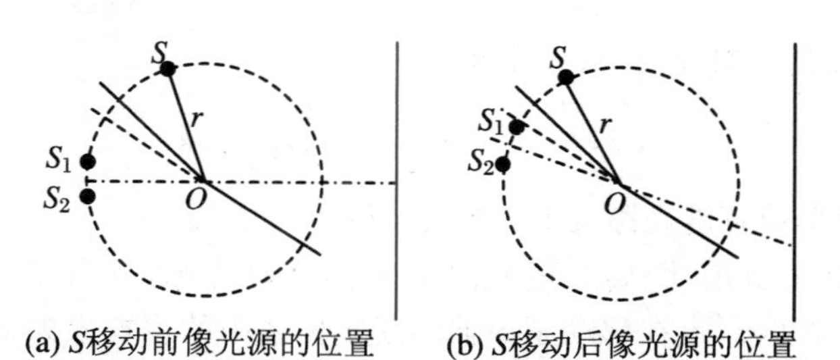

图 3.50　光源 S 移动前引起像光源 S_1，S_2 的移动

(4) 光源有一定宽度，所成的像亦有一定宽度，即光源 AB 的像光源为 A_1B_1 和 A_2B_2，如图 3.51 所示。由于两平面镜之间的夹角很小，所以两个像几乎是相互平行的。

但是必须注意到，A_1，A_2 对应于光源上的点 A；而 B_1，B_2 对应于光源上的点 B。所以，A_1，A_2 是一对相干光源，而 B_1，B_2 是另一对。由于光源上不同的点是不相干的，因而像上的非对应点之间也不相干。

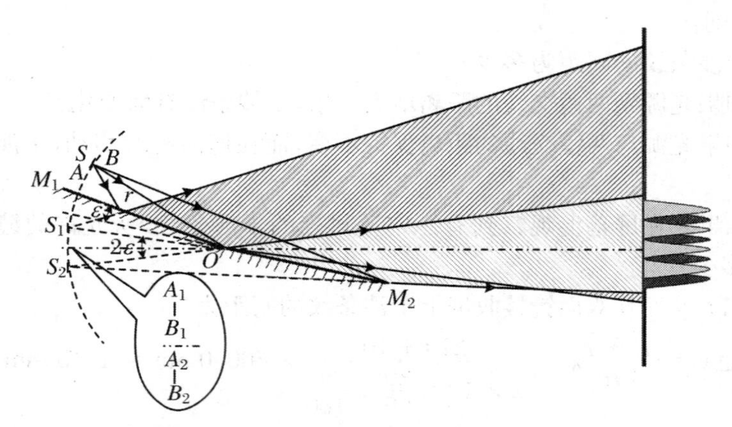

图 3.51 光源 AB 的像 A_1B_1 和 A_2B_2 及其干涉条纹

由图 3.51 可见，这两对像光源上的相干点的对称轴是不重合的，因而它们各自所形成的干涉条纹也是相互错开的。这样就会导致干涉条纹由于相互重叠而使可见度降低。

以下对干涉强度及可见度进行计算。

如图 3.52(a)所示，在坐标系中，两个对称的相干点光源在屏上的干涉强度为

$$I(x') = 4\left(\frac{A}{D}\right)^2\cos^2\left(\frac{kd}{2D}x'\right) = 4I_0\cos^2\left(\frac{kd}{2D}x'\right)$$

宽度为 $\mathrm{d}x$ 的一对光源，干涉强度为

$$\mathrm{d}I(x') = 4i_0\cos^2\left(\frac{kd}{2D}x'\right)\mathrm{d}x$$

式中 i_0 为单个单位宽度光源发出的光波在屏上的强度。

如图 3.52(b)所示，距离上述光源为 x 的一对光源，相当于其对称轴移动了 x，原来坐标系中的 x'点在移动了 z 轴的新坐标系中的位置成为 $x'-x$，这样一对光源在屏上 x'点的干涉强度为

$$\mathrm{d}I(x') = 4i_0\cos^2\left[\frac{kd}{2D}(x'-x)\right]\mathrm{d}x$$

由于不相干的光波之间是强度叠加的，所以宽度为 a 的像光源 A_1B_1 和 A_2B_2 在接收屏上的光强为

$$I(x') = 4i_0\int_0^a \cos^2\left[\frac{kd}{2D}(x'-x)\right]dx$$
$$= 2i_0\left\{a+\frac{D}{kd}\left[\sin\frac{kd}{D}(x'-a)-\sin\frac{kd}{D}x'\right]\right\}$$

式中$\frac{D}{kd}\left[\sin\frac{kd}{D}(x'-a)-\sin\frac{kd}{D}x'\right]$是代表屏上光强周期改变形成明暗条纹的因素，量值在$\pm\frac{2D}{kd}$之间。当$\frac{kd}{D}a=2m\pi$，即光源宽度为$a=m\frac{D}{d}\lambda=m\Delta x$时，可见度为0。其中$\Delta x$为点光源所形成的干涉条纹间隔。但是随着$a$的增大，背景光增强，明暗条纹的反差迅速减小，即条纹的可见度降低，如图3.53所示。

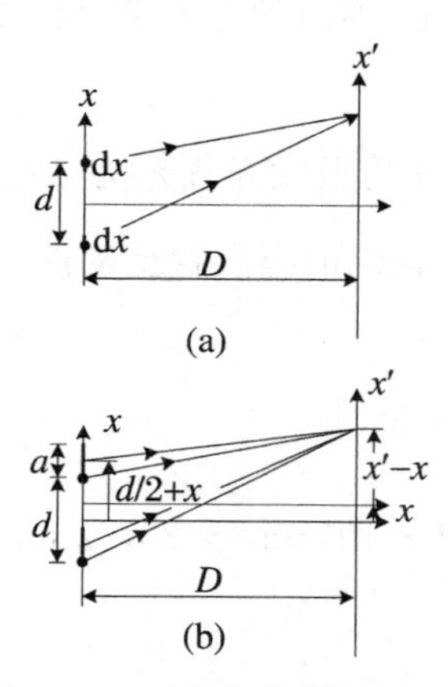

图3.52　不同位置的相干光源的干涉强度计算

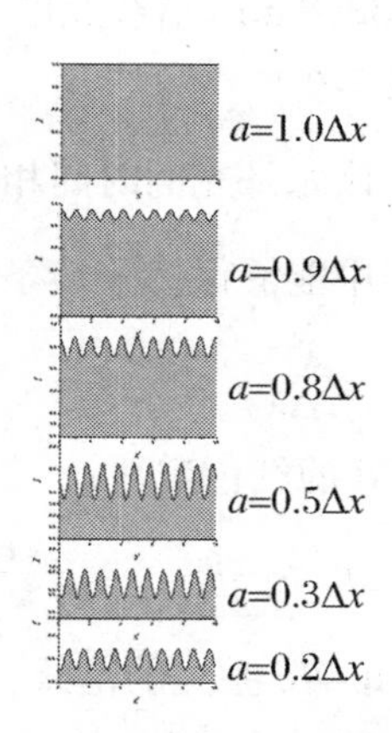

图3.53　光源宽度引起的条纹可见度变化

不妨作如下估算：

$$I_{\max}=2i_0\left(a+\frac{2D}{kd}\right),\quad I_{\min}=2i_0\left(a-\frac{2D}{kd}\right)$$

则可见度为

$$V\approx\frac{D/(kd)}{a}=\frac{D\lambda}{2\pi ad}=\frac{\Delta x}{2\pi a}$$

随着光源宽度的增大，干涉条纹的可见度迅速降低。

【例3.39】　在杨氏干涉实验装置中，准单色光的波长为500 nm，谱线宽度为0.05 nm，小孔后放置一平板玻璃，其折射率为1.5，设光源S到双缝的距离相等。问玻璃的厚度为多大时可使干涉条纹消失？

解　本题中的问题，应当是在其中一缝上覆盖玻璃板后，如何能使接收屏中心处的干涉条纹消失。

从玻璃板出射的光，如果光程差大于其相干长度，则无法进行干涉。

非单色光所形成的波包的长度，即相干长度为 $L=\lambda^2/\Delta\lambda$。若玻璃的厚度为 d，则接收屏中心处，两列光波的光程差为 $\delta=(n-1)d$。则要求 $(n-1)d\geqslant\lambda^2/\Delta\lambda$，即

$$d\geqslant\frac{\lambda^2}{(n-1)\Delta\lambda}=\frac{(500\ \text{nm})^2}{(1.5-1)\times 0.05\ \text{nm}}=1.00\times 10^7\ \text{nm}=0.01\ \text{m}$$

【例 3.40】 利用迈克耳孙干涉仪进行长度的精密测量，光源是镉(Cd)的红色谱线，波长为 643.8 nm，谱线宽度为 0.001 nm。问一次测长的量程是多少？如使波长为 632.8 nm，谱线宽度为 10^{-6} nm 的氦-氖(He-Ne)激光谱线，则一次测长的量程又是多少？

解 该题是光的时间相干性问题。相干时两臂的最大光程差为 $\Delta L_{\max}=\dfrac{\lambda^2}{\Delta\lambda}$，测量过程中能够保持干涉条纹清晰的前提下，一臂移动的距离就是量程。于是 $\Delta h=\dfrac{\Delta L_{\max}}{2}=\dfrac{\lambda^2}{2\Delta\lambda}$。

用 Cd 的红色谱线：

$$\Delta h=\frac{\lambda_1^2}{2\Delta\lambda_1}=\frac{643.8^2}{2\times 1\times 10^{-3}}\ \text{nm}=2.072\times 10^8\ \text{nm}=207.2\ \text{mm}$$

用 He-Ne 激光的谱线：

$$\Delta h=\frac{\lambda_2^2}{2\Delta\lambda_2}=\frac{632.8^2}{2\times 1\times 10^{-6}}\ \text{nm}=2.002\times 10^{11}\ \text{nm}=200.2\ \text{m}$$

【例 3.41】 在例 3.40 中，光源用氪同位素(^{86}Kr)的橙色谱线，波长为 605.8 nm，谱线宽度为 0.000 47 nm。

(1) 若探测器能分辨 0.1 个条纹，则测长的精度是多少？

(2) 问在一次测量中，最大能测量多大距离？

解 (1) 0.1 个条纹所对应的光程差为 0.1λ。亮条纹出现的条件为 $2h\cos i=j\lambda$。

能分辨 1/10 个条纹，是指在某一位置上，1/10 个条纹移动所引起的强度变化能被测量出来。由于 $2\Delta h\cos i=\Delta j\lambda$，则测量的精度为

$$\Delta h=\frac{\Delta j\lambda}{2\cos i}=\frac{\lambda/10}{2}=30.29\ \text{nm}$$

(2) 根据例 3.40 的讨论，一次测量的最大距离(量程)为

$$L = \frac{\lambda^2}{2\Delta\lambda} = \frac{605.8^2}{2 \times 4.7 \times 10^{-4}} \text{ nm} = 3.904 \times 10^8 \text{ nm} = 390.4 \text{ mm}$$

【例 3.42】 Na 灯的 D 线有两根谱线，波长分别为 $\lambda_1 = 589.0$ nm 和 $\lambda_2 = 589.6$ nm。用该谱线照明迈克耳孙干涉仪。首先调整干涉仪，得到清晰的干涉条纹，然后移动 M_1，干涉图样为什么会逐渐变得模糊？问第一次视场中干涉条纹消失时，M_1 移动了多少距离？

分析　由于不同波长的干涉条纹分布不同，因而会相互重叠，导致可见度下降，直至看不见条纹。

解　题目涉及非单色光叠加的问题，但只有两个波长成分，与例 3.40 和例 3.41 不同。

Na 灯的两根波长不同的谱线各自形成一套干涉图样。调节干涉仪得到清晰的干涉图样时，意味着两根谱线的相差 m 级的干涉条纹恰好重合，即

$$2h\cos i = (j + m)\lambda_1, \quad 2h\cos i = j\lambda_2$$

由于视场中只能见到有限的几根条纹，且某级条纹重合时，近邻的干涉条纹虽然不是完全重合，但相互错开的距离比较小，因而看起来还是清晰的。

改变两反射镜间的距离，上述重合的条纹逐渐错开，直至一根谱线的亮纹与另一根谱线的暗纹重合，这时干涉图样会变得模糊。不妨使两镜间距增大，则视场中每根干涉环的半径都将增大，只是不同波长的干涉环增大的速度不同。即

$$2h'\cos i' = (j + m + l)\lambda_1$$

该位置处是长波的暗纹，即

$$2h'\cos i' = \left(j + l - \frac{1}{2}\right)\lambda_2$$

由以上四式，可得

$$(j + m)\lambda_1 = j\lambda_2, \quad (j + m + l)\lambda_1 = \left(j + l - \frac{1}{2}\right)\lambda_2$$

解得

$$l = \frac{\lambda_2}{2(\lambda_2 - \lambda_1)} = \frac{\lambda_2}{2\Delta\lambda}$$

说明增大两反射镜间距引起干涉环变化了 l 根，与此对应的光程差的变化为（由于 $\lambda_1 \approx \lambda_2$）

$$\Delta L = l\lambda_1 = \frac{\lambda_1^2}{2\delta\lambda} \approx l\lambda_2 = \frac{\lambda_2^2}{2\delta\lambda}$$

即 M_1 移动的距离为 $\frac{\Delta L}{2} = \frac{\lambda_1^2}{4\delta\lambda} = 0.145$ mm。每移动这样长的距离，干涉图样就经

历一次从清晰到模糊的过程。

需要指出的是，这是双谱线的干涉图样可见度的变化，不同于带宽为 $\Delta\lambda$ 的波长连续分布的非单色光的干涉。

3.6.3　法布里-珀罗干涉仪

法布里-珀罗干涉仪的两个表面具有很高的反射率，因而光可以在两相对的表面之间多次反射，各列反射光的振幅相差不大；同样，各列透射光的振幅也比较接近，因而这是多列光波之间的干涉。

与透明薄膜的干涉相比，法布里-珀罗干涉仪的反射光和透射光都能形成干涉纹，如图 3.54 所示，且干涉纹要细锐得多。条纹的细锐程度可以用相邻波列之间的相位差表示，也可以用光波的角度范围或波长范围表示。

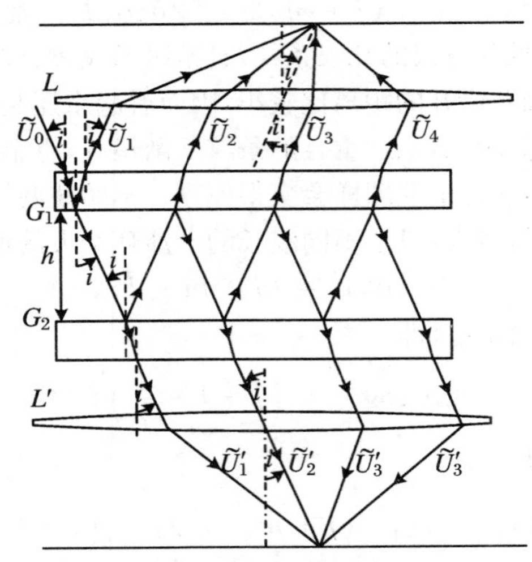

图 3.54　法布里-珀罗干涉仪反射光和透射光的相干叠加

设薄膜的光强反射率为 ρ，干涉仪两表面之间的距离为 h，相邻两列波之间的相位差为 $\delta=\dfrac{4\pi nh\cos i}{\lambda}$，则反射光和透射光干涉纹的强度分别为

$$I_{\mathrm{R}}=\frac{I_0}{1+\dfrac{(1-\rho)^2}{4\rho\sin^2(\delta/2)}}\tag{3.5}$$

$$I_T = \frac{I_0}{1 + \frac{4\rho \sin^2(\delta/2)}{(1-\rho)^2}} \tag{3.6}$$

上述干涉光强可用图 3.55 和图 3.56 表示。

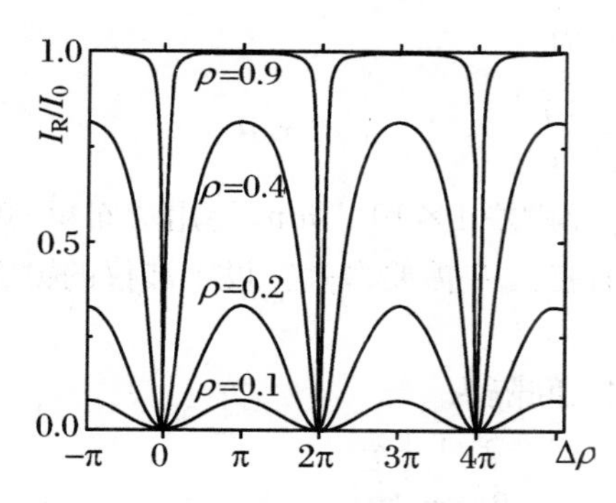

图 3.55 多光束干涉的反射光强分布

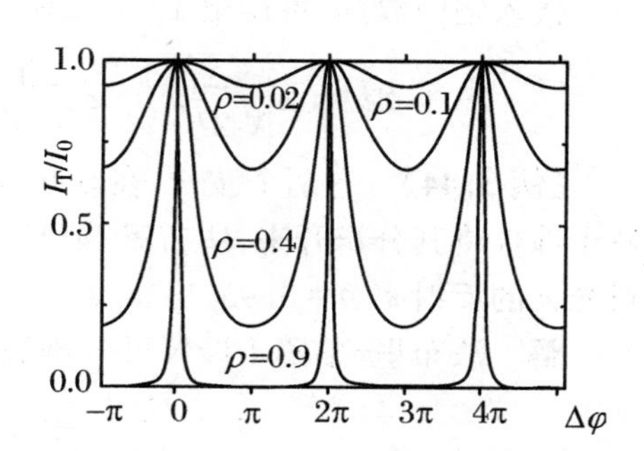

图 3.56 多光束干涉的透射光强分布

如图 3.57 所示,用相位差表示的条纹的半值宽度

$$\varepsilon = \frac{2(1-\rho)}{\sqrt{\rho}} \tag{3.7}$$

条纹的半角宽度

$$\Delta i_j = \frac{\lambda\varepsilon}{4\pi nh\sin i} = \frac{\lambda}{2\pi nh\sin i}\frac{1-\rho}{\sqrt{\rho}} \tag{3.8}$$

条纹的波长范围

$$\Delta\lambda_j = \frac{\lambda^2}{2\pi nh\cos i}\frac{1-\rho}{\sqrt{\rho}} = \frac{\lambda}{j\pi}\frac{1-\rho}{\sqrt{\rho}} \tag{3.9}$$

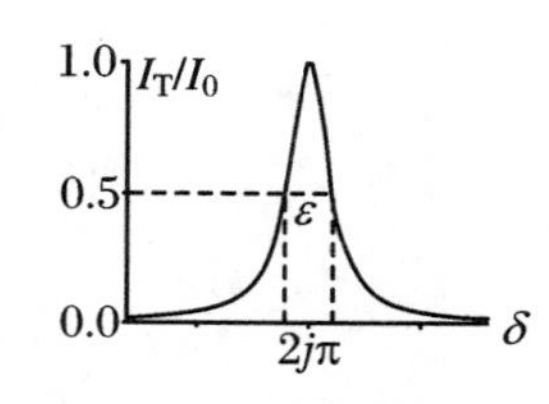

图 3.57 干涉条纹的半值宽度

若用作光谱分辨,则可分辨的最小波长间隔

$$\delta\lambda = \frac{\lambda}{j\pi}\frac{1-\rho}{\sqrt{\rho}} = \frac{\lambda^2}{2\pi nh\cos i}\frac{1-\rho}{\sqrt{\rho}} \tag{3.10}$$

分辨本领

$$A = \frac{\sqrt{\rho}}{1-\rho}j\pi = \frac{2\pi nh\cos i}{\lambda}\frac{\sqrt{\rho}}{1-\rho} \tag{3.11}$$

【例 3.43】 如果法布里-珀罗干涉仪两反射面之间的距离为 1.0 cm,用绿光(500.0 nm)做实验,干涉图样的中心正好是一亮斑。求第 10 个亮环的角直径。

解 在视场中心处,亮纹出现的条件是 $2h = j\lambda$;其他位置亮纹出现的条件是 $2h\cos i = j'\lambda$。由于角度很小,所以 $\cos i = 1 - \frac{i^2}{2}$,即其他位置亮纹出现的条件是

$2h\left(1-\frac{i^2}{2}\right)=j'\lambda$,则 $2hi^2=(j-j')\lambda$。j'亮纹的角半径为

$$i=\sqrt{\frac{\Delta j}{2h}\lambda}$$

代入题中数据,可得第10个亮环的角直径为

$$2i=2\sqrt{\frac{\Delta j}{2h}\lambda}=2\sqrt{\frac{9\times 500\times 10^{-6}}{2\times 1.0\times 10}}=3\times 10^{-2}\ \mathrm{rad}$$

【例 3.44】 有两个波长,在 600.0 nm 附近相差 1×10^{-4} nm,要用法布里-珀罗干涉仪将其分辨开来,法布里-珀罗干涉仪的腔长 h 需要多大?设干涉仪的镜面对光强的反射率 $\rho=0.95$。

解 法布里-珀罗干涉仪可分辨的最小波长间隔为

$$\delta\lambda\geqslant\frac{\lambda}{j\pi}\frac{1-\rho}{\sqrt{\rho}},\quad 即\quad j\geqslant\frac{\lambda}{\delta\lambda}\frac{1-\rho}{\pi\sqrt{\rho}}$$

而腔长为

$$h=\frac{j\lambda}{2}\geqslant\frac{\lambda^2}{2\delta\lambda}\frac{1-\rho}{\pi\sqrt{\rho}}=29.4\ \mathrm{mm}$$

第4章　光的衍射与衍射装置

光的衍射也是光的相干叠加，是连续分布的次波源所发出的无穷多列次波的相干叠加。

处理这类光波的相干叠加，依然要用光波的叠加原理。波场中任一点的合振动，是无穷多个元振动的叠加，于是对这些元振动的求和就成为积分，光波的叠加原理在处理衍射问题时就成了基于惠更斯原理的菲涅耳-基尔霍夫衍射积分。所以，求解衍射问题，就是求解菲涅耳-基尔霍夫衍射积分公式的问题。

4.1　菲涅耳-基尔霍夫衍射积分公式

4.1.1　惠更斯-菲涅耳原理

光波场中的每一点，或者说波前上的每一点都可以看成是次波波源，由它们发出球面次波，接收屏上任一点的光振动是所有这些次波的相干叠加。由于波列的数目无限多，每一列次波所引起的振动又是无限小的，因而求振动的和，就是对无穷多个无穷小量求和，这样的求和就是积分。这就是惠更斯原理。

若设实际的点光源为 S，在 S 所产生的光波场中的某一点 Q 周围取一个面元 $\mathrm{d}\Sigma$，考察该面元所发出的次波在某一场点 P 处的复振幅 $\mathrm{d}\widetilde{U}(P)$，如图 4.1 所示。

面元 $\mathrm{d}\Sigma$ 上的每个点是一个次波中心，发出球面次波，则 P 点处的复振幅符合球面波的特征，即 $\mathrm{d}\widetilde{U}(P)\propto\dfrac{\widetilde{U}_0(Q)\mathrm{e}^{\mathrm{i}kr}}{r}$，其中 $\widetilde{U}_0(Q)$ 是 Q 点的复振幅，称作瞳函数。

$\mathrm{d}\widetilde{U}(P)$ 正比于面元上次波中心的数目，而次波中心的数目又正比于面元的面积，即 $\mathrm{d}\tilde{U}(P)\propto\mathrm{d}\Sigma$。

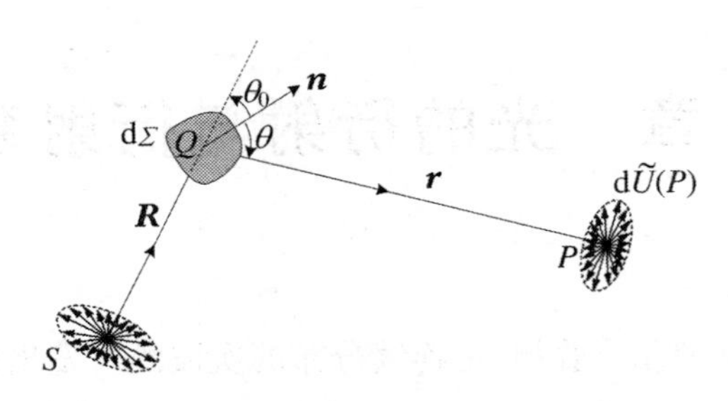

图 4.1 面元 $\mathrm{d}\Sigma$ 发出的次波在场点 P 的光矢量 $\mathrm{d}\tilde{U}(P)$

光是横波，电矢量的方向与其传播方向垂直，因而 P 点的复振幅还与面元的相对取向有关。若 Q 相对于光源 S 的位矢 $\overrightarrow{SQ}$ 记为 $\boldsymbol{R}$，场点 P 相对于 Q 的位矢 $\overrightarrow{QP}$ 记为 $\boldsymbol{r}$，面元的法线记为 $\boldsymbol{n}$，则 $\mathrm{d}\tilde{U}(P)$ 的大小还与 $\boldsymbol{R}$ 和 $\boldsymbol{n}$ 间的夹角 θ_0、$\boldsymbol{r}$ 和 $\boldsymbol{n}$ 的夹角 θ 有关，这种关系可以用函数 $F(\theta_0,\theta)$ 表示，$\mathrm{d}\tilde{U}(P)\propto F(\theta_0,\theta)$，$F(\theta_0,\theta)$ 称为倾斜因子。随着角度 θ_0,θ 的增大，倾斜因子 $F(\theta_0,\theta)$ 会逐渐减小。

上述 $\tilde{U}_0(Q)$，$\dfrac{\mathrm{e}^{\mathrm{i}kr}}{r}$，$\mathrm{d}\Sigma$ 以及 $F(\theta_0,\theta)$ 可称为次波复振幅的四要素。综合考虑上述所有因素，可以得到一个总的表达式

$$\mathrm{d}\tilde{U}(P)=KF(\theta_0,\theta)\tilde{U}_0(Q)\frac{\mathrm{e}^{\mathrm{i}kr}}{r}\mathrm{d}\Sigma \tag{4.1}$$

式中 K 为比例常数。式(4.1)中的 $\mathrm{d}\tilde{U}(P)$ 所表示的就是一个微分面元发出的次波在场点 P 处所引起的元振幅。

从理论上说，面元 $\mathrm{d}\Sigma$ 足够小，是取在某一列波上的，因而该面元上所有的次波中心是相同的。

波前 Σ 上发出的所有次波在 P 点的合振动值为

$$\tilde{U}(P)=K\iint_{\Sigma}\tilde{U}_0(Q)F(\theta_0,\theta)\frac{\mathrm{e}^{\mathrm{i}kr}}{r}\mathrm{d}\Sigma \tag{4.2}$$

式(4.2)就是惠更斯-菲涅耳原理。

4.1.2 菲涅耳-基尔霍夫衍射积分公式

具体形式的惠更斯-菲涅耳原理可进一步表示为

$$\tilde{U}(P)=\frac{-\mathrm{i}}{\lambda}\iint_{\Sigma}\tilde{U}_0(Q)\frac{\cos\theta_0+\cos\theta}{2}\frac{\mathrm{e}^{\mathrm{i}kr}}{r}\mathrm{d}\Sigma \tag{4.3}$$

式(4.2)中的 $K=\frac{-\mathrm{i}}{\lambda}$,也可表示为 $K=\frac{1}{\lambda}\mathrm{e}^{-\mathrm{i}\frac{\pi}{2}}$。式(4.3)就是菲涅耳-基尔霍夫衍射积分公式。

4.1.3　衍射的分类

根据衍射障碍物(衍射屏)到光源和接收屏的距离分类:

(1) 距离有限的,或至少一个是有限的,为菲涅耳衍射。此时在接收屏上的任一点,来自不同方向的次波进行相干叠加。

(2) 距离无限的,即平行光入射、出射,为夫琅禾费衍射。此时相互平行的光在无穷远处相干叠加。事实上,在衍射屏后置一凸透镜,相互平行的光会聚在透镜焦平面上的同一点,进行相干叠加。

4.1.4　巴比涅原理

互补屏 $\Sigma_a+\Sigma_b=\Sigma$,透光部分相加等于无衍射屏。于是可得

$$\widetilde{U}_a(P)+\widetilde{U}_b(P)=\widetilde{U}_0(P)$$

式中 $\widetilde{U}_0(P)$是光场中无衍射屏,即自由传播的复振幅。针对夫琅禾费衍射的情形,对于几何像点之外的点,$\widetilde{U}_0(P)=0$,则 $\widetilde{U}_a(P)=-\widetilde{U}_b(P)$,即得

$$I_a(P)=I_b(P)$$

互补屏在几何像点之外的区域,衍射图样的强度相同。这就是巴比涅原理。

【例 4.1】 光源 S 发出的光波在介质中的速度为 v,若光源以速度 V 沿直线运动,试用惠更斯原理证明:当 $V>v$ 时,光波具有圆锥形波面,且其半锥角为

$$2\alpha=2\sin\left(\frac{v}{V}\right)$$

证明　根据惠更斯的次波传播模型,光波场中每一点都可看作扰动源,在均匀介质中,发出球面次波。

如图4.2所示,如果光源运动,设运动轨迹为

$$z_S=z_0+Vt$$

在光源的轨迹上任意取两点 z_1,z_2,设光源经过这两点的时刻分别为 t_1,t_2。则 t 时刻这两点到光源的距离分别为 $l_1=z-z_1=V(t-t_1)$和 $l_2=z-z_2=V(t-t_2)$。

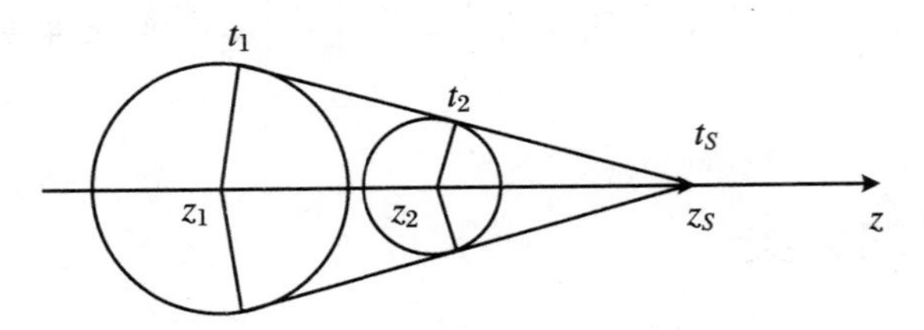

图 4.2 运动的点光源发出的球面光波

则 t 时刻这两点发出的次波波面半径分别为 $r_1 = v(t - t_1)$ 和 $r_2 = v(t - t_2)$。分别由 z_S 向上面的球面作切线,则由于$\frac{r_1}{l_1} = \frac{r_2}{l_2} = \frac{v}{V}$,可见切线在空间形成圆锥,且锥角为

$$2\alpha = 2\sin\left(\frac{v}{V}\right)$$

4.2 菲涅耳衍射

4.2.1 菲涅耳半波带

典型的菲涅耳衍射是圆孔或圆屏的衍射,一般用菲涅耳半波带方法处理次波的相干叠加。

如图 4.3 所示,菲涅耳是这样解决求解衍射积分问题的:将露出圆孔的波前(这里是点光源 S 所发出的球面波的波面)划分为一系列的同心圆环带,并使各个带的边缘到轴上场点 P 的距离(光程)依次相差半个波长。例如,第一个环带的中心到 P 的光程为 $r_0 = b$,其外缘到 P 的光程为 $r_1 = r_0 + \frac{\lambda}{2}$,第二个环带的外缘到 P 的光程为 $r_2 = r_0 + \lambda$,…,第 m 个半波带的外边缘到场点 P 的光程为 $r_m = r_0 + m\frac{\lambda}{2}$。这样在球面上划分出的环带称为菲涅耳半波带。

两个相邻的半波带上,有一系列的对应点(其实是对应的圆环),如图 4.4 所示,它们到场点 P 的光程差为$\frac{\lambda}{2}$,因而在 P 点振动的相位差为 π,相位相反,振动方向也相反，因而振动相互抵消。

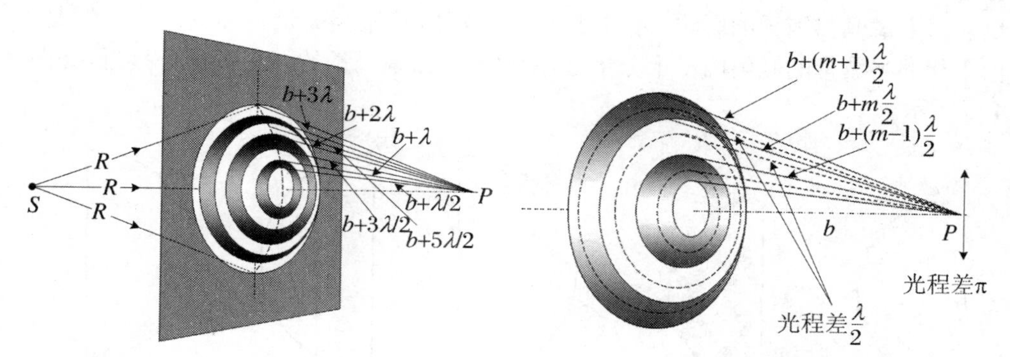

图4.3　菲涅耳半波带的划分

图4.4　相邻半波带的合振动

划分了半波带之后，衍射积分公式为

$$\widetilde{U}(P)=\frac{-\mathrm{i}}{\lambda}\sum_{m=1}^{N}\iint_{\Sigma_m}\widetilde{U}_0(Q)\frac{\cos\theta_0+\cos\theta}{2}\frac{\mathrm{e}^{\mathrm{i}kr}}{r}\mathrm{d}\Sigma_m$$

4.2.2　半波带合振动的复振幅表示

用振幅矢量法处理每个半波带的合振动振幅和半波带次波之间的相干叠加。

若将每个半波带细分为 m 个波带，使各个波带到 P 点的光程依次相差$\frac{\lambda}{2m}$，则各个波带在 P 点的相位依次相差$\frac{\pi}{m}$。用振幅矢量法计算合振动，则是 m 个矢量依次首尾相接，每个矢量相对于前一个矢量转过的角度为$\frac{\pi}{m}$，最后一个矢量相对于第一个矢量转过的角度为 π，如图 4.5(a)所示。

需要指出的是，由于这些矢量对应的是一个小波带所发出的次波的复振幅，各列次波的倾斜因子非常接近，光程也相差不大(最多相差半个波长)，因而这些复振幅的大小可近似认为是相等的，所以图 4.5(a)中的各个矢量的长度相等。

进一步，若将一个半波带无限细分，则上述矢量将变为无穷多个，同时每个矢量将变得无限小，于是上述折线将演变为一个半圆弧，如图 4.5(b)所示。即一个完整半波带所有次波的振幅矢量叠加的结果可近似地用一个半圆弧表示，这样的振幅矢量就是上述圆弧直径所代表的矢量。

如果将每一个半波带都用上述方法分析，则可得到各个半波带在场点 P 处的振幅矢量,相邻的半波带的振幅矢量由于相位相反(相位差为 π),矢量的方向也相反。再考虑倾斜因子的影响,易知靠外的半波带,其振幅矢量将逐渐减小。但是,由于相邻半波带的倾斜因子十分接近,所以相邻振幅矢量的大小也十分接近,如图 4.6 所示。

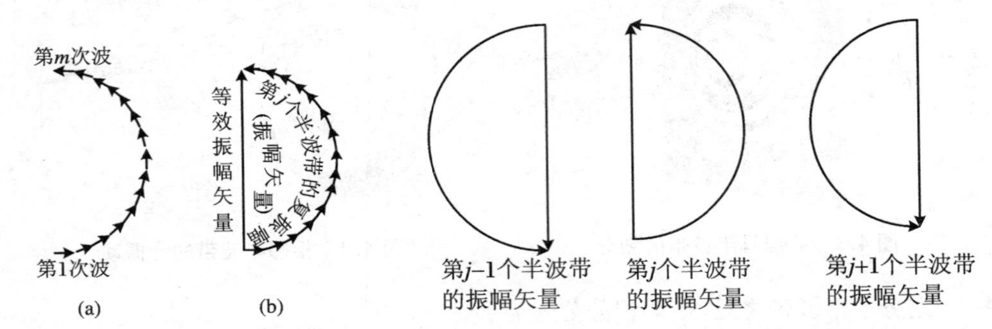

图 4.5 一个半波带的振幅矢量图　　**图 4.6 相邻半波带的振幅矢量**

各个半波带次波叠加后的合振动的振幅为

$$A = \frac{1}{2}[A_1 + (-1)^{n-1}A_n] \tag{4.4}$$

对轴上的衍射结果可作以下解释,如图 4.7 所示。

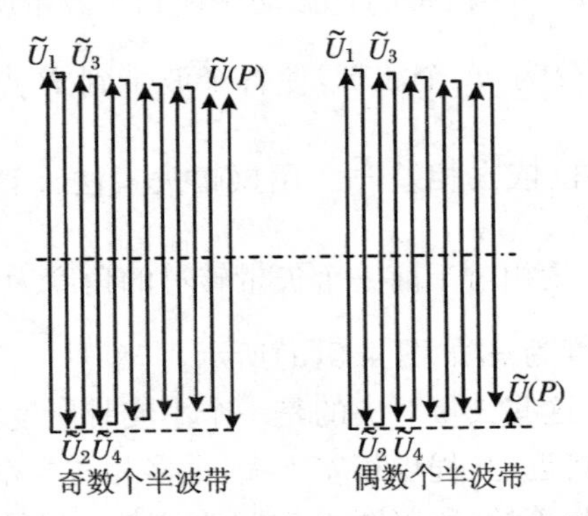

图 4.7 菲涅耳半波带合振动的振幅矢量

在圆孔衍射中,如果露出的半波带数 n 为奇数,则 $\widetilde{U}(P) = \frac{1}{2}(A_1 + A_n)$,为亮点;

如果露出的半波带数 n 为偶数,则 $\widetilde{U}(P) = \frac{1}{2}(A_1 - A_n)$,为暗点;

自由传播，相当于 $n\to\infty$，而 $A_n\to 0$，所以 $A(P)=\dfrac{1}{2}A_1$，始终是亮点；

在圆屏衍射中，相当于前面 n 个半波带被遮住，则 $\widetilde{U}(P)=\sum\limits_{n+1}^{\infty}A_m=\dfrac{1}{2}A_{n+1}$，因而总是亮点。

4.2.3　半波带方程

若点光源所发出的球面波在圆孔处的球面半径为 R，轴上的场点到球面顶点的距离为 r_0，第 n 个半波带外缘的半径为 ρ_n，光的波长为 λ，则半波带方程为

$$n=\frac{\rho_n^2}{\lambda}\left(\frac{1}{r_0}+\frac{1}{R}\right)\tag{4.5}$$

由该方程可见，圆孔所露出的半波带的数目 n 及其奇偶性由 r_0 决定，即在轴上不同的位置看同一个圆孔，其所露出的半波带的数目是不同的。

4.2.4　菲涅耳波带片

用半波带将波面分割，然后只让其中的奇数(或偶数)半波带透光，即可以制成菲涅耳波带片。透过波带片的光，在光轴上的场点有相同的相位，振动方向相同，则合振动的振幅大大增强。

可以将半波带方程(4.5)写成如下形式：

$$\frac{1}{R}+\frac{1}{r_0}=\frac{n\lambda}{\rho_n^2}\tag{4.6}$$

将式(4.6)同透镜的高斯公式 $\dfrac{1}{s}+\dfrac{1}{s'}=\dfrac{1}{f}$ 比较，形式上相同，因而波带片的焦距

$$f=\frac{\rho_n^2}{n\lambda}\tag{4.7}$$

经过波带片之后，衍射光在焦点外会聚，出现一个光强的极大值。

对平行入射光而言，由于 $R=\infty$，所以平面波的波带片应当制成平面形状的。

除了式(4.7)所表示的波带片的主焦点之外，波带片还有一系列的次焦点，位置分别为 $f'=\dfrac{f}{3},\dfrac{f}{5},\cdots,\dfrac{f}{2m+1}$。

【例4.2】　在菲涅耳圆孔衍射实验中，点光源距圆孔形衍射屏2.0 m，发出波长为0.5 μm的单色光，圆孔半径为2.0 mm，在接收屏由很远的地方向衍射屏靠近

的过程中，求：

(1) 前三次出现中心亮斑(强度极大)的位置；

(2) 前三次出现中心暗斑(强度极小)的位置。

解　本题可用半波带方程进行讨论。圆孔所露出的半波带的数目可根据下式计算：

$$n = \frac{\rho^2}{\lambda}\left(\frac{1}{r_0} + \frac{1}{R}\right)$$

式中 ρ 为圆孔半径，r_0 为接收屏到圆孔中心的距离，R 为点光源到圆孔的距离。

当 $r_0 = \infty$ 时，$n = \frac{\rho^2}{\lambda}\frac{1}{R} = 4$，这是暗斑。将半波带方程化为

$$r_0 = \left(\frac{n\lambda}{\rho^2} - \frac{1}{R}\right)^{-1}$$

(1) 于是由远到近的过程中，前三个亮斑出现的位置依次为

$$n = 5, r_0 = 8\ \text{m};\quad n = 7, r_0 = 2.67\ \text{m};\quad n = 9, r_0 = 1.6\ \text{m}$$

(2) 前三个暗斑出现的位置依次为(若不算 $n = 4, r_0 = \infty$)

$$n = 6, r_0 = 4\ \text{m};\quad n = 8, r_0 = 2\ \text{m};\quad n = 10, r_0 = 1.33\ \text{m}$$

【例 4.3】　在菲涅耳圆孔衍射实验中，光源距离圆孔为 1.5 m，光波长为 0.63 μm，接收屏与圆孔距离为 6.0 m，圆孔半径从 0.5 mm 开始逐渐扩大，求：

(1) 最先两次出现中心亮斑时圆孔的半径；

(2) 最先两次出现中心暗斑时圆孔的半径。

解　开始时，圆孔所露出的半波带数目为

$$n = \frac{\rho^2}{\lambda}\left(\frac{1}{r_0} + \frac{1}{R}\right) = \frac{0.5^2}{0.63 \times 10^{-3}}\left(\frac{1}{6.0 \times 10^3} + \frac{1}{1.5 \times 10^3}\right) = 0.3$$

不足 1 个。

由于 $\rho^2 = \dfrac{\lambda n}{\dfrac{1}{r_0} + \dfrac{1}{R}}$，故 n 为奇数时，出现亮斑；n 为偶数时，出现暗斑。

(1) 前两次出现亮斑的孔径依次为

$$n = 1, \rho_1 = 0.868\ \text{mm};\quad n = 3, \rho_3 = 1.506\ \text{mm}$$

(2) 前两次出现暗斑的孔径依次为

$$n = 2, \rho_2 = 1.23\ \text{mm};\quad n = 4, \rho_4 = 1.739\ \text{mm}$$

【例 4.4】　用直刀口将点光源的波前遮住一半(直边衍射)，几何阴影边缘点上的光比自由传播时小多少？

解　这是直边衍射，也可以采用菲涅耳半波带法分析。

如图 4.8 所示，直边形衍射屏挡住了一半的入射波，通过的光波由于次波的相干叠加而产生衍射。

为简单起见，我们仅分析入射波是平面或圆柱面的情形。对于衍射屏处的波面，仍用菲涅耳的方法将其分割为一系列半波带，由于衍射屏的边缘是直线，因而这样分割的半波带都是直条形的，如图 4.9 所示。

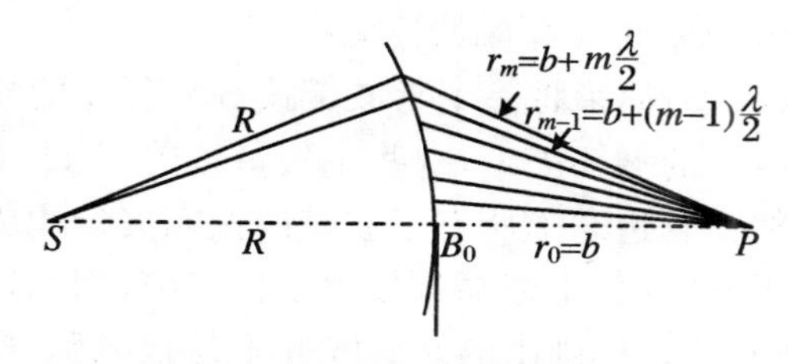

图 4.8 直边衍射半波带的划分

图 4.9 直条形半波带

每个半波带都是圆柱形的，如图 4.10 所示，记直边的宽度为 l，圆心角为 $d\theta$ 的一根直边条的面积为 $dS = lR d\theta$。

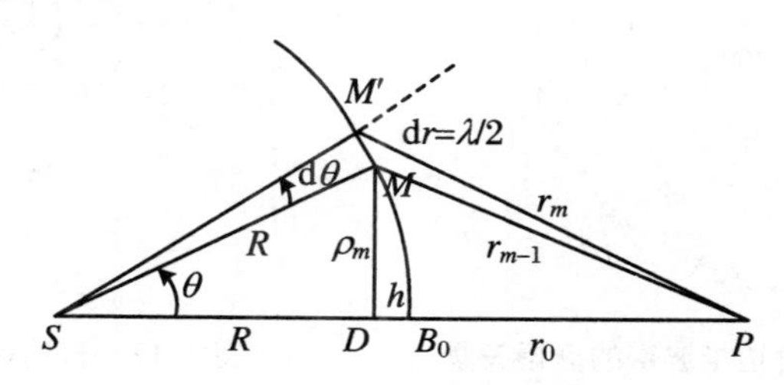

图 4.10 直边形半波带

在△SMP 中，$\cos\theta = \dfrac{R^2 + (R + r_0)^2 - r_m^2}{2R(R + r_0)}$，于是有 $d\theta = \dfrac{r_m}{R(R + r_0)\sin\theta} dr_m$，则有

$$dS = \frac{l r_m}{(R + r_0)\sin\theta} dr_m$$

当 $dr_m = \lambda/2$ 时，$dS = S_m$ 为第 m 个半波带的面积，即 $S_m = \dfrac{l\lambda r_m}{2(R + r_0)\sin\theta}$。

每个半波带的复振幅为

$$\widetilde{U}_m(P) = K\iint_{\Sigma_m} \widetilde{U}(Q_m) F_m(\theta_0, \theta) \frac{e^{ikr}}{r} d\Sigma$$

衍射的复振幅为各个半波带复振幅的叠加，即

$$\widetilde{U}(P)=K\sum_{m=1}^{\infty}\widetilde{U}F(\theta_m)\mathrm{e}^{\mathrm{i}k\left[r_0+(m-1)\frac{\lambda}{2}\right]}\frac{S_m}{r_m}$$

而$\dfrac{S_m}{r_m}=\dfrac{l\lambda}{R+r_0}\dfrac{1}{2\sin\theta_m}$，即

$$\widetilde{U}(P)=\frac{K\widetilde{U}l\lambda}{2(R+r_0)}\sum_{m=0}^{\infty}\frac{F(\theta_m)}{\sin\theta_m}\mathrm{e}^{\mathrm{i}(\varphi_1+m\pi)}=\frac{K\widetilde{U}l\lambda\mathrm{e}^{\mathrm{i}\varphi_1}}{4(R+r_0)}\sum_{m=0}^{\infty}\frac{(-1)^m(1+\cos\theta_m)}{\sin\theta_m}$$

说明随着 m 的增大，半波带所发出的次波的复振幅快速减小。

不仅仅是序数越大的半波带的振幅越小，如果将一个半波带按等光程差的规则进一步细分的话，也将得到一组逐渐减小的振幅矢量，这些小矢量按图 4.11 中的方式首尾相接，构成一段转过 π 的螺线。直边之上所有半波带的振幅矢量构成一段逐渐缩小的螺旋线，当角度 θ 接近于 $\pi/2$ 时，上述振幅接近于恒定值，因而这样的螺线并不会无限收缩，如图 4.12 所示。这样画出的螺旋线并不是很准确，事实上，可以在一定条件下对衍射积分求解，得到较准确的表达式。

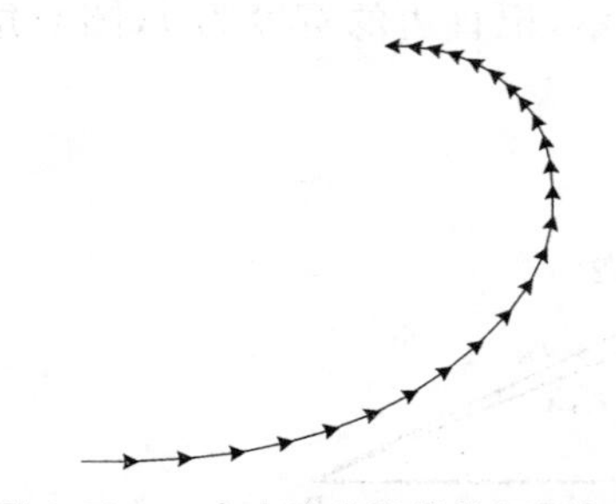

图 4.11　一个直边半波带的振幅矢量

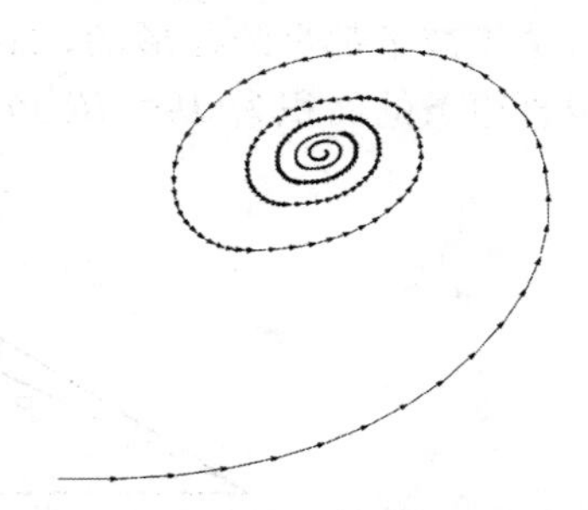

图 4.12　直边衍射的振幅矢量

上述分析，针对的是一种特殊情形，即光源 S、直边边缘 B_0 和场点 P 共线的情形，也即分析的是 SB_0 连线上一点的振幅矢量。对于直线 SB_0 之外的场点，可以按如下方式进行分析：

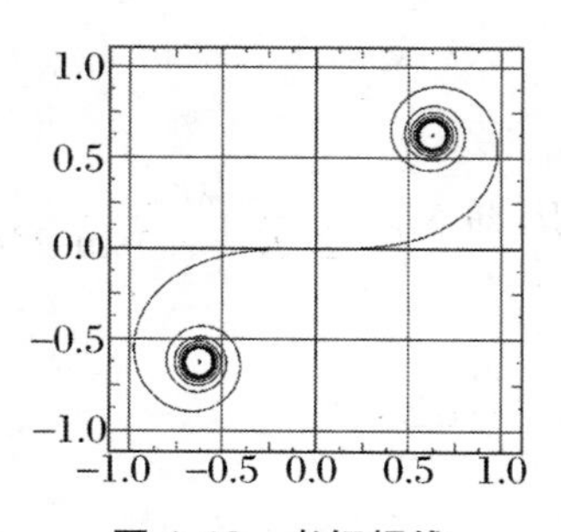

图 4.13　考钮螺线

对于柱面光波或平面光波，如果衍射屏不存在，则不会发生衍射。这种情况下，可以将自由传播的波面划分成一系列的直条形半波带，半波带的分布总是上下对称的，所以其振幅矢量也是上下对称的。若将每个半波带都无限细分，则每个振幅矢量都变得无限小，合振动的振幅矢量变为光滑的曲线，如图 4.13 所示。这样的曲线被称作考钮螺线（Cornu spiral）。自由传播时，合振动的振幅矢量就是螺线左右两个收缩

中心之间的连线。

直边衍射，对于过光源和直边连线的场点，合振动振幅矢量就是螺线中点到一个收缩点的矢量；对于直线外的场点，合振动振幅矢量的起点不能取在螺线的中点，而应取在中点的左侧(直线上的场点)或右侧(直线下的场点)，这样，矢量的长短就有所变化，代表不同的场点，衍射强度有所不同。则菲涅耳直边衍射花样和强度分布可用图4.14表示，图中横坐标表示观察点到直边的横向距离(单位任意)。

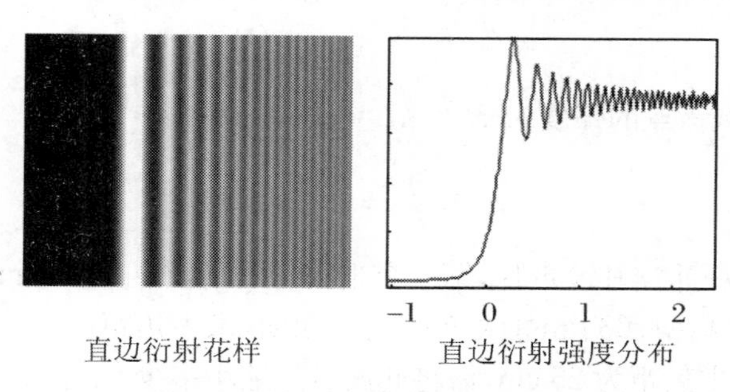

直边衍射花样　　直边衍射强度分布

图4.14　直边衍射花样与强度分布

【例4.5】　求圆孔露出1.5个半波带时衍射场中心强度与自由传播时的强度之比。

解　本题可用振幅矢量法讨论。

图4.15所示为圆孔露出1.5个半波带时衍射场中心的振幅矢量。若记第一个半波带在衍射场中心(不妨记作P点)的振幅为A_1，从图中可得到P点处合振动的振幅为$A=\frac{\sqrt{2}}{2}A_1$，光强为$I=\left(\frac{\sqrt{2}A_1}{2}\right)^2=\frac{A_1^2}{2}$。

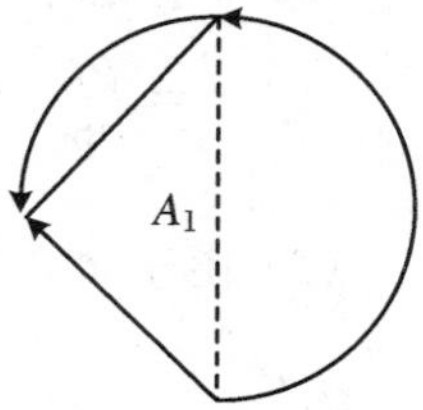

图4.15　前1.5个半波带的合振幅矢量

自由传播时，P点的振幅为$A_0=\frac{A_1}{2}$，光强为$I_0=A_0^2=\frac{A_1^2}{4}$，于是可得

$$\frac{I}{I_0}=2$$

【例4.6】　若一个菲涅耳半波带前5个偶数半波带被遮挡，其余部分都开放，求衍射场中心强度与自由传播时的强度之比。

解　仿照例4.5，前5个奇数半波带的合振动振幅$A_1+A_3+A_5+A_7+A_9\approx5A_1$。

从第 11 个开始，都是开放的，这些半波带的合振动与前 5 个奇数半波带的振动同相位，振幅为$\frac{1}{2}A_{11}\approx\frac{1}{2}A_1$，于是整个波带片在衍射场中心所引起的振幅为

$$A = 5A_1 + \frac{1}{2}A_1 = \frac{11}{2}A_1$$

强度为

$$I = A^2 = \frac{121}{4}A_1^2$$

自由传播时，该点的强度为 $I_0 = A_0^2 = \frac{A_1^2}{4}$，于是

$$\frac{I}{I_0} = 121$$

【例 4.7】 一非涅耳波带片，第一个半波带的半径 $\rho_1 = 5.0$ mm。

(1) 用波长 $\lambda = 1.06\ \mu$m 的单色平行光照明，求主焦距；

(2) 若要求主焦距为 25 cm，需将此波带片缩小多少？

解 波带片的主焦距可根据式 $f = \frac{\rho_m^2}{m\lambda}$计算，式中 ρ_m 为第 m 个半波带外缘的半径。

(1) 根据题中所给条件，可得该波带片的主焦距为

$$f = \frac{\rho_m^2}{m\lambda} = \frac{5.0^2}{1\times1.06\times10^{-3}}\ \text{mm} = 23.58\times10^3\ \text{mm} = 23.58\ \text{m}$$

(2) 由于 $\rho_m^2 = mf\lambda$，若主焦距为 $f' = 25$ cm，则 $\rho'_m = \sqrt{mf'\lambda} = \sqrt{\frac{f'}{f}}\sqrt{mf\lambda} = \rho_m\sqrt{\frac{f'}{f}}$，即

$$\frac{\rho'_m}{\rho_m} = \sqrt{\frac{f'}{f}} = \sqrt{\frac{25}{2\,358}} = \frac{1}{9.71}$$

故需将此波带片缩小为原来的 1/9.71。

【例 4.8】 一非涅耳波带片对 900.0 nm 的红外光的主焦距为 80 cm，若改用 632.8 nm 的氦-氖激光照射此波带片，其主焦距变为多少？

解 波带片不变，即各个半波带的半径和序号都不变，则 $f\lambda = \frac{\rho_m^2}{m}$不变，于是可得

$$f_1\lambda_1 = f_2\lambda_2$$

对于 632.8 nm 的氦-氖激光，该波带片的主焦距为

$$f_2 = f_1 \frac{\lambda_1}{\lambda_2} = 80 \times \frac{900.0}{632.8} \text{ cm} = 113.8 \text{ cm}$$

4.3　夫琅禾费衍射

4.3.1　单缝衍射装置

夫琅禾费单缝衍射装置如图 4.16 所示，平行光入射，衍射屏上有一宽度为 a 的单狭缝，在衍射屏之后，置一凸透镜 L_2，接收屏位于透镜的像方焦平面。

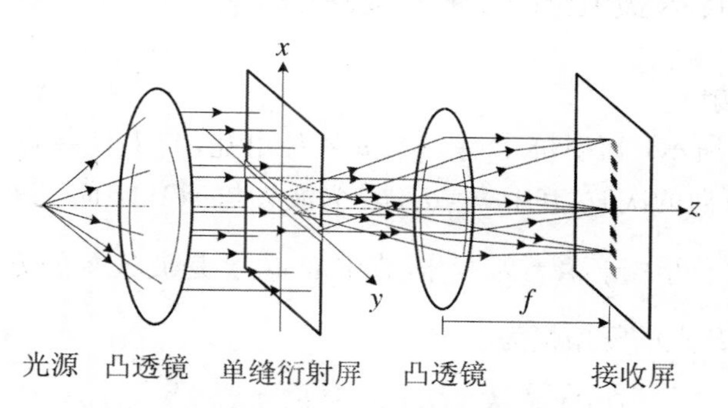

图 4.16　夫琅禾费单缝衍射装置

4.3.2　单缝衍射光强分布

接收屏上衍射的复振幅为

$$\widetilde{U}(\theta) = \widetilde{U}_0 \frac{\sin u}{u} \tag{4.8}$$

式中 $u = \frac{\pi a(\sin\theta \pm \sin\theta_0)}{\lambda}$，$\theta_0$ 为入射平面波与衍射屏法线的夹角，θ 为衍射波与衍射屏法线的夹角，即衍射角。

衍射光强为

$$I_\theta = I_0\left(\frac{\sin u}{u}\right)^2 \tag{4.9}$$

4.3.3 单缝衍射图样

零级主极大,即中央主极大的角宽度为

$$\Delta\theta_0 = 2\,\frac{\lambda}{a} \tag{4.10}$$

其他高级次条纹的角宽度为

$$\Delta\theta = \frac{\lambda}{a} \tag{4.11}$$

式(4.10)、式(4.11)称作衍射的反比关系。

4.3.4 夫琅禾费矩孔衍射和圆孔衍射

1. 矩孔衍射

如图 4.17 所示,衍射屏上有一个 $a \times b$ 矩孔,其上任一点 $Q(x, y)$发出沿 $\boldsymbol{k}(\theta_1, \theta_2, \theta_3)$方向的次波,其中 $\theta_1, \theta_2, \theta_3$ 为波矢与 yOz 平面、xOz 平面和 xOy 平面的夹角,即 $\alpha + \theta_1 = \frac{\pi}{2}, \beta + \theta_2 = \frac{\pi}{2}$,式中 α, β, γ 是波矢 $\boldsymbol{k}$ 的方向余角。则矩孔发出的次波在 P 点的复振幅为

$$\widetilde{U}(P) = K\iint \widetilde{U}_0(x, y) F(\theta_0, \theta)\,\frac{\mathrm{e}^{ikr}}{r}\mathrm{d}x\mathrm{d}y$$

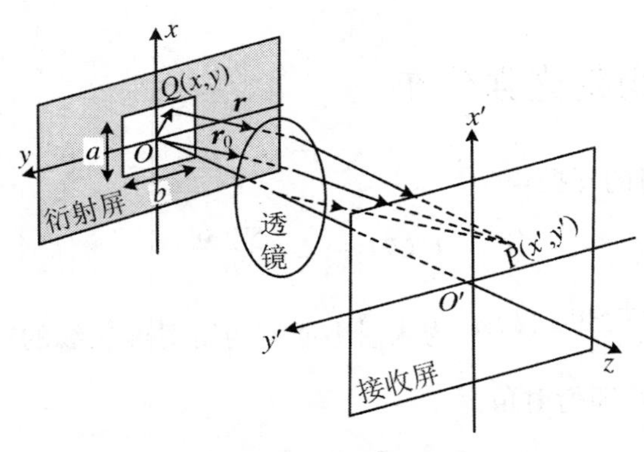

图 4.17 夫琅禾费矩孔衍射装置

Q 点到 P 点的光程为 r。从中心处 O 点引一条与 $\boldsymbol{k}$ 同方向的直线，其到 P 点的光程为 $\boldsymbol{r}_0$，$\boldsymbol{r}$ 与 $\boldsymbol{r}_0$ 的光程差即为矢量 OQ 在 $\boldsymbol{r}_0$ 上的投影，如图4.18所示。而在直角坐标系 $Oxyz$ 中，矢量 $\overrightarrow{OQ}=x\boldsymbol{e}_x+y\boldsymbol{e}_y$，$\dfrac{\boldsymbol{r}_0}{r_0}=\sin\theta_1\ \boldsymbol{e}_x+\sin\theta_2\ \boldsymbol{e}_y+\sin\theta_3\boldsymbol{e}_z$，则上述光程差为

$$\Delta\boldsymbol{r}=-\overrightarrow{OQ}\cdot\frac{\boldsymbol{r}_0}{r_0}=-(x\sin\theta_1+y\sin\theta_2)$$

即 $\boldsymbol{r}=\boldsymbol{r}_0+\Delta\boldsymbol{r}=\boldsymbol{r}_0-(x\sin\theta_1+y\sin\theta_2)$。同方向的衍射光，倾斜因子相同。在傍轴条件下，积分可求解，为

$$\begin{aligned}\widetilde{U}(P)&=KF(\theta_0,\theta)\widetilde{U}_0(0,0)\iint_{\Sigma}\frac{\mathrm{e}^{ikr_0-\mathrm{i}k(x\sin\theta_1+y\sin\theta_2)}}{r}\mathrm{d}x\mathrm{d}y\\&=KF\widetilde{U}_0(0,0)\frac{\mathrm{e}^{ikr_0}}{f}\int_{-a/2}^{a/2}\mathrm{e}^{-\mathrm{i}kx\sin\theta_1}\mathrm{d}x\int_{-b/2}^{b/2}\mathrm{e}^{-\mathrm{i}ky\sin\theta_2}\mathrm{d}y\\&=KF\widetilde{U}_0(0,0)ab\frac{\mathrm{e}^{ikr_0}}{f}\frac{\sin u_1}{u_1}\frac{\sin u_2}{u_2}\end{aligned}$$

式中 $u_1=\dfrac{\pi a}{\lambda}\sin\theta_1$，$u_2=\dfrac{\pi b}{\lambda}\sin\theta_2$。

强度分布

$$I(P)=I_0\left(\frac{\sin u_1}{u_1}\right)^2\left(\frac{\sin u_2}{u_2}\right)^2\tag{4.12}$$

式中 I_0 为矩孔发出的光波在透镜焦点的光强。衍射图样具有二维衍射强度分布，如图4.19所示。

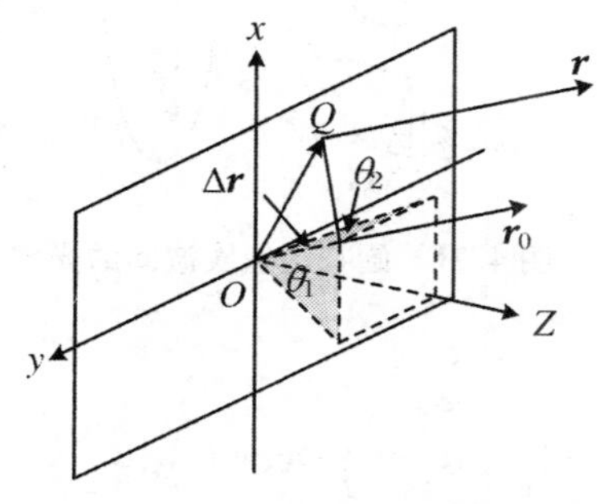

图4.18　矩孔衍射光程差的计算

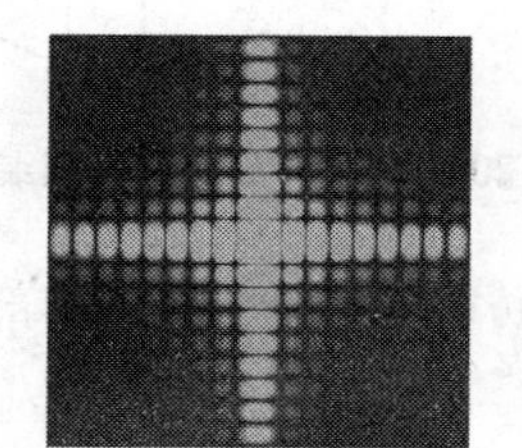

图4.19　夫琅禾费矩孔衍射图样

2. 圆孔衍射

夫琅禾费圆孔衍射装置如图4.20所示，圆孔上任一点 Q 发出沿任意方向的

光线 $\boldsymbol{r}$，与光轴间的夹角为 θ。由于整个装置是轴对称的，因而可以断定接收屏上衍射光的复振幅和强度分布亦是轴对称的，所以，只需要讨论在任意一个包含光轴的平面内的衍射情况即可。

如图 4.21 所示，从圆孔中心 O 点发出的次波的方向以 $\boldsymbol{r}_0$ 表示，$\boldsymbol{r}_0$ 在竖直平面 xOz 内，与光轴夹角为 θ，经透镜后到达接收屏（焦平面处）上 $P(\theta)$ 点，该点也在 xOz 平面内，则圆孔上所有传播方向与 $\boldsymbol{r}_0$ 平行的次波都会会聚到 $P(\theta)$ 点。由于对称性，在衍射屏上建立极坐标系，任一点 $Q(\rho,\varphi)$ 发出的与 $\boldsymbol{r}_0$ 平行的次波路径记作 $\boldsymbol{r}$。过 Q 作与 $\boldsymbol{r}$，$\boldsymbol{r}_0$ 垂直的平面，该平面到 $P(\theta)$ 点是等光程的。该平面与 x 轴交点的次波的路径记作 $\boldsymbol{r}_1$，沿 $\boldsymbol{r}_1$ 方向的次波与沿 $\boldsymbol{r}_0$ 方向的次波之间的光程差为 $\Delta\boldsymbol{r}=-\rho\cos\varphi\sin\theta$，$\Delta\boldsymbol{r}$ 也是沿 $\boldsymbol{r}$ 方向的次波与沿 $\boldsymbol{r}_0$ 方向的次波之间的光程差。在傍轴条件下，按菲涅耳－基尔霍夫衍射积分公式，可得到焦平面上 $P(\theta)$ 点的复振幅为

$$\begin{aligned}\widetilde{U}(\theta) &= K\iint_{\Sigma}\widetilde{U}_0(\rho,\varphi)F(\theta_0,\theta)\frac{\mathrm{e}^{\mathrm{i}kr_0-\mathrm{i}k\rho\cos\varphi\sin\theta}}{r}\mathrm{d}\Sigma \\ &= K\widetilde{U}_0(0,0)\frac{\mathrm{e}^{\mathrm{i}kr_0}}{f}\iint_{\Sigma}\mathrm{e}^{-\mathrm{i}k\rho\cos\varphi\sin\theta}\rho\,\mathrm{d}\varphi\,\mathrm{d}\rho\end{aligned}$$

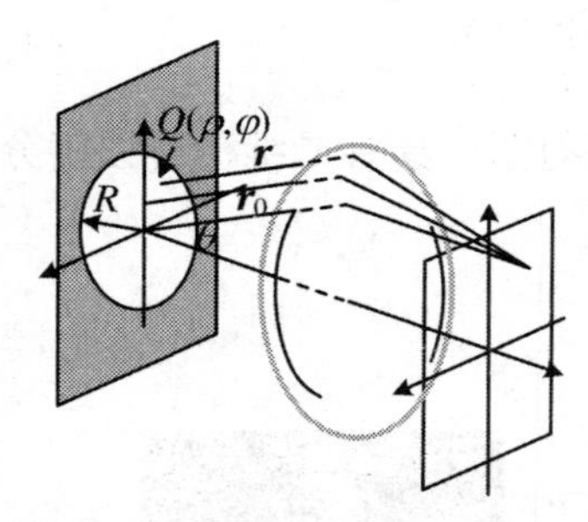

图 4.20　夫琅禾费圆孔衍射装置

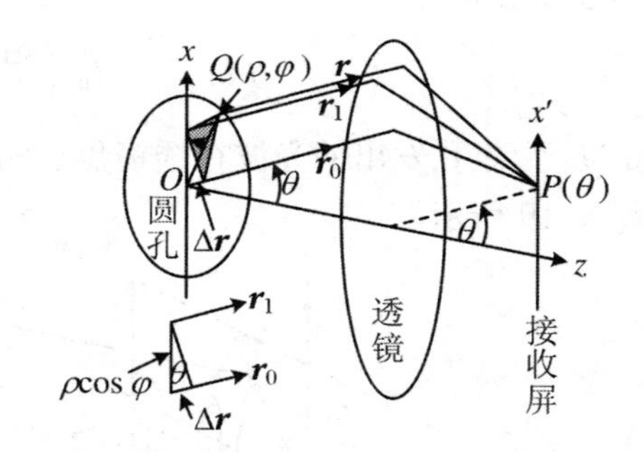

图 4.21　圆孔衍射次波间的光程差计算

不妨取上述复振幅的实部，即

$$U(\theta) = K\frac{U_0(0,0)}{f}\int_0^R\rho\,\mathrm{d}\rho\int_0^{2\pi}\cos\left(m\frac{\rho}{R}\rho\cos\varphi\right)\mathrm{d}\varphi$$

令 $m=2\pi R\sin\theta/\lambda=kR\sin\theta$，上式化为

$$U(\theta) = K\frac{U_0(0,0)}{f}\int_0^R\rho\,\mathrm{d}\rho\int_0^{2\pi}\cos(m\rho\cos\varphi)\mathrm{d}\varphi$$

积分计算的结果为

$$U(\theta) = KU_0(0,0)\frac{\pi R^2}{f} \times \frac{2J_1(m)}{m}$$

或者用复振幅表示为

$$\widetilde{U}(\theta) = K\widetilde{U}_0(0,0)\pi R^2\frac{e^{ikr_0}}{f} \times \frac{2J_1(m)}{m} \tag{4.13}$$

式中 $J_1(m)$为一阶贝塞尔函数，可以用级数表示为

$$\begin{aligned}\frac{2J_1(m)}{m} &= \sum_{k'=0}^{\infty}\frac{(-1)^{k'!}}{(k'+1)!k'!}\left(\frac{m}{2}\right)^{2k'} \\ &= \frac{m}{2}\left\{1 - \frac{1}{2}\left(\frac{m}{2}\right)^2 + \frac{1}{3}\left[\frac{\left(\frac{m}{2}\right)^3}{2!}\right]^2 - \frac{1}{4}\left[\frac{\left(\frac{m}{2}\right)^4}{3!}\right]^2 + \cdots\right\}\end{aligned}$$

复振幅 $\widetilde{U}(\theta)$的分布可以用曲线表示，如图 4.22 所示。

衍射的光强分布为

$$I(\theta) = I_0\left[\frac{2J_1(m)}{m}\right]^2$$

图 4.23 为衍射图样的图片。

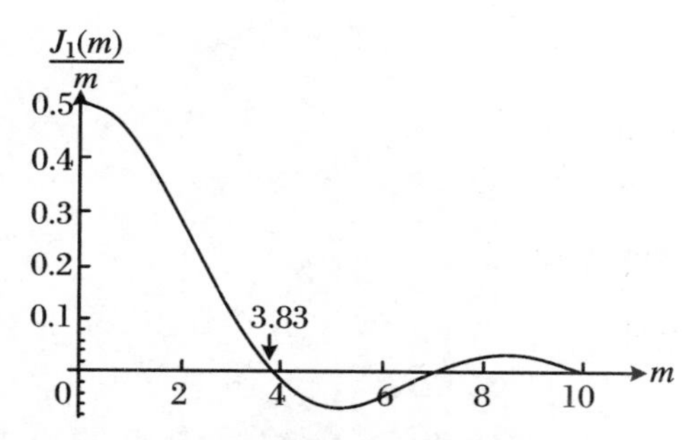

图 4.22　夫琅禾费圆孔衍射的复振幅分布

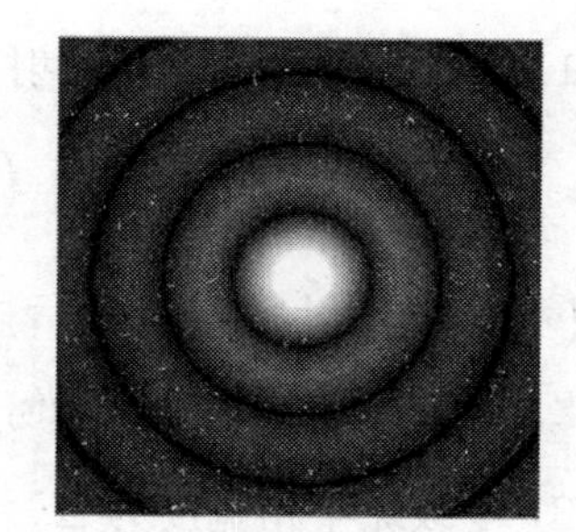
图 4.23　夫琅禾费圆孔衍射图样

圆孔的零级斑亦被称作艾里斑，第一极小值所对应的角半径为 $\theta_1 = \frac{0.61\lambda}{R}$，则艾里斑的半角宽度，即中央极大值到第一极小值的角半径(图 4.24)为

$$\Delta\theta_0 = 0.61\frac{\lambda}{R} = 1.22\frac{\lambda}{D} \tag{4.14}$$

式中 D 为衍射屏上圆孔的直径。当平行光直接通过透镜时，也可以把透镜的通光孔径作为衍射屏的孔径，则艾里斑的半径为 $\Delta l = f\Delta\theta_0 = 1.22\frac{f\lambda}{D}$。

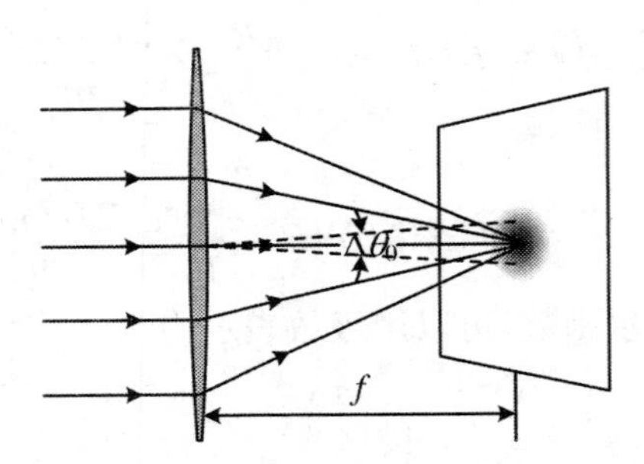

图 4.24 夫琅禾费圆孔衍射图样中央主极大的半角宽度

这就是平行光通过孔径为 D 的透镜后衍射所成的零级斑的半径。

由于艾里斑中心光强大，边缘处光强为零，也就是整个光斑的强度并不是均匀的。所以通常用“半值宽度”表示斑的大小，即把强度降为峰值一半处作为艾里斑的有效边界。

计算表明，上述半值宽度与半角宽度相差不大，所以就以半角宽度替代半值宽度。

【例 4.9】 如图 4.25 所示，平行光以角 θ_0 斜入射在宽度为 a 的单缝上，试证明：

(1) 该单缝的夫琅禾费衍射的公式为

$$I(\theta) = I_0\left(\frac{\sin\alpha}{\alpha}\right)^2$$

式中 I_0 为零级中心的强度，$\alpha = \dfrac{\pi a}{\lambda}(\sin\theta - \sin\theta_0)$。

(2) 零级中心的位置在几何光学的像点处。

(3) 零级斑半角宽度为 $\Delta\theta = \dfrac{\lambda}{a\cos\theta_0}$。

证明 斜入射时，狭缝处不是等相位面，如图 4.26 所示，入射平面波沿 θ_0 方向，单缝处的瞳函数可写作

$$\widetilde{U}_0(x) = \widetilde{U}_0 e^{ikx\sin\theta_0}$$

傍轴条件下的倾斜因子 $F(\theta_0,\theta)\approx 1$，于是，菲涅耳-基尔霍夫衍射积分公式为

$$\widetilde{U}(\theta) = \frac{-i}{\lambda r_0}\int_{-a/2}^{a/2}\widetilde{U}_0(x)e^{ikr}dx$$

式中 r_0 为常量，与透镜的焦距有关。而从缝上距离中心为 x 处的次波中心发出的沿 θ 方向的次波到接收屏上 $P(\theta)$ 点的光程可表示为 $r = r_0 - x\sin\theta$，于是有

$$\widetilde{U}(\theta)=\frac{-\mathrm{i}}{\lambda r_0}\int_{-a/2}^{a/2}\widetilde{U}_0\mathrm{e}^{\mathrm{i}kx\sin\theta_0}\mathrm{e}^{\mathrm{i}k(r_0-x\sin\theta)}\mathrm{d}x=\frac{-\mathrm{i}}{\lambda r_0}\widetilde{U}_0\mathrm{e}^{\mathrm{i}kr_0}\int_{-a/2}^{a/2}\mathrm{e}^{-\mathrm{i}kx(\sin\theta-\sin\theta_0)}\mathrm{d}x$$

$$=\frac{1}{\lambda r_0}\widetilde{U}_0\mathrm{e}^{\mathrm{i}kr_0}\frac{\mathrm{e}^{-\mathrm{i}ka(\sin\theta-\sin\theta_0)/2}-\mathrm{e}^{\mathrm{i}ka(\sin\theta-\sin\theta_0)/2}}{k(\sin\theta-\sin\theta_0)}$$

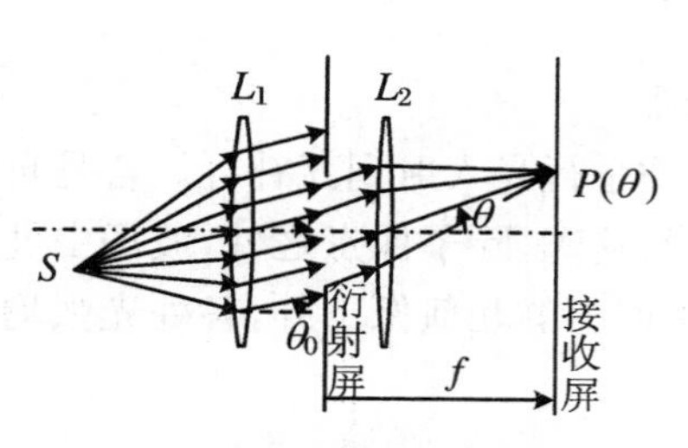

图4.25　斜入射的平面光波产生的单缝衍射

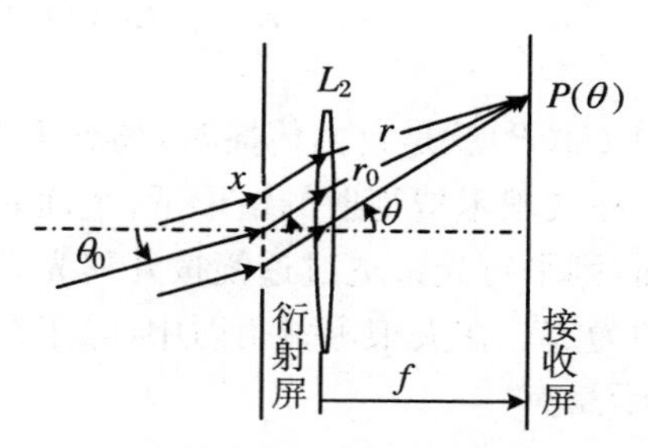

图4.26　斜入射光的夫琅禾费单缝衍射

若记 $\alpha=\dfrac{ka(\sin\theta-\sin\theta_0)}{2}=\dfrac{\pi a}{\lambda}(\sin\theta-\sin\theta_0)$，则有

$$\widetilde{U}(\theta)=\frac{a}{\lambda r_0}\widetilde{U}_0\mathrm{e}^{\mathrm{i}kr_0}\frac{\mathrm{e}^{-\mathrm{i}\alpha}-\mathrm{e}^{\mathrm{i}\alpha}}{2\alpha}=\frac{-a}{\lambda r_0}\widetilde{U}_0\mathrm{e}^{\mathrm{i}kr_0}\frac{\sin\alpha}{\alpha}$$

光强为

$$I(\theta)=\widetilde{U}(\theta)^*\widetilde{U}(\theta)=\left(\frac{a\widetilde{U}_0}{\lambda r_0}\right)^2\left(\frac{\sin\alpha}{\alpha}\right)^2=I_0\left(\frac{\sin\alpha}{\alpha}\right)^2$$

式中 $I_0=\left(\dfrac{a\widetilde{U}_0}{\lambda r_0}\right)^2$。

当光波垂直射向衍射屏时，$\theta_0=0$，$\alpha=\dfrac{\pi a}{\lambda}\sin\theta$。

【例4.10】 试用巴比涅原理证明：互补的衍射屏产生的夫琅禾费衍射图样相同。

证明　互补屏 $\Sigma_a+\Sigma_b=\Sigma$，即两个互补衍射屏透光部分相加等于无衍射屏，等于光波自由传播。

单个衍射屏所产生的衍射的复振幅可分别写作

$$\widetilde{U}_a(P)=K\iint_{\Sigma_a}\widetilde{U}_0(Q)F(\theta_0,\theta)\frac{\mathrm{e}^{\mathrm{i}kr}}{r}\mathrm{d}\Sigma$$

$$\widetilde{U}_b(P)=K\iint_{\Sigma_b}\widetilde{U}_0(Q)F(\theta_0,\theta)\frac{\mathrm{e}^{\mathrm{i}kr}}{r}\mathrm{d}\Sigma$$

若将两互补衍射屏透光部分所产生的衍射复振幅相加，则得到

$$\widetilde{U}_a(P)+\widetilde{U}_b(P)=K\iint_{\Sigma_a}\widetilde{U}_0(Q)F(\theta_0,\theta)\frac{e^{ikr}}{r}d\Sigma+K\iint_{\Sigma_b}\widetilde{U}_0(Q)F(\theta_0,\theta)\frac{e^{ikr}}{r}d\Sigma$$

$$=K\iint_{\Sigma_a+\Sigma_b}\widetilde{U}_0(Q)F(\theta_0,\theta)\frac{e^{ikr}}{r}d\Sigma=\widetilde{U}_0(P)$$

式中 $\widetilde{U}_0(P)$就是自由传播时，场点 P 处的复振幅。

在夫琅禾费衍射的情形下，平面光波入射，即平行光入射到互补屏。若是自由传播，则平行光束透过透镜按几何光学原理成像，这时，除了像点之外，波场中处处振动为零。在夫琅禾费衍射中，除了在透镜焦平面上的几何像点外，各处光强均为0。于是有

$$\widetilde{U}_a(P)=-\widetilde{U}_b(P)$$

即

$$I_a(P)=I_b(P)$$

除了几何像点之外，互补的衍射屏所产生的夫琅禾费衍射图样相同。

【例 4.11】 在夫琅禾费单缝衍射实验中，以钠黄光($\lambda=589$ nm)为光源，平行光垂直入射到单缝上。

(1) 若缝宽为 0.10 mm，问第一级极小出现在多大的角度上？

(2) 若要使第一级极小出现在 0.5°的方向上，则缝宽应为多大？

解 (1) 各个极小值点满足 $\sin\theta=\pm1\dfrac{\lambda}{a},\pm2\dfrac{\lambda}{a},\cdots,\pm j\dfrac{\lambda}{a},\pm(j+1)\dfrac{\lambda}{a},\cdots,$ $j\neq0$。

第一级极小出现在 $\sin\theta_{1\min}=\dfrac{\lambda}{a}=0.005\,89$ 处，即

$$\theta_{1\min}=\arcsin\frac{\lambda}{a}=0.005\,89\ \text{rad}$$

(2) 若要使第一级极小出现在 0.5°的方向上，则缝宽应为

$$a=\frac{\lambda}{\sin\theta}=6.75\times10^{-2}\ \text{mm}$$

【例 4.12】 水银灯发出的波长为 546.0 nm 的绿色平行光垂直入射到一单缝上，缝后透镜的焦距为 40 cm，测得透镜后焦面上衍射花样的主极大总宽度为 1.5 mm，试求单缝宽度。

解 夫琅禾费单缝衍射中央主极大的角宽度为 $\Delta\theta_0=2\dfrac{\lambda}{a}$，接收屏到衍射屏的

距离为透镜的焦距，则上述衍射主极大的宽度为 $\Delta l_0 = f\Delta\theta_0$，故单缝的宽度为

$$a = \frac{2\lambda}{\Delta\theta_0} = \frac{2\lambda}{\Delta l_0}f = \frac{2\times 546.0\ \text{nm}}{1.5\ \text{mm}}\times 40\ \text{cm} = 0.291\ \text{mm}$$

【例 4.13】 以 $\lambda = 590.0$ nm 的单色平行光垂直入射到宽度为 0.4 mm 的单缝上，一焦距为 70 cm 的会聚透镜放置在单缝之后，在透镜后焦面上观察衍射花样。试求衍射花样的第一和第二极小离花样中心的线距离分别是多少。

解 夫琅禾费单缝衍射各个极小值的衍射角满足 $\theta\approx\sin\theta = \pm 1\dfrac{\lambda}{a}, \pm 2\dfrac{\lambda}{a},\cdots$，接收屏上各个极小值到中心的距离为

$$x_m = f\theta_m = m\frac{\lambda f}{a}$$

于是有

$$x_1 = \frac{\lambda f}{a} = \frac{590.0\ \text{nm}\times 70\ \text{cm}}{0.4\ \text{mm}} = 1.03\ \text{mm}$$

$$x_2 = 2\frac{\lambda f}{a} = 2\times\frac{590.0\ \text{nm}\times 70\ \text{cm}}{0.4\ \text{mm}} = 2.07\ \text{mm}$$

【例 4.14】 用钠黄光（$\lambda = 589.3$ nm）作为夫琅禾费单缝衍射实验的光源，测得第二极小到花样中心的线距离为 0.30 cm。当用波长未知的光做实验时，测得第三极小离中心的线距离为 0.42 cm，求该波长。

解 参见例 4.13，由于 $x_m = \theta_m f = m\dfrac{\lambda f}{a}$，可得

$$\frac{x_m(\lambda_2)}{x_n(\lambda_1)} = \frac{m\lambda_2}{n\lambda_1}$$

于是

$$\lambda_2 = \frac{n}{m}\frac{x_m(\lambda_2)}{x_n(\lambda_1)}\lambda_1 = \frac{2}{3}\times\frac{0.42\ \text{cm}}{0.30\ \text{cm}}\times 589.3\ \text{nm} = 550\ \text{nm}$$

【例 4.15】 在夫琅禾费单缝衍射实验中用白光作光源，问起码能看到第几级衍射条纹？由于人眼对可见光紫端和红端的光的灵敏度很低，计算时把光源波长范围算作 500～600 nm。

解 衍射的极大值位置

$$\sin\theta = 0, \pm 1.43\frac{\lambda}{a}, \pm 2.46\frac{\lambda}{a}, \pm 3.47\frac{\lambda}{a},\cdots$$

衍射的极小值位置

$$\sin\theta = \pm 1\frac{\lambda}{a}, \pm 2\frac{\lambda}{a},\cdots, \pm j\frac{\lambda}{a}, \pm(j+1)\frac{\lambda}{a},\cdots$$

长波的 j 级极大与短波的 $j+1$ 级极小重合，则条纹消失。但由于同一波长的极大值与极小值间隔很小，作为近似计算，可以用长波的 j 级极小替代其 j 级极大，则有

$$j\lambda_{\max} = (j+1)\lambda_{\min}$$

于是可得

$$j = \frac{\lambda_{\min}}{\lambda_{\max} - \lambda_{\min}} = \frac{500}{600 - 500} = 5$$

【例 4.16】 用眼睛观察很远处卡车的前灯，已知两车灯间的距离为 1.50 m，眼睛瞳孔直径为 0.42 cm，有效波长为 550 nm，问眼睛刚能分辨两个车灯时卡车离人有多远？

解 每个车灯经眼睛瞳孔衍射的艾里斑的半角宽度为 $\Delta\theta_0 = 1.22\dfrac{\lambda}{D}$。

两灯对人眼的张角 $\theta = \dfrac{d}{L}$。

按照瑞利判据，$\theta \geqslant \Delta\theta_0$ 可分辨，即 $\dfrac{d}{L} \geqslant 1.22\dfrac{\lambda}{D}$，可得

$$L \leqslant \frac{dD}{1.22\lambda} = \frac{1.50\ \text{m} \times 0.42\ \text{cm}}{1.22 \times 550\ \text{nm}} = 9.4\ \text{km}$$

【例 4.17】 为使望远镜能分辨角距离为 3.00×10^{-7} rad 的两颗星，其物镜的直径至少应为多大？为了充分利用此望远镜的分辨本领，望远镜应有多大的角放大率？假定眼睛的最小分辨角为 2.68×10^{-4} rad。

解 艾里斑的半角宽度为 $\Delta\theta_0 = 1.22\dfrac{\lambda}{D}$，可以将其作为圆孔衍射零级斑的有效角宽度。不妨取光波长为 550 nm，依瑞利判据，可得望远镜物镜的直径为

$$D = 1.22\frac{\lambda}{\Delta\theta_0} = \frac{1.22 \times 550 \times 10^{-9}}{3.00 \times 10^{-7}} = 2.237\ \text{m}$$

若设望远镜物镜和目镜的焦距分别为 f_1 和 f_2，则两颗星所成的像在望远镜物镜像方焦平面（这也是目镜的物方焦平面）处的间距为

$$\Delta l = \Delta\theta_0 f_1$$

这两个像对目镜（也就是眼睛瞳孔）的张角为

$$\Delta\theta' = \frac{\Delta l}{f_2} = \Delta\theta_0\frac{f_1}{f_2}$$

而望远镜的角放大倍数为 $M = \dfrac{f_1}{f_2}$，即

$$M = \frac{f_1}{f_2} = \frac{\Delta\theta'}{\Delta\theta_0} = \frac{2.68 \times 10^{-4}}{3.00 \times 10^{-7}} = 893.3$$

故约为900倍。

【例4.18】 高空遥测用照相机离地面20.0 km,刚好能分辨地面上相距为10.0 cm的两个点。照相机物镜的孔径有多大?为充分利用此照相机的分辨本领,应选用多大分辨率的记录装置?

解 地面上可分辨的最小间距为 d,这样的间隔对高度为 H 卫星相机的张角为 $\delta\theta = \frac{d}{H}$。若照相机物镜的孔径为 D,则衍射艾里斑的半角宽度 $\Delta\theta_0 = 1.22\frac{\lambda}{D}$。可分辨时$\frac{d}{H} \geqslant 1.22\frac{\lambda}{D}$,若取光的波长为 $\lambda = 600$ nm,则得

$$D \geqslant 1.22\frac{H}{d}\lambda = 1.22 \times \frac{20.0\ \text{km}}{10.0\ \text{cm}} \times 600\ \text{nm} = 14.6\ \text{cm}$$

感光片可分辨的最小间距

$$\Delta x \geqslant \Delta\theta_0 f = \frac{1.22\lambda}{D}f$$

没有给出相机镜头的焦距,无法计算感光片的分辨率。

4.4 衍射光栅

4.4.1 衍射光栅的强度

衍射光栅是多缝夫琅禾费衍射装置。衍射花样是各个缝衍射的复振幅相干叠加的结果。对于周期性的光栅,衍射光强为

$$I(\theta) = I_0\left(\frac{\sin u}{u}\right)^2\left(\frac{\sin N\beta}{\sin\beta}\right)^2 \tag{4.15}$$

式中 I_0 为单条缝在几何像点处的衍射光强,N 为缝的数目,$u = \frac{\pi a(\sin\theta - \sin\theta_0)}{\lambda}$,其中 θ_0 为入射光与光栅平面的法线之间的夹角,θ 为衍射光与光栅平面的法线之间的夹角,a 为缝宽,$\beta = \frac{\pi d(\sin\theta - \sin\theta_0)}{\lambda}$,$d$ 为光栅的周

期，即光栅常数。

4.4.2 光栅方程

衍射的极大值条件为

$$d(\sin\theta_0 - \sin\theta_j) = j\lambda \quad (j = 0, \pm 1, \pm 2, \pm 3, \cdots) \tag{4.16}$$

4.4.3 光栅光谱的缺级

在干涉的主极大值与衍射的极小值重合的位置，由于干涉的极大值不能出现而产生缺级，缺级条件为 $j/d = n/a$，即

$$j = n\frac{d}{a} \quad (n \neq 0) \tag{4.17}$$

4.4.4 光栅光谱的半角宽度

$$\Delta\theta_j = \frac{\lambda}{Nd\cos\theta_j} = \frac{\lambda}{L\cos\theta_j} \tag{4.18}$$

其中，光栅的周期数与光栅常数的乘积 $L = Nd$ 就是光栅的有效宽度。

4.4.5 光栅的分辨本领

可分辨的最小波长间隔为

$$\delta\lambda_{\min} = \frac{\lambda}{jN} \tag{4.19}$$

分辨本领为

$$A = \frac{\lambda}{\delta\lambda_{\min}} = jN \tag{4.20}$$

【例 4.19】 利用光栅的强度分布公式，证明：双缝夫琅禾费衍射强度分布为

$$I(\theta) = 4I_0\cos\beta\frac{\sin^2\alpha}{\alpha^2}$$

式中 $\alpha = \frac{\pi a}{\lambda}\sin\theta, \beta = \frac{\pi d}{\lambda}\sin\theta$，$a$ 和 d 分别为缝宽和缝间距。

证明 N 缝夫琅禾费衍射的强度公式为 $I(\theta) = I_0\left(\frac{\sin u}{u}\right)^2\left(\frac{\sin N\beta}{\sin\beta}\right)^2$。若是

双缝衍射，$N=2$，则 $I(\theta)=4I_0\cos^2\beta\dfrac{\sin^2 u}{u^2}$。

而杨氏干涉为

$$I=2I_0\left[1+\cos\left(\frac{2\pi d}{\lambda}\sin\theta\right)\right]=2I_0(1+\cos 2\beta)=4I_0\cos^2\beta$$

相当于不考虑单缝衍射时的情况。即认为$\dfrac{\sin u}{u}=1$，$u=0$，$\dfrac{\pi b}{\lambda}\sin\theta=0$，$b\ll\lambda$。每一个狭缝只有一个次波波源。

【例 4.20】 一块每厘米有 6 000 条刻线的光栅，以白光垂直入射，已知白光的波长范围为 400～700 nm。试分别计算第一级和第二级光谱的角宽度。两者是否重叠？

解 根据光栅方程 $d\sin\theta=j\lambda$，可得 $\sin\theta=j\dfrac{\lambda}{d}$。不妨取白光的波长范围为 400～700 nm，则一级和二级衍射谱的角度范围为

$$\theta_1=\arcsin\frac{0.400\sim0.700\ \mu\text{m}}{10\,000\ \mu\text{m}/6\,000}=0.24\sim0.42$$

即

$$\theta_1=13.9^\circ\sim24.8^\circ$$

又

$$\theta_2=\arcsin\frac{2(0.400\sim0.700)\ \mu\text{m}}{10\,000\ \mu\text{m}/6\,000}=0.48\sim0.84$$

即

$$\theta_2=28.7^\circ\sim57.1^\circ$$

没有重叠。

【例 4.21】 用 He-Ne 激光器发出的红光垂直入射到一平面透射光栅上，观察夫琅禾费单缝衍射花样。测得第一极大值出现在 38°的方向上，求光栅常数。能否看到二级光谱？

解 He-Ne 激光器发出的红光波长为 $\lambda=632.8$ nm。根据正入射的光栅方程 $d\sin\theta=j\lambda$，可得

$$d=\frac{j\lambda}{\sin\theta}=1.03\ \mu\text{m}$$

对于二级光谱，由于 $\sin\theta=\dfrac{j\lambda}{d}=\dfrac{2\times632.8\times10^{-6}}{1.03\times10^{-3}}=1.23$，所以不可能出现。

【例 4.22】 用钠(Na)黄光($\lambda=589.3$ nm)正入射到平面透射光栅上，测得第

一级谱线的偏转角为 $19°30'$，用波长未知的单色光正入射时，测得第一级谱线的偏转角为 $15°6'$。

（1）求未知波长；

（2）最多能观察到几级未知波长的衍射谱线？

解 根据光栅方程和钠(Na)黄光的衍射结果，可得光栅常数为

$$d = \frac{j\lambda_1}{\sin\theta(\lambda_1)} = 1.765\ \mu\text{m}$$

用未知波长的单色光入射到光栅上，由于 $\lambda = \dfrac{d\sin\theta}{j}$，因而

$$\lambda_2 = \frac{\sin\theta(\lambda_2)}{\sin\theta(\lambda_1)}\lambda_1 = \frac{\sin 15°6'}{\sin 19°30'} \times 589.3\ \text{nm} = 459.9\ \text{nm}$$

衍射角为 $90°$ 时，所对应的衍射级数为

$$j_{\max} = \frac{d\sin\frac{\pi}{2}}{\lambda_2} = \frac{1.765\ \mu\text{m}}{459.9\ \text{nm}} < 4$$

故最多能观察到 3 次未知波长的衍射谱线。

【例 4.23】 衍射屏上有三条平行狭缝，每条缝的宽度均为 a，相邻两缝的缝距分别为 d 和 $2d$，求这样的三缝所产生的夫琅禾费衍射光强分布。

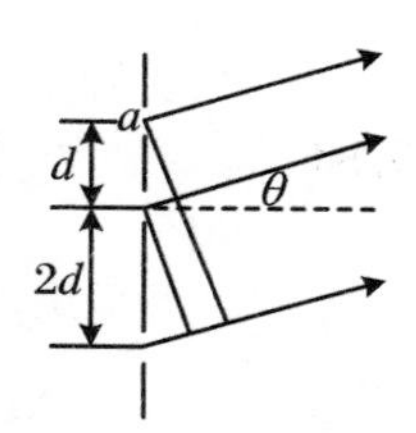

图 4.27 三缝衍射的积分解法

解 这样的衍射屏不是周期性的。可以分别采用积分方法或振幅矢量法得到衍射的复振幅分布，进而得到衍射的光强分布。

方法 1：积分法。

如图 4.27 所示，设从第一条狭缝中心沿 θ 方向的次波到接收屏上相应的 P 点的光程为 L_1，则第二条和第三条狭缝中心到上述场点的光程分别为 $L_2 = L_1 + d\sin\theta$，$L_3 = L_1 + 3d\sin\theta$。第 m 条缝上 x_m 点到 P 点的光程为 $r_m = L_m - x_m\sin\theta$，于是，在傍轴条件下，菲涅耳－基尔霍夫衍射积分公式为

$$\begin{aligned}\widetilde{U}(\theta) &= \frac{K}{r}\sum_{m=1}^{3}\int_{-a/2}^{a/2}\widetilde{U}_0 e^{ik(L_m - x_m\sin\theta)}dx_m \\ &= \frac{K}{r}\widetilde{U}_0\left(e^{ikL_1}\int_{-a/2}^{a/2}e^{-ikx\sin\theta}dx + e^{ikL_2}\int_{-a/2}^{a/2}e^{-ikx\sin\theta}dx + e^{ikL_3}\int_{-a/2}^{a/2}e^{-ikx\sin\theta}dx\right) \\ &= \left(\frac{K}{r}\widetilde{U}_0\int_{-a/2}^{a/2}e^{-ikx\sin\theta}dx\right)\left(e^{ikL_1} + e^{ikL_2} + e^{ikL_3}\right)\end{aligned}$$

式中

$$\frac{K}{r}\widetilde{U}_0\int_{-a/2}^{a/2}\mathrm{e}^{-\mathrm{i}kx\sin\theta}\mathrm{d}x = \frac{K}{r}\widetilde{U}_0\,\frac{\sin(ka\sin\theta/2)}{k\sin\theta/2} = \frac{K}{r}a\widetilde{U}_0\,\frac{\sin(\pi a\sin\theta)}{\pi a\sin\theta}$$

是缝宽为 a 的单缝衍射因子。若记 $u=\dfrac{\pi a\sin\theta}{\lambda}$,则

$$\frac{K}{r}\widetilde{U}_0\int_{-a/2}^{a/2}\mathrm{e}^{-\mathrm{i}kx\sin\theta}\mathrm{d}x = \frac{K}{r}a\widetilde{U}_0\,\frac{\sin u}{u}$$

又

$$\mathrm{e}^{\mathrm{i}kL_1}+\mathrm{e}^{\mathrm{i}kL_2}+\mathrm{e}^{\mathrm{i}kL_3} = \mathrm{e}^{\mathrm{i}kL_1}(1+\mathrm{e}^{\mathrm{i}kd\sin\theta}+\mathrm{e}^{\mathrm{i}3kd\sin\theta})$$

是三缝的缝间干涉因子。若记 $\beta=\dfrac{\pi d\sin\theta}{\lambda}$,则

$$\mathrm{e}^{\mathrm{i}kL_1}+\mathrm{e}^{\mathrm{i}kL_2}+\mathrm{e}^{\mathrm{i}kL_3} = \mathrm{e}^{\mathrm{i}kL_1}(1+\mathrm{e}^{\mathrm{i}2\beta}+\mathrm{e}^{\mathrm{i}6\beta})$$

衍射的强度分布为

$$\begin{aligned}I(\theta) &= \widetilde{U}(\theta)\,\widetilde{U}^*(\theta) = \left(\frac{K}{r}a\widetilde{U}_0\,\frac{\sin u}{u}\right)^2 \left|1+\mathrm{e}^{\mathrm{i}2\beta}+\mathrm{e}^{\mathrm{i}6\beta}\right|^2\\ &= I_0\left(\frac{\sin u}{u}\right)^2(3+\mathrm{e}^{\mathrm{i}2\beta}+\mathrm{e}^{-\mathrm{i}2\beta}+\mathrm{e}^{\mathrm{i}4\beta}+\mathrm{e}^{-\mathrm{i}4\beta}+\mathrm{e}^{\mathrm{i}6\beta}+\mathrm{e}^{-\mathrm{i}6\beta})\\ &= I_0\left(\frac{\sin u}{u}\right)^2(3+2\cos 2\beta+2\cos 4\beta+2\cos 6\beta)\end{aligned}$$

式中 $I_0=\left|\dfrac{K}{r}a\,\widetilde{U}_0\right|^2$。

方法 2:振幅矢量法。

每一单缝衍射的复振幅用矢量表示,最后的结果是这三个振幅矢量的和。如图 4.28 所示,三个等长矢量,长度为 $A=U_0\,\dfrac{\sin u}{u}$,夹角依次为 $\Delta\varphi$,$2\Delta\varphi$,$\Delta\varphi=kd\sin\theta=\dfrac{2\pi}{\lambda}d\sin\theta=2\beta$。

合矢量为 A_θ,分量为

$$A_{\theta x} = A+A\cos\Delta\varphi+A\cos(3\Delta\varphi)\,A_{\theta y} = A\sin\Delta\varphi+A\sin(3\Delta\varphi)$$

$$\begin{aligned}A_\theta^2 &= A_{\theta x}^2+A_{\theta y}^2\\ &= (A+A\cos\Delta\varphi+A\cos 3\Delta\varphi)^2+(A\sin\Delta\varphi+A\sin 3\Delta\varphi)^2\\ &= A^2+A^2\cos^2\Delta\varphi+A\cos^2(3\Delta\varphi)+2A^2\cos\Delta\varphi+2A^2\cos 3\Delta\varphi\\ &\quad +2A^2\cos\Delta\varphi\cos 3\Delta\varphi+A^2\sin^2\Delta\varphi+A^2\sin^2(3\Delta\varphi)+2A^2\sin\Delta\varphi\sin 3\Delta\varphi\\ &= 3A^2+2A^2\cos\Delta\varphi+2A^2\cos 3\Delta\varphi+2A^2\cos 2\Delta\varphi\\ &= A^2(3+2\cos\Delta\varphi+2\cos 2\Delta\varphi+2\cos 3\Delta\varphi)\\ &= I_0\left(\frac{\sin u}{u}\right)^2(3+2\cos 2\beta+2\cos 4\beta+2\cos 6\beta)\end{aligned}$$

【例 4.24】 导出不等宽双狭缝的夫琅禾费衍射强度分布公式，设缝宽分别为 a 和 $2a$，缝距 $d=3a$（图 4.29）。

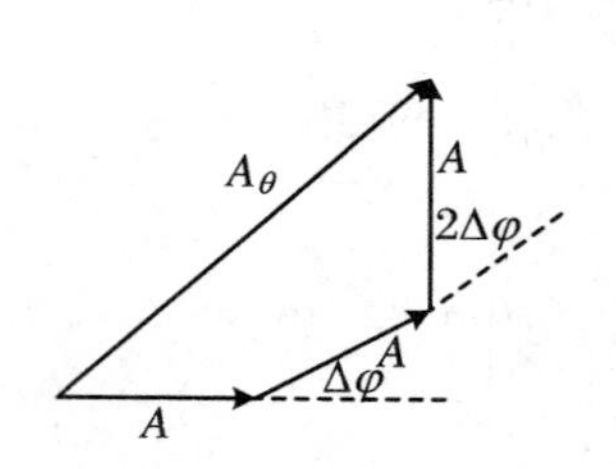

图 4.28 三缝衍射的振幅矢量解法

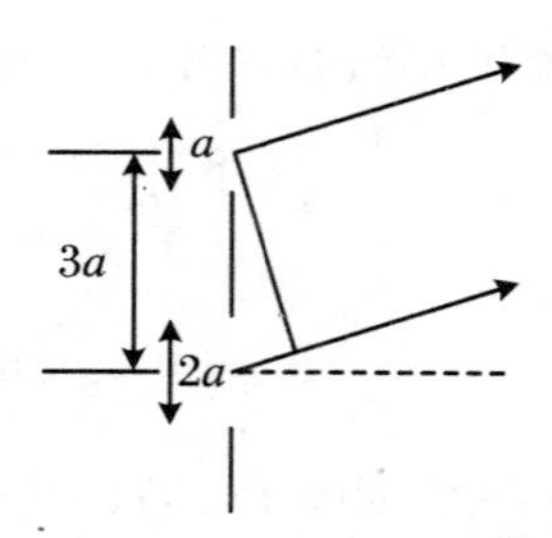

图 4.29 不等宽双缝衍射的积分解法

解 本题的解法可参考例 4.23，依然可以用两种方法。

方法 1：积分法。

两缝中心发出的沿 θ 方向光的光程为 L_1 和 L_2，有 $L_2=L_1+d\sin\theta$，$r_m=L_m-x\sin\theta$，则傍轴条件下，倾斜因子 $F(\theta_0,\theta)\approx 1$，于是衍射积分为

$$\widetilde{U}(\theta)=K\left(\int_{\Sigma 1}\widetilde{U}_0\frac{\mathrm{e}^{\mathrm{i}kr}}{r}\mathrm{d}x+\int_{\Sigma 2}\widetilde{U}_0\frac{\mathrm{e}^{\mathrm{i}kr}}{r}\mathrm{d}x\right)$$

式中 $K\int_{\Sigma 1}\widetilde{U}_0\frac{\mathrm{e}^{\mathrm{i}kr}}{r}\mathrm{d}x$ 和 $K\int_{\Sigma 2}\widetilde{U}_0\frac{\mathrm{e}^{\mathrm{i}kr}}{r}\mathrm{d}x$ 分别是缝 1 和缝 2 的衍射积分，分别为

$$\begin{aligned}K\int_{\Sigma 1}\widetilde{U}_0\frac{\mathrm{e}^{\mathrm{i}kr}}{r}\mathrm{d}x&=\frac{K\widetilde{U}_0}{r}\int_{-a/2}^{a/2}\mathrm{e}^{\mathrm{i}k(L_1-x\sin\theta)}\mathrm{d}x=\frac{K\widetilde{U}_0}{r}\mathrm{e}^{\mathrm{i}kL_1}\int_{-a/2}^{a/2}\mathrm{e}^{-\mathrm{i}kx\sin\theta}\mathrm{d}x\\&=a\frac{K\widetilde{U}_0}{r}\mathrm{e}^{\mathrm{i}kL_1}\frac{\sin(ka\sin\theta/2)}{ka\sin\theta/2}=a\frac{K\widetilde{U}_0}{r}\mathrm{e}^{\mathrm{i}kL_1}\frac{\sin u}{u}\end{aligned}$$

式中 $u=\frac{\pi a\sin\theta}{\lambda}$；

$$K\int_{\Sigma 2}\widetilde{U}_0\frac{\mathrm{e}^{\mathrm{i}kr}}{r}\mathrm{d}x=\int_{-a}^{a}\widetilde{U}_0\frac{\mathrm{e}^{\mathrm{i}kr}}{r}\mathrm{d}x=2a\frac{K\widetilde{U}_0}{r}\mathrm{e}^{\mathrm{i}kL_2}\frac{\sin 2u}{2u}$$

于是可得

$$\begin{aligned}\widetilde{U}(\theta)&=K\widetilde{U}_0\left(\frac{\mathrm{e}^{\mathrm{i}kL_1}}{r}a\frac{\sin u}{u}+\frac{\mathrm{e}^{\mathrm{i}kL_2}}{r}2a\frac{\sin 2u}{2u}\right)\\&=Ka\widetilde{U}_0\frac{\mathrm{e}^{\mathrm{i}kL_1}}{r_0}\left(\frac{\sin u}{u}+2\mathrm{e}^{\mathrm{i}kd\sin\theta}\frac{2\sin u\cos u}{2u}\right)\\&=K\widetilde{U}_0a\frac{\mathrm{e}^{\mathrm{i}kL_1}}{r_0}\frac{\sin u}{u}(1+2\mathrm{e}^{\mathrm{i}kd\sin\theta}\cos u)\end{aligned}$$

强度分布为

$$I(\theta)=I_0\left(\frac{\sin u}{u}\right)^2[1+4\cos^2 u+4\cos u\cos(kd\sin\theta)]$$
$$=I_0\left(\frac{\sin u}{u}\right)^2(1+4\cos^2 u+4\cos u\cos 6u)$$

也可以将第二缝等分为缝宽为 a 的两狭缝，则得到三缝衍射屏，三缝中心间隔分别为 $d_1=(5/2)a$ 和 $d_2=a$。相应地，$L_2=L_1+d_1\sin\theta$，$L_3=L_1+(d_1+d_2)\sin\theta$。于是得到

$$\widetilde{U}(P)=KFa\widetilde{U}_0\frac{1}{r_0}(\mathrm{e}^{\mathrm{i}kL_1}+\mathrm{e}^{\mathrm{i}kL_2}+\mathrm{e}^{\mathrm{i}kL_3})\frac{\sin u}{u}$$
$$=KFa\widetilde{U}_0\frac{\mathrm{e}^{\mathrm{i}kL_1}}{r_0}[1+\mathrm{e}^{\mathrm{i}k(L_2-L_1)}+\mathrm{e}^{\mathrm{i}k(L_3-L_1)}]\frac{\sin u}{u}$$
$$=KFa\widetilde{U}_0\frac{\mathrm{e}^{\mathrm{i}kL_1}}{r_0}[1+\mathrm{e}^{\mathrm{i}kd_1\sin\theta}+\mathrm{e}^{\mathrm{i}k(d_1+d_2)\sin\theta}]\frac{\sin u}{u}$$

强度分布为

$$I(\theta)=I_0\left(\frac{\sin u}{u}\right)^2\left|1+\exp\left(\frac{5}{2}\mathrm{i}ka\sin\theta\right)+\exp\left(\frac{7}{2}\mathrm{i}ka\sin\theta\right)\right|^2$$
$$=I_0\left(\frac{\sin u}{u}\right)^2\left[1+1+1+\exp\left(\frac{5}{2}\mathrm{i}ka\sin\theta\right)+\exp\left(-\frac{5}{2}\mathrm{i}ka\sin\theta\right)\right.$$
$$+\exp\left(\frac{7}{2}\mathrm{i}ka\sin\theta\right)+\exp\left(-\frac{7}{2}\mathrm{i}ka\sin\theta\right)+\exp\left(\frac{2}{2}\mathrm{i}ka\sin\theta\right)$$
$$\left.+\exp\left(-\frac{2}{2}\mathrm{i}ka\sin\theta\right)\right]$$
$$=I_0\left(\frac{\sin u}{u}\right)^2(3+2\cos 5u+2\cos 7u+2\cos 2u)$$
$$=I_0\left(\frac{\sin u}{u}\right)^2(3+2\cos u\times 2\cos 6u+4\cos^2 u-2)$$
$$=I_0\left(\frac{\sin u}{u}\right)^2(1+4\cos^2 u+4\cos u\cos 6u)$$

方法 2：振幅矢量法。

对于每个单缝，单元衍射因子分别为

$$a_1(\theta)=U_0\frac{\sin u}{u}$$
$$a_2(\theta)=2U_0\frac{\sin 2u}{2u}$$

式中 $u=\dfrac{\pi a}{\lambda}\sin\theta$。

沿 θ 方向的衍射光，两缝的光程差 $\delta = d\sin\theta = 3a\sin\theta$，相位差 $\Delta\varphi = 3ka\sin\theta = 3\dfrac{2\pi}{\lambda}a\sin\theta = 6u$，则两矢量的夹角为 $\Delta\varphi$。合矢量为

$$\begin{aligned} A^2 &= a_1^2 + a_2^2 - 2a_1a_2\cos(\pi - \Delta\varphi) \\ &= \left(U_0\frac{\sin u}{u}\right)^2 + \left(2U_0\frac{\sin 2u}{2u}\right)^2 + 4U_0^2\frac{\sin u}{u}\frac{\sin 2u}{2u}\cos 6u \\ &= \left(U_0\frac{\sin u}{u}\right)^2(1 + 4\cos^2 u + 4\cos u\cos 6u) \end{aligned}$$

即光强为

$$I = I_0\left(\frac{\sin u}{u}\right)^2(1 + 4\cos^2 u + 4\cos u\cos 6u)$$

式中 $u = \dfrac{\pi a}{\lambda}\sin\theta$。

或者将宽度为 $2a$ 的狭缝作为两个宽度为 a 的狭缝，采用三个矢量叠加的方法，可以得到相同的结果。

【例 4.25】 如图 4.30 所示，$2N$ 条平行狭缝，缝宽为 a，缝间不透明部分周期性变化，间距为 $a,3a,a,3a,\cdots$，求下列各种情形的衍射强度分布：(1) 遮住偶数条；(2) 遮住奇数条；(3) 全开放。

解 (1)和(2)的两种情形相当于单周期光栅衍射。

(3)相当于两套缝宽为 a、光栅常数为 $d = 6a$ 的光栅，相互错开 $2a$，如图 4.31 所示。

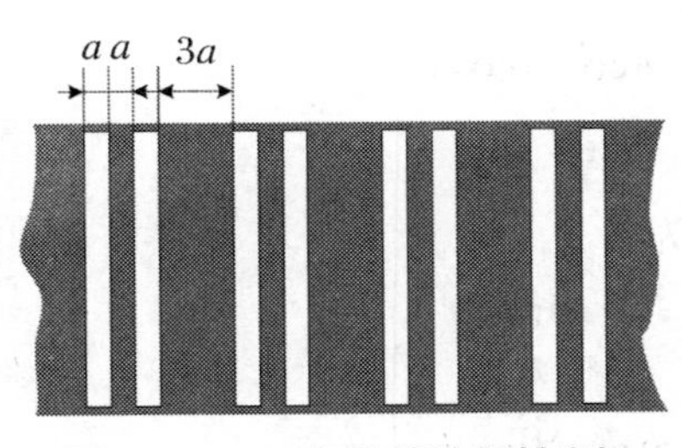

图 4.30 $2N$ 条狭缝的衍射光栅

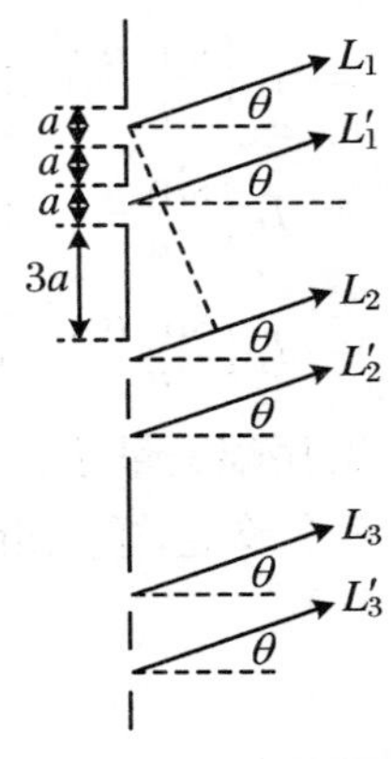

图 4.31 两套周期性衍射光栅

第一套光栅，各缝中心发出的沿 θ 方向的次波到接收屏的光程可表示为

$$L_m = L_1 + (m-1)(6a\sin\theta)$$

第二套光栅，则

$$L'_m = L'_1 + (m-1)(6a\sin\theta) = L_1 + 2a\sin\theta + (m-1)(6a\sin\theta)$$

于是衍射的复振幅为 $\tilde{U}(\theta) = \int_\Sigma [\quad]\mathrm{d}x + \int_\Sigma [\quad]\mathrm{d}x$（被积函数表达式太长，此处略写）。在傍轴条件下，有

$$\tilde{U}(\theta) = \frac{K\tilde{U}_0}{r_0}\frac{\sin u}{u}\left(\mathrm{e}^{\mathrm{i}kL_1}\frac{\sin N\beta}{\sin\beta} + \mathrm{e}^{\mathrm{i}kL'_1}\frac{\sin N\beta}{\sin\beta}\right)$$

式中 $u = \dfrac{\pi a\sin\theta}{\lambda}$，$\beta = \dfrac{\pi d\sin\theta}{\lambda} = \dfrac{6\pi a\sin\theta}{\lambda} = 6u$。

$$\begin{aligned}\tilde{U}(\theta) &= \frac{K\tilde{U}_0}{r_0}\frac{\sin u}{u}\left(\mathrm{e}^{\mathrm{i}kL_1}\frac{\sin N\beta}{\sin\beta} + \mathrm{e}^{\mathrm{i}kL_1+2a\sin\theta}\frac{\sin N\beta}{\sin\beta}\right)\\ &= \frac{K\tilde{U}_0}{r_0}\frac{\sin u}{u}\mathrm{e}^{\mathrm{i}kL_1}\frac{\sin N\beta}{\sin\beta}(1 + \mathrm{e}^{\mathrm{i}2ka\sin\theta})\end{aligned}$$

强度分布为

$$\begin{aligned}I(\theta) &= I_0\left(\frac{\sin u}{u}\right)^2\left(\frac{\sin N\beta}{\sin\beta}\right)^2 |1 + \mathrm{e}^{\mathrm{i}2ka\sin\theta}|^2\\ &= I_0\left(\frac{\sin u}{u}\right)^2\left(\frac{\sin N\beta}{\sin\beta}\right)^2(2 + \mathrm{e}^{\mathrm{i}2ka\sin\theta} + \mathrm{e}^{-\mathrm{i}2ka\sin\theta})\\ &= I_0\left(\frac{\sin u}{u}\right)^2\left(\frac{\sin N\beta}{\sin\beta}\right)^2[2 + 2\cos(2ka\sin\theta)]\\ &= I_0\left(\frac{\sin u}{u}\right)^2\left(\frac{\sin N\beta}{\sin\beta}\right)^2[2 + 2\cos(4u)]\\ &= 4I_0\left(\frac{\sin u}{u}\right)^2\left(\frac{\sin 6Nu}{\sin 6u}\right)^2\cos^2(2u)\end{aligned}$$

本题也可以采用振幅矢量法求解。

对于两个光栅，衍射的复振幅矢量分别记为 $\boldsymbol{A}_1(\theta)$ 和 $\boldsymbol{A}_2(\theta)$，这两个矢量大小相等，均为 $A_0\dfrac{\sin u}{u}\dfrac{\sin 6Nu}{\sin 6u}$。由于两光栅第一条缝的间距为 $2a$，因而沿 θ 方向的次波到接收屏的光程差为 $\Delta L_0 = 2a\sin\theta$，在接收屏上的相位差为 $\Delta\varphi_0 = k\Delta L_0 = \dfrac{4\pi a\sin\theta}{\lambda} = 4u$，于是 $\boldsymbol{A}_1(\theta)$ 和 $\boldsymbol{A}_2(\theta)$ 之间的夹角为 $\Delta\varphi_0$，合振幅矢量如图 4.32 所示。合振幅矢量所对应的光强为

$$A^2 = A_1^2(\theta) + A_2^2(\theta) + 2A_1(\theta)A_2(\theta)\cos\Delta\varphi_0 = 2A_1^2(\theta)(1 + \cos 4u)$$

与积分方法的结果相同。

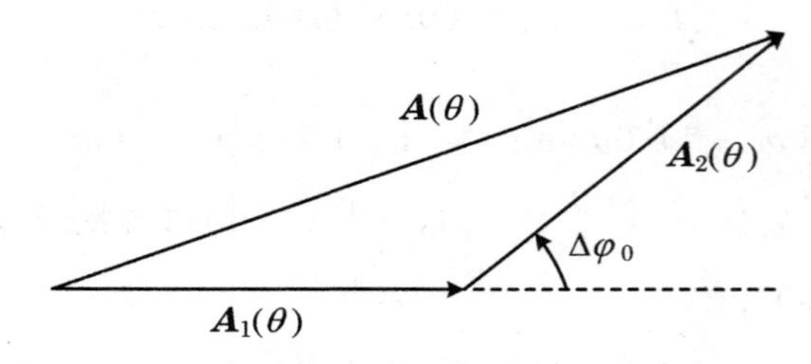

图 4.32　两光栅振幅矢量的叠加

【例 4.26】　画出正入射的单色光经 $N=6$，$d=1.5a$ 的平面透射式光栅的衍射强度分布曲线，并指出缺级。

解　衍射强度分布曲线如图 4.33 所示，缺级谱线为

$$j = 1.5n = 3,6,9,\cdots$$

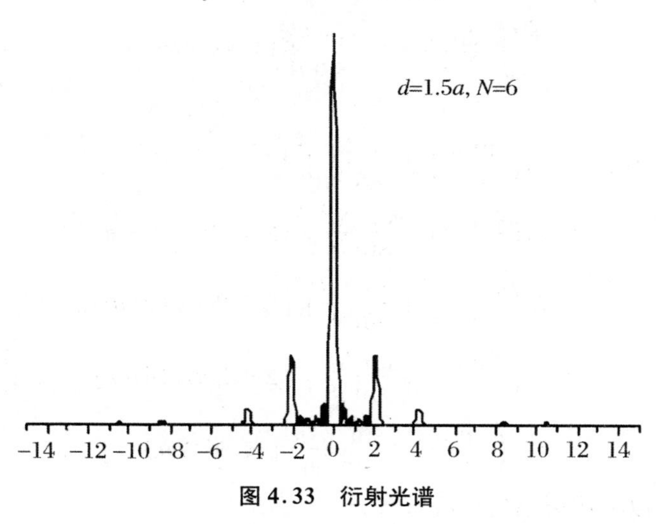

图 4.33　衍射光谱

【例 4.27】　一光栅每毫米有 200 条刻线，总宽度为 5.00 cm。

(1) 在该光栅的一级光谱中，Na 原子的双黄线(波长分别为589.0 nm和589.6 nm)的角间距是多少？每条谱线的半角宽度是多大？用该光栅能否分辨双黄线？

(2) 在二级光谱中，波长 640 nm 附近能够分辨的最小波长间隔是多少？

解　(1) 谱线位置可根据光栅方程由 $\sin\theta_j = j\dfrac{\lambda}{d}$ 算得，对题中的两条谱线，一级光谱的衍射角分别为

$$\theta(\lambda_1)_j = \arcsin\left(j\frac{\lambda_1}{d}\right) = \arcsin\left(\frac{0.5890\ \mu\text{m}}{1\,000\ \mu\text{m}/200}\right) = 6.765^\circ$$

$$\theta(\lambda_2)_j = \arcsin\left(j\frac{\lambda_2}{d}\right) = \arcsin\left(\frac{0.5896\ \mu\text{m}}{1\,000\ \mu\text{m}/200}\right) = 6.772^\circ$$

上述两谱线的角间距为

$$\delta\theta = 0.007^\circ$$

每一谱线的半角宽度为

$$\Delta\theta_1 = \frac{\lambda}{L\cos\theta_1} = 1.187^\circ \times 10^{-5} = 2.07 \times 10^{-7}\ \text{rad}$$

由于 $\delta\theta > \Delta\theta_1$，可以分辨。

(2) 二级光谱可分辨的最小波长间隔为

$$\delta\lambda = \frac{\lambda}{jN} = \frac{640\ \text{nm}}{2 \times 200 \times 50} = 0.032\ \text{nm}$$

【例 4.28】 氢气与氘气的混合气体发光，测量到波长 656 nm 的红色谱线为波长相差 0.18 nm 的双线。若用光栅的二级光谱分辨这两条谱线，则光栅的刻线数至少应是多少？

解 刻线数为 N 的光栅的 J 级光谱可分辨的最小波长间隔为 $\delta\lambda = \frac{\lambda}{jN}$，于是可得

$$N \geqslant \frac{\lambda}{j\delta\lambda} = \frac{656\ \text{nm}}{2 \times 0.18\ \text{nm}} = 1\,822$$

【例 4.29】 平行的白光(波长范围 400～700 nm)正入射到平行的双缝上，双缝相距 $d = 1.00$ mm，用一个焦距为 $f = 1.00$ m 的透镜将双缝的干涉条纹聚焦在屏幕上。若在幕上距中央白色条纹 3.00 mm 处开一小孔，在该处检查透过小孔的光，问将缺少哪些波长成分？

解 由于题中没有告知缝宽，所以不考虑单缝的衍射。

小孔处对透镜中心的偏向角为 $\theta = \frac{x}{f} = 1.00 \times 10^{-3}$，此处相消的谱线 $N\beta = n\pi$，即

$$\lambda = d\sin\theta\frac{N}{n} = d\sin\theta\frac{2}{n} = \frac{2\,000}{n}$$

可得

$$\lambda = 666\ \text{nm}, 500\ \text{nm}, 400\ \text{nm}$$

【例 4.30】 已知闪耀光栅的闪耀角为 15°，平行光垂直于光栅平面入射，在一级光谱中，波长为 1 μm 附近具有最大的强度，问光栅在 1 mm 内应有多少条刻线？

解　按题意,采用题中的入射方式时,一级闪耀波长为 $\lambda_{1B}=1\ \mu m$,且满足式

$$d\sin 2\theta_B = \lambda_{1B}$$

于是可得光栅的周期为

$$d = \frac{\lambda_{1B}}{\sin 2\theta_B} = \frac{1\times 1\ \mu m}{\sin(2\times 15^\circ)} = 2\ \mu m = 2\times 10^{-3}\ mm$$

每毫米的刻线数为

$$\frac{1\ mm}{d} = 500$$

【例 4.31】　一闪耀光栅每毫米有 1 000 个刻槽,闪耀角为 $15^\circ 50'$,平行光垂直于光栅平面入射,求一级闪耀波长。

解　采用这种入射方式,一级闪耀波长满足 $d\sin 2\theta_B = j\lambda_{1B}$,即得

$$\lambda_{1B} = \frac{d\sin 2\theta_B}{j} = 525.0\ nm$$

【例 4.32】　一闪耀光栅每毫米有 1 200 个刻槽,闪耀角为 20°,平行光垂直于光栅平面入射。

(1) 求一级闪耀波长;

(2) 能观察到闪耀波长的几级光谱?

解　(1) 如图 4.34 所示,光栅的周期为

$$d = 1/1\,200\ mm = 8.333\times 10^{-4}\ mm$$

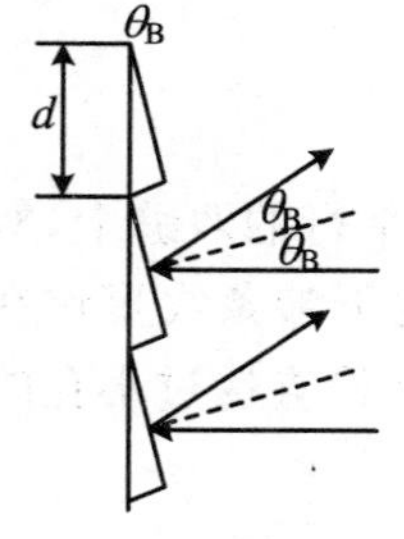

图 4.34　闪耀光栅

对于光栅的光谱,即缝间干涉的强度分布,仍然可以由光栅方程得到,即 $d\sin\theta = j\lambda$。

以题中的方式入射,其一级闪耀波长为

$$\lambda_{1B} = d\sin 2\theta_B = 535.7\ nm$$

(2) 衍射主极大的方向即为槽面(闪耀面)反射的方向,与光栅平面的法线间有 $2\theta_B$ 夹角。可以近似地认为槽面的宽度为

$$a = d\cos\theta_B = 7.831\times 10^{-4}\ mm$$

则衍射中央主极大的半角宽度为

$$\Delta\theta_0 = \frac{\lambda}{a} = \frac{\lambda}{d\cos\theta_B} = 39.2^\circ \approx 40^\circ$$

处于衍射主极大之内的光谱,其角度应满足

$$0^\circ \approx 2\theta_B - \Delta\theta_0 < \theta < 2\theta_B + \Delta\theta_0 \approx 80^\circ$$

由此可以得到对应的衍射级数分别为

$$j_{\min} = d\sin(2\theta_B - \Delta\theta_0)/\lambda_{1B} = \sin 0^\circ/\sin 40^\circ = 0$$

$$j_{\max} = d\sin(2\theta_B + \Delta\theta)/\lambda_{1B} = \sin 80^\circ/\sin 40^\circ = 1.5$$

即只有1级可见。

【例4.33】 已知岩盐晶体的某晶面族的面间距为0.282 nm,X射线在该晶面族上衍射,在掠入射为1°的方向上出现二级极大,求X射线的波长。

解 本题涉及X射线在晶体中的衍射,可利用布拉格方程 $2d\sin\theta = j\lambda$ 求解。注意式中 θ 为射线相对于晶面的掠入射角。可得

$$\lambda = \frac{2d\sin\theta}{j} = \frac{2\times 0.282\times\sin 1^\circ}{2} = 4.90\times 10^{-3}\ \text{nm}$$

4.5 傅里叶光学

【例4.34】 振幅为 A、波长为 $\frac{2}{3}\times 10^4$ nm的平面单色波的方向余弦为 $\cos\alpha = \frac{2}{3}$,$\cos\beta = \frac{1}{3}$,$\cos\gamma = \frac{2}{3}$,试求该列波在 xy 平面上的复振幅及空间频率。

解 题中平面波在直角坐标系中的传播方向可用波矢表示为

$$\boldsymbol{k} = \frac{2\pi}{\lambda}(\cos\alpha\boldsymbol{e}_x + \cos\beta\boldsymbol{e}_y + \cos\gamma\boldsymbol{e}_z) = \frac{2\pi}{\frac{2}{3}\times 10^4\ \text{nm}}\left(\frac{2}{3}\boldsymbol{e}_x + \frac{1}{3}\boldsymbol{e}_y + \frac{2}{3}\boldsymbol{e}_z\right)$$

$$= 2\pi\times 10^5\left(\boldsymbol{e}_x + \frac{1}{2}\boldsymbol{e}_y + \boldsymbol{e}_z\right)\ \text{m}^{-1}$$

而 xy 平面上任一点 (x,y) 的位矢为

$$\boldsymbol{r} = x\boldsymbol{e}_x + y\boldsymbol{e}_y$$

于是该列平面波在 xy 平面上的相位为

$$\varphi(x,y,0) = \varphi_0 + \boldsymbol{k}\cdot\boldsymbol{r} = \varphi_0 + 2\pi\times 10^5\left(\boldsymbol{e}_x + \frac{1}{2}\boldsymbol{e}_y + \boldsymbol{e}_z\right)\cdot(x\boldsymbol{e}_x + y\boldsymbol{e}_y)$$

$$= \varphi_0 + \pi(2x + y)\times 10^5$$

于是复振幅为

$$\widetilde{E}(x,y,0) = A\mathrm{e}^{\mathrm{i}\varphi_0}\mathrm{e}^{\mathrm{i}\pi(2x+y)\times 10^5}$$

相位在 xy 平面上分布的周期为 $\begin{cases}\Delta_x = 1\times 10^{-5}\ \text{m}\\ \Delta_y = 2\times 10^{-5}\ \text{m}\end{cases}$,空间频率为

$$\begin{cases}u_x = 1\times 10^5\ \text{m}^{-1}\\ u_y = 0.5\times 10^5\ \text{m}^{-1}\end{cases}$$

【例 4.35】 波长为 500 nm 的单色平面波在 xy 平面上的复振幅分布为

$$\widetilde{E}(x,y) = e^{i[2\times 10^3\pi(x+1.5y)]}$$

式中空间频率的单位为 mm^{-1}，试确定该列平面波的传播方向。

解　参见例 4.34，可知，波矢的 x，y 分量分别为

$$k_x = 2\pi \times 10^3\ mm^{-1} = \frac{2\pi}{10^{-3}\ mm} = \frac{2\pi}{10^3\ nm} = \frac{2\pi}{500\ nm} \times \frac{1}{2}$$

$$k_x = 2\pi \times 1.5 \times 10^3\ mm^{-1} = \frac{2\pi}{10^{-3}\ mm} \times \frac{3}{2} = \frac{2\pi}{10^3\ nm} \times \frac{3}{2} = \frac{2\pi}{500\ nm} \times \frac{3}{4}$$

即方向余弦 $\cos\alpha = \frac{1}{2}$，$\cos\beta = \frac{3}{4}$，而

$$\cos\gamma = \sqrt{1-\cos^2\alpha-\cos^2\beta} = \sqrt{\frac{3}{16}} = \frac{\sqrt{3}}{4}$$

【例 4.36】 振动方向相同的两列波长同为 400 nm 的平面波照射到 xy 平面上，两列波的振幅均为 A，传播方向与 xz 平面平行，与 z 轴的夹角分别为 10°和 −10°，如图 4.35 所示。求：

（1）xy 平面上的复振幅分布及空间频率；

（2）xy 平面上的光强分布及空间频率。

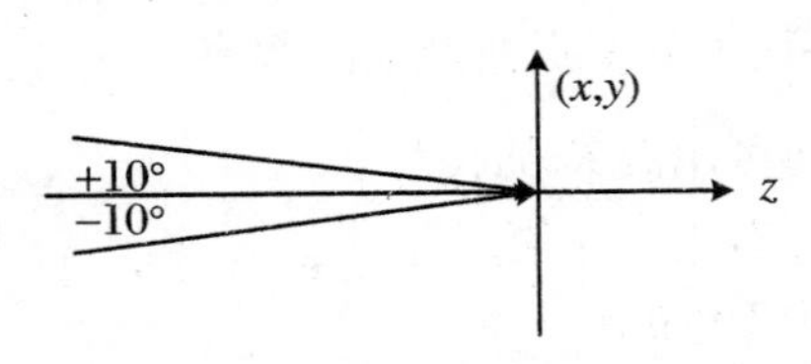

图 4.35　两列入射光波

解　（1）波长为 λ、传播方向与 xz 平面平行、与 z 轴的夹角为 θ 的平面单色光波的波矢可表示为

$$\boldsymbol{k} = \frac{2\pi}{\lambda}(\sin\theta\boldsymbol{e}_x + \cos\theta\boldsymbol{e}_z)$$

在 xy 平面上的相位分布为

$$\varphi(x,y,0) = \boldsymbol{k}\cdot\boldsymbol{r} + \varphi_0 = \frac{2\pi}{\lambda}(\sin\theta\boldsymbol{e}_x + \cos\theta\boldsymbol{e}_z)(x\boldsymbol{e}_x + y\boldsymbol{e}_y) + \varphi_0$$

$$= \frac{2\pi x\sin\theta}{\lambda} + \varphi_0$$

在 xy 平面上的复振幅分布为

$$\widetilde{U}(x,y,0) = Ae^{i\varphi(x,y,0)} = Ae^{i2\pi x\sin\theta/\lambda}e^{i\varphi_0}$$

空间频率为

$$u_x = \frac{\sin\theta}{\lambda}$$

对于本题，$\lambda = 400\ nm = 400\times 10^{-9}\ m$，$\theta_1 = \frac{\pi}{18}$，$\theta_2 = -\frac{\pi}{18}$，代入即可得到

$$\widetilde{U}(x,y,0) = Ae^{i5\pi\times10^6 x\sin\frac{\pi}{18}}e^{i\varphi_0}, \quad u_x = 2.5\times10^6\sin\frac{\pi}{18}\ \mathrm{m}^{-1}$$

(2) 这两列光波相干叠加(干涉)的光强为

$$\begin{aligned} I(x,y,0) &= A^2 + A^2 + 2A^2\cos\left(\frac{4\pi x\sin\theta}{\lambda} + \Delta\varphi_0\right) \\ &= 2A^2\left[1 + \cos\left(\frac{4\pi x\sin\theta}{400\times10^{-9}} + \Delta\varphi_0\right)\right] \\ &= 4A^2\cos^2\left(2\pi\times10^7 x\sin\theta + \frac{\Delta\varphi_0}{2}\right) \end{aligned}$$

强度分布的空间频率为

$$f_x = \sin\frac{\pi}{18}\times10^7\ \mathrm{m}^{-1}$$

【例4.37】 求下列函数的傅里叶频谱:

(1) $E(x)=\begin{cases}A\sin(2\pi u_0 x), & |x|\leqslant L\\ 0, & |x|>L\end{cases}$;

(2) $E(x)=\begin{cases}A\sin^2(2\pi u_0 x), & |x|\leqslant L\\ 0, & |x|>L\end{cases}$;

(3) $E(x)=\begin{cases}e^{-\alpha x}, & \alpha>0, x>0\\ 0, & x<0\end{cases}$;

(4) 高斯函数 $E(x)=e^{-\pi x^2}$。

解 可将一般形式的周期性函数用傅里叶级数表示为

$$E(x) = E_0 + \sum_{n>0} a_n\cos(2\pi f_n x) + \sum_{n>0} b_n\sin(2\pi f_n x)$$

式中 $f_1=\frac{1}{d}$是基频,$f_n=nf_1=n\frac{1}{d}$是n倍频。

$$t_0 = \frac{1}{d}\int_{-d/2}^{d/2}E(x)\mathrm{d}x$$

$$a_n = \frac{2}{d}\int_{-d/2}^{d/2}E(x)\cos(2\pi f_n x)\mathrm{d}x$$

$$b_n = \frac{2}{d}\int_{-d/2}^{d/2}E(x)\sin(2\pi f_n x)\mathrm{d}x$$

(1)

$$E(x) = A\sin(2\pi u_0 x) = \frac{A}{2i}(e^{i2\pi u_0 x} - e^{-i2\pi u_0 x}) = \frac{-iA}{2}(e^{i2\pi u_0 x} - e^{-i2\pi u_0 x})$$

$$= \frac{e^{-i\pi/2}}{2}(Ae^{i2\pi u_0 x} - Ae^{-i2\pi u_0 x}) = \frac{A}{2}e^{i(2\pi u_0 x-\pi/2)} + \frac{A}{2}e^{-i(2\pi u_0 x-\pi/2)}$$

(2)

$$E(x) = A\sin^2(2\pi u_0 x) = \frac{A}{2} - \frac{A}{2}\cos(4\pi u_0 x) = \frac{A}{2} - \frac{A}{4}e^{i4\pi u_0 x} - \frac{A}{4}e^{-i4\pi u_0 x}$$

(3)

$$E(x) = \begin{cases} e^{-\alpha x}, & \alpha > 0, x > 0 \\ 0, & x < 0 \end{cases}$$

对于非周期性函数的傅里叶积分变换或傅里叶变换，可以用积分表示其频谱，为

$$\begin{cases} g(x) = \int_{-\infty}^{\infty} G(f)e^{i2\pi fx}df \\ G(f) = \int_{-\infty}^{\infty} g(x)e^{-i2\pi fx}dx \end{cases}$$

本题中

$$G(f) = \int_{-\infty}^{\infty} E(x)e^{-i2\pi fx}dx = \int_{0}^{\infty} e^{-\alpha x}e^{-i2\pi fx}dx = \int_{0}^{\infty} e^{-(i2\pi f+\alpha)x}dx$$

$$= \frac{1}{i2\pi f + \alpha} = \frac{\alpha - i2\pi f}{4\pi^2 f^2 + \alpha^2} = \frac{\alpha}{4\pi^2 f^2 + \alpha^2} + \frac{2\pi f e^{-i\pi/2}}{4\pi^2 f^2 + \alpha^2}$$

(4)

$$E(x) = e^{-\pi x^2}$$

$$G(f) = \int_{-\infty}^{\infty} E(x)e^{-i2\pi fx}dx = \int_{0}^{\infty} e^{-\pi x^2}e^{-i2\pi fx}dx = E(x) = e^{-\pi x^2}$$

$$G(f) = \int_{-\infty}^{\infty} E(x)e^{-i2\pi fx}dx = \int_{-\infty}^{\infty} e^{-\pi x^2}e^{-i2\pi fx}dx = e^{-\pi f^2}\int_{-\infty}^{\infty} e^{-\pi(x^2-i2fx-f^2)}dx$$

$$= e^{-\pi f^2}\int_{-\infty}^{\infty} e^{-\pi(x+if)^2}d(x+if)$$

由于 $\int_{-\infty}^{\infty} e^{-\pi(x+if)^2}d(x+if) = 1$，因而可得

$$G(f) = e^{-\pi f^2}$$

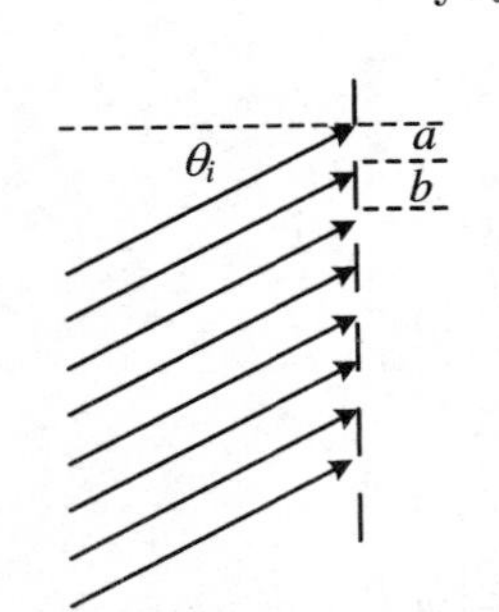

图 4.36 单色平面波入射到光栅上

【例 4.38】 如图 4.36 所示，单色平面波以入射角 θ_i 斜入射到光栅上，试用傅里叶变换方法，求出光栅的傅里叶衍射图样的强度分布。

解 取光栅平面为 xy 平面，光栅的法线沿 z 轴方向。入射波可表示为

$$E_1(x) = Ae^{ikx\sin\theta_i}$$

光栅的透过率函数为

$$\tilde{t}(x)=\begin{cases}1 & x_0+nd<x<x_0+nd+a,\\ 0 & x_0+nd+a<x<x_0+(n+1)d,\end{cases}\quad x\in(-\infty,+\infty)$$

该透过率函数的周期性表示为 $\tilde{t}(x)=\tilde{t}(x+nd)$，$d$ 为空间周期，空间频率为 $f=\dfrac{1}{d}$。

可以将光栅的透过率函数直接用傅里叶级数表示为

$$\tilde{t}(x)=\sum_{n=-\infty}^{\infty}a_n e^{i2\pi nfx}$$

则其中的傅里叶频谱为

$$\begin{aligned}a_n&=\frac{1}{d}\int_{-d/2}^{d/2}t(x)e^{-i2\pi nfx}dx=\frac{1}{d}\int_{-a/2}^{a/2}e^{-i2\pi nfx}dx\\&=-\frac{1}{di2\pi nf}(e^{-i\pi nfa}-e^{i\pi nfa})=\frac{\sin(\pi nfa)}{d\pi nf}\\&=\frac{a}{d}\frac{\sin(\pi nfa)}{\pi nfa}=\frac{a}{d}\frac{\sin(\pi na/d)}{\pi na/d}\end{aligned}$$

透射光强为

$$E(x)=Ae^{ikx\sin\theta_i}\tilde{t}(x)=Ae^{ikx\sin\theta_i}\sum_{n=-\infty}^{\infty}a_n e^{i2\pi nfx}=\sum_{n=-\infty}^{\infty}Aa_n e^{i\frac{2\pi}{\lambda}(nf\lambda+\sin\theta_i)x}$$

其 n 级谱的方向为 $\sin\theta_n=nf\lambda+\sin\theta_i=\dfrac{n}{d}\lambda+\sin\theta_i$，即 $d(\sin\theta_n-\sin\theta_i)=n\lambda$，这就是光栅方程。

n 级谱的强度为

$$I_n=|Aa_n|^2=\left[A\frac{a}{d}\frac{\sin(\pi na/d)}{\pi na/d}\right]^2=\left(A\frac{a}{d}\right)^2\frac{\sin^2\left(\frac{\pi a}{\lambda}\sin\theta_n\right)}{\left(\frac{\pi a}{\lambda}\sin\theta_n\right)^2}$$

为单元衍射因子对应的强度分布。

【例4.39】 将例4.38中的衍射屏换成两块以正交方式叠合的光栅，若两光栅的振幅透射系数分别为

$$t_1(x)=1+\cos(2\pi u_0x),\quad |x|\leqslant L$$
$$t_2(y)=1+\cos(2\pi u_0y),\quad |y|\leqslant L$$

试求这样的光栅组合的夫琅禾费衍射图样的强度分布。

解　这样的组合光栅的透过率函数为

$$
\begin{aligned}
t(x,y) = t_1(x)t_2(y) &= [1+\cos(2\pi u_0 x)][1+\cos(2\pi u_0 y)] \\
&= 1+\cos(2\pi u_0 x)+\cos(2\pi u_0 y)+\cos(2\pi u_0 x)\cos(2\pi u_0 y) \\
&= 1+\cos(2\pi u_0 x)+\cos(2\pi u_0 y)+\frac{1}{2}\cos[2\pi u_0(x+y)] \\
&\quad +\frac{1}{2}\cos[2\pi u_0(x-y)] \\
&= 1+\frac{1}{2}e^{i2\pi u_0 x}+\frac{1}{2}e^{-i2\pi u_0 x}+\frac{1}{2}e^{i2\pi u_0 y}+\frac{1}{2}e^{-i2\pi u_0 y} \\
&\quad +\frac{1}{4}e^{i2\pi u_0(x+y)}+\frac{1}{4}e^{-i2\pi u_0(x+y)}+\frac{1}{4}e^{i2\pi u_0(x-y)}+\frac{1}{4}e^{-i2\pi u_0(x-y)}
\end{aligned}
$$

【例 4.40】 将一个受直径 $d=2$ cm 圆孔限制的物体置于透镜的前焦面上，透镜的直径为 $D=4$ cm，如图 4.37 所示，照明光波长 $\lambda=600$ nm，问：

(1) 在透镜的后焦面上，强度准确代表物体的傅里叶频谱的模的平方的最大空间频率是多少？

(2) 在多大的空间频率以上，其频谱为零？尽管物体可以在更高的空间频率上有不为零的傅里叶分量。

解 (1) 如图 4.38 所示，物在透镜的前焦面上，通过透镜的光波，方向在 0～$\theta_{\max}$之间，其中 $\theta_{\max}$由式 $\sin\theta_{\max}=\dfrac{d}{2f}$ 决定。

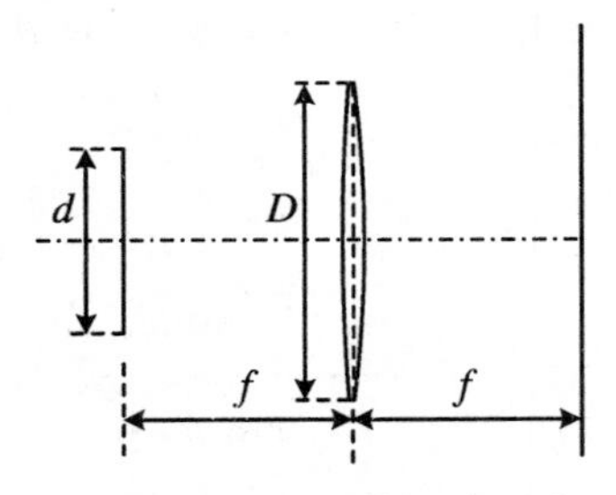

图 4.37 透镜后焦面的光波

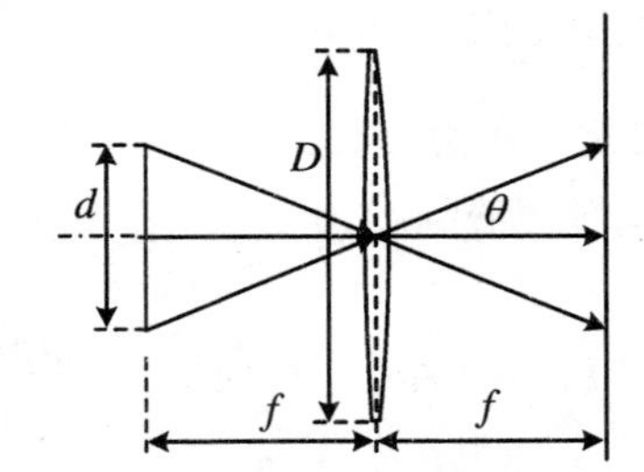

图 4.38 通过透镜的光波的方向

因而在透镜的后焦面上，最大的空间频率为$\dfrac{d}{2f\lambda}$。

(2) 在(1)中所求得的空间频率$\dfrac{d}{2f\lambda}$以上，傅里叶面上的频谱为 0。

【例 4.41】 假定透过一个物体的光场分布的最低空间频率为 20 mm^{-1}，最高空间频率为 200 mm^{-1}。采用单个透镜作为空间频谱分析系统，要使最高频率和最低频率的一级频谱分量在频谱平面上相距 90 mm，透镜的焦距应为多大？设工作波长为 500 mm。

解　若空间频率为 f，则波长为 λ 的单色光波的方向满足 $\sin\theta = f\lambda$，这样的光波，通过焦距为 F 的透镜，在傅里叶频谱面(也就是透镜的像方焦平面)的位置为 $x = F\sin\theta = Ff\lambda$。

依题意，$\Delta x = F\lambda(f_{max} - f_{min})$，于是可得

$$F = \frac{\Delta x}{\lambda(f_{max} - f_{min})} = \frac{90\ \text{mm}}{500\ \text{nm} \times (200\ \text{mm}^{-1} - 20\ \text{mm}^{-1})} = 1\,000\ \text{mm}$$

【例 4.42】　在如图 4.39 所示的相干光学处理系统中，xy 平面处放置一正弦光栅，其振幅透射系数为

$$t(x) = \frac{1}{2} + \frac{1}{2}\cos(2\pi u_0 x)$$

(1) 在频谱面的中央设置一小圆屏挡住光栅的零级谱，求这时像面上的光强分布；

(2) 移动小圆屏，挡住光栅的一级谱，像面上的光强分布又是怎样的？

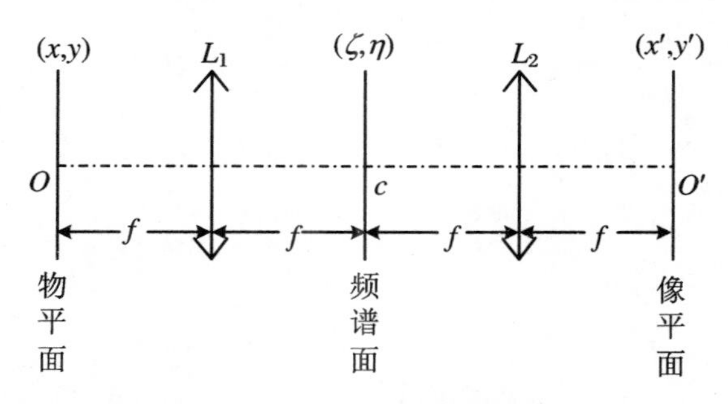

图 4.39　相干光学处理系统

解　正弦光栅发出的单色光波，经过透镜后，在傅里叶频谱面(也就是透镜的像方焦平面)有三个衍射光斑，分别是 0 级波和 ±1 级波。

(1) 在频谱面的中央设置一小圆屏挡住光栅的零级谱，在像平面上，是两列平面波的相干叠加，这两列波在像平面上可分别表示为

$$\widetilde{U}_{+1}(x', y') = \frac{e^{i\varphi_0}}{4}e^{i2\pi u_0 x'},\quad \widetilde{U}_{-1}(x', y') = \frac{e^{i\varphi_0}}{4}e^{-i2\pi u_0 x'}$$

在像平面上叠加后的光波为

$$\widetilde{U}(x', y') = \frac{e^{i\varphi_0}}{2}\cos(2\pi u_0 x')$$

强度为

$$I(x',y') = \frac{1}{4}\cos^2(2\pi u_0 x')$$

(2) 移动小圆屏，挡住光栅的一级谱，则 0 级波和 -1 级波通过，这两列光波在像平面上可分别表示为

$$\widetilde{U}_0(x',y') = \frac{e^{i\varphi_0}}{2}, \quad \widetilde{U}_{-1}(x',y') = \frac{e^{i\varphi_0}}{4}e^{-i2\pi u_0 x'}$$

在像平面上叠加后的光波为

$$\widetilde{U}(x',y') = \frac{e^{i\varphi_0}}{2}\left(1 + \frac{1}{2}e^{-i2\pi u_0 x'}\right)$$

光强分布为

$$I(x',y') = \frac{1}{4}\left(1 + \frac{1}{2}e^{-i2\pi u_0 x'}\right)\left(1 + \frac{1}{2}e^{i2\pi u_0 x'}\right) = \frac{1}{4}(2 + \cos 2\pi u_0 x')$$

第 5 章　光的偏振与双折射

偏振是指波的振动方向相对于传播方向的不对称性。光波是横波,光的电场分量、磁场分量与传播方向相互垂直,因而表现出偏振的特性。

5.1　光的偏振态

按照偏振特性,光波可分为自然光、部分偏振光、线偏振光、圆偏振光和椭圆偏振光 5 种。

5.1.1　自然光

自然光不具有偏振,电场分量在各个方向是对称的,如图 5.1 所示。

5.1.2　部分偏振光

部分偏振光具有自然光的特点,只是在不同方向振幅不同,如图 5.2 所示。

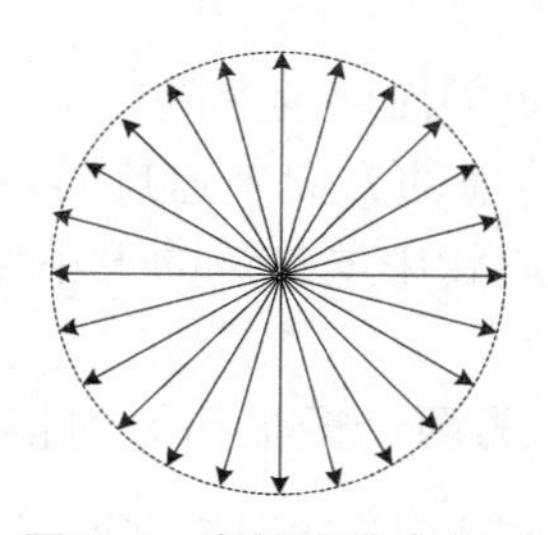

图 5.1　自然光的电矢量

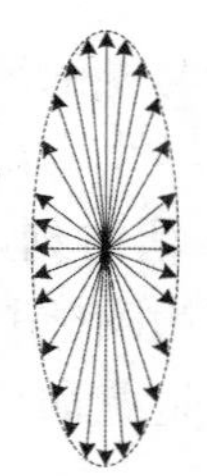

图 5.2　部分偏振光的电矢量

5.1.3 线偏振光

线偏振光也称平面偏振光，电矢量只在一个固定的平面内振动。

建立直角坐标系，并取 z 轴沿光波传播的方向，平面偏振光的电矢量可沿 x，y 方向正交分解。这两个分量之间的相位差为 0 或 π，如图 5.3(a)和(b)所示，可分别表示为

$$\begin{cases} E_x = A_x\cos(kz - \omega t) \\ E_y = A_y\cos(kz - \omega t) \end{cases} \tag{5.1}$$

或者

$$\begin{cases} E_x = A_x\cos(kz - \omega t) \\ E_y = - A_y\cos(kz - \omega t) = A_y\cos(kz - \omega t + \pi) \end{cases} \tag{5.2}$$

而 $A_x = A\cos\theta$，$A_y = A\sin\theta$。

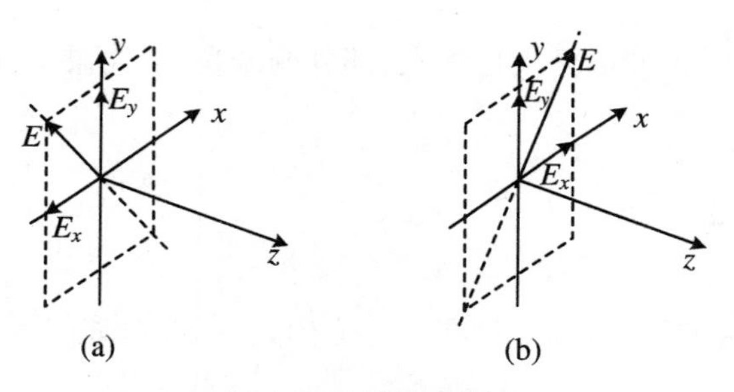

图 5.3 平面偏振光

5.1.4 圆偏振光

若在一个与光的波矢(即光的传播方向)垂直的平面内观察其电矢量，则光的电矢量不是在一个固定的平面内振动，而是绕着传播的方向匀速旋转，即 t_0，t_1，t_2，t_3，t_4，…。诸时刻，电矢量的方位依次变化，且旋转中电矢量的大小保持不变，则其端点轨迹为圆(图 5.4)，这就是圆偏振光。

由波的矢量叠加可以判断，圆偏振光可以分解为两个振幅相等的相互垂直的平面偏振光，这两个平面偏振光具有$\frac{\pi}{2}$的相位差，如图 5.5 和图 5.6 所示。

$$
\begin{cases}
E_x(z,t) = A\cos(kz - \omega t) \\
E_y(z,t) = A\cos\left(kz - \omega t \pm \dfrac{\pi}{2}\right)
\end{cases}
\tag{5.3}
$$

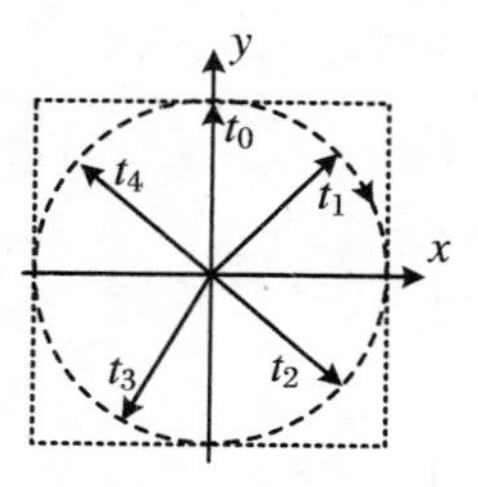

图 5.4　圆偏振光

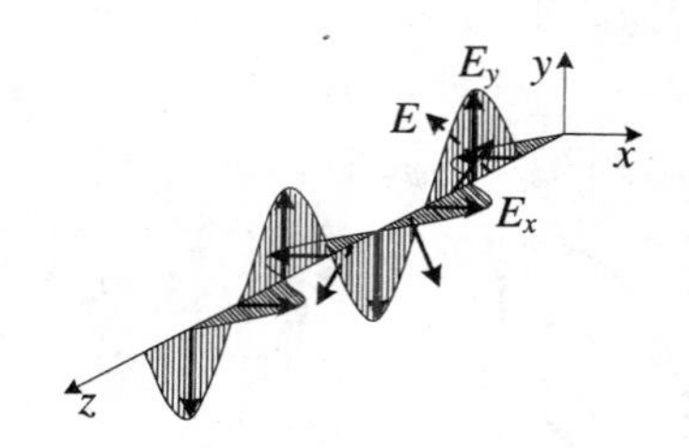

图 5.5　圆偏振光正交分解

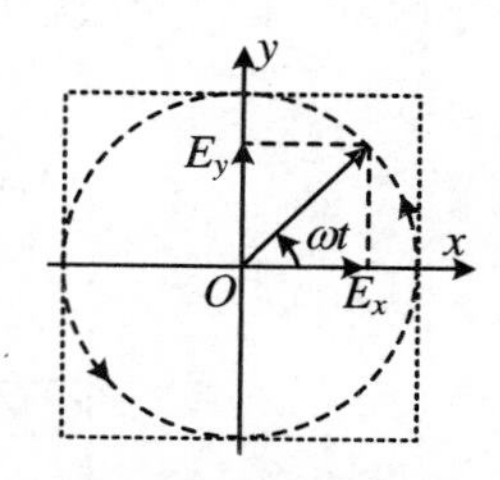

图5.6　圆偏振光两正交分量之间的相位差

式(5.3)中,两正交分量的相位差为$\frac{\pi}{2}$时,即 y 分量比 x 分量滞后$\frac{\pi}{2}$,是左旋的;相位差为$-\frac{\pi}{2}$时,即 y 分量比 x 分量超前$\frac{\pi}{2}$,是右旋的。

5.1.5　椭圆偏振光

在一个固定的平面(该平面垂直于光的传播方向)内观察,如果光矢量绕传播方向旋转,而且在不同的角度,光矢量的大小不同,但其数值作周期性变化,矢量端点的轨迹为椭圆,如图 5.7 所示,这种偏振光就是椭圆偏振光。

如图 5.8 所示,椭圆偏振光的电矢量可正交分解为

$$
\begin{cases}
E_x = A_x\cos(kz - \omega t) \\
E_y = A_y\cos(kz - \omega t + \Delta\varphi)
\end{cases}
\tag{5.4}
$$

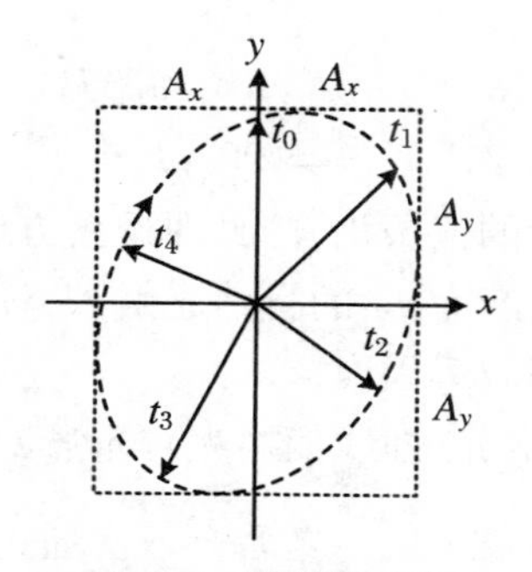

图 5.7　椭圆偏振光

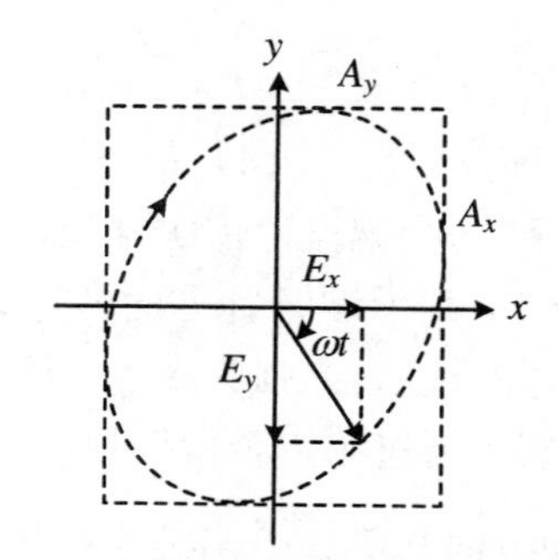

图 5.8　椭圆偏振光电矢量的正交分解

两正交分量的相位差 $\Delta\varphi$ 与电矢量旋转方向的关系为

$$\begin{cases}\Delta\varphi \in \text{Ⅰ},\text{Ⅱ},\text{左旋}\\ \Delta\varphi \in \text{Ⅲ},\text{Ⅳ},\text{右旋}\end{cases}$$

一般地,两正交分量合成的偏振光的特征可用图 5.9 表示。

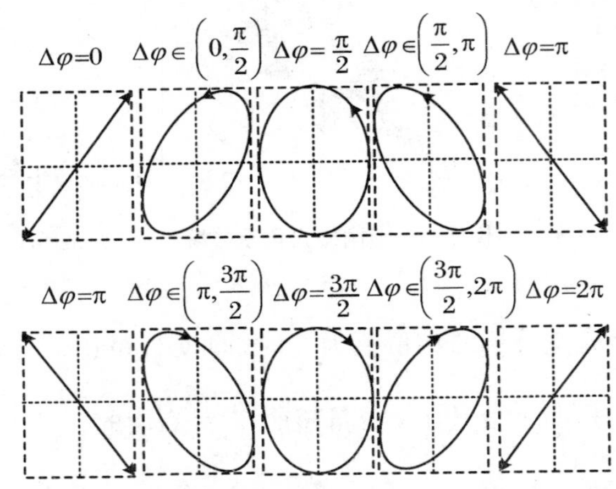

图 5.9 椭圆偏振光的旋转方向、长轴取向与相位差间的关系

【例 5.1】 一束自然光连续通过两个理想偏振片,设最大透射光强为 I_0,若使出射光强分别为 $0.8I_0$,$0.6I_0$,$0.4I_0$,$0.2I_0$,0,则两偏振片透振方向之间的夹角 θ 应分别是多少?

解 设经过第一偏振片后的光强为 I_1,则透过第二偏振片的光强为 $I=I_1\cos^2\theta$,则

$$\theta = \arccos\sqrt{\frac{I}{I_0}}$$

于是可得

$$\theta = 0^\circ, I = I_0;\quad \theta = 26.6^\circ, I = 0.8I_0;\quad \theta = 39.2^\circ, I = 0.6I_0$$

$$\theta = 50.8^\circ, I = 0.4I_0;\quad \theta = 63.4^\circ, I = 0.2I_0;\quad \theta = 90^\circ, I = 0$$

【例 5.2】 4 个偏振片依次排列,每一个偏振片的偏振化方向(即透振方向)相对于前一个偏振片沿顺时针方向转过 30°角。若强度为 I_0 的自然光射入,计算通过这一偏振片系统后,光强为多少?不考虑反射、吸收等因素。

解 自然光通过第 1 个偏振片后,成为平面偏振光(即线偏振光),光强为 $I_1=\frac{1}{2}I_0$,且振动方向与第 2 个偏振片的透振方向有 $\theta=30^\circ$ 角。之后再依次通过 3 个

透振方向之间夹角均为 θ 的偏振片，光强为

$$I = \frac{1}{2}I_0\cos^2\theta\cos^2\theta\cos^2\theta = \frac{1}{2}I_0\left(\frac{3}{4}\right)^3 = \frac{27}{128}I_0$$

【例 5.3】 一束光从空气中入射到折射率为 1.72 的火石玻璃上，检测到反射光为线偏振光，计算光在玻璃中的折射角。

解　光以布儒斯特角 θ_B 入射，才能使反射光成为线偏振光。则

$$\theta_B = \arctan\frac{n}{1} = \arctan 1.72 = 59.97^\circ$$

折射角为布儒斯特角的余角，于是在火石玻璃中的折射角为

$$i' = 90^\circ - \theta_B = 90^\circ - 59.97^\circ = 30.03^\circ$$

【例 5.4】 光从空气一侧射入玻璃时，布儒斯特角为 58°，若从玻璃一侧向空气入射，布儒斯特角为多少？

解　从空气一侧入射时，布儒斯特角满足 $\tan\theta_B = \frac{n}{1}$；从玻璃一侧入射时，布儒斯特角满足 $\tan\theta'_B = \frac{1}{n}$。于是可得

$$\theta'_B = 90^\circ - \theta_B = 32^\circ$$

【例 5.5】 自然光以 57°角入射到空气-玻璃的界面上，已知玻璃的折射率为 1.54，通过计算可知，S 分量的振幅透射率为 59.3%，P 分量的振幅透射率为 64.9%。参考以上数据计算这一情形下反射光和透射光的偏振度。

解　若振幅的透射率为 t，则光强的透射率为 nt^2，即

S 分量光强透过率　$T_S = 1.54\times 0.593^2 = 0.542$

P 分量光强透过率　$T_P = 1.54\times 0.649^2 = 0.649$

透射光的偏振度为

$$P = \frac{I_{\max} - I_{\min}}{I_{\max} + I_{\min}} = \frac{T_P - T_S}{T_P + T_S} = \frac{t_P^2 - t_S^2}{t_P^2 + t_S^2} = \frac{0.649^2 - 0.593^2}{0.649^2 + 0.593^2} = 9\%$$

由折射定律 $\sin i_1 = n\sin i_2$，可得折射角 $i_2 = \arcsin\frac{\sin i_1}{n} = \arcsin\frac{\sin 57^\circ}{1.54} = 33^\circ$，题中的入射角恰为布儒斯特角，因而反射光的偏振度为 1，只有 S 分量。

也可以通过直接计算得到。

由于能流守恒，所以对于反射光有

$$I'_1 = (I_1 - nA_2^2S_2)/S_1 = I_1 - nA_2^2\cos i_2/\cos i_1$$

光强反射率为

$$\frac{I'_1}{I_1} = 1 - n\frac{A_2^2}{I_1}\frac{\cos i_2}{\cos i_1} = 1 - n\frac{A_2^2}{A_1^2}\frac{\cos i_2}{\cos i_1} = 1 - nt^2\frac{\cos i_2}{\cos i_1}$$

由于光强反射率为

$$1 - nt^2 \frac{\cos i_2}{\cos i_1} = 1 - nt^2 \frac{\sin i_1}{\cos i_1} = 1 - nt^2 \tan i_1 = 1 - n^2 t^2$$

S 分量的光强反射率为

$$1 - n^2 t_S^2 = 1 - 1.54^2 \times 0.593^2 = 16.6\%$$

P 分量的光强反射率为

$$1 - n^2 t_P^2 = 1 - 1.54^2 \times 0.649^2 = 0$$

所以反射光的偏振度为

$$P' = \frac{I_{\max} - I_{\min}}{I_{\max} + I_{\min}} = 1$$

【例 5.6】 自然光以布儒斯特角射入由 8 块折射率为 $n = 1.560$ 的平行玻璃板组成的玻璃片堆，忽略玻璃的吸收和光在各个界面处的多次反射，求透射光的偏振度。

解 光在玻璃表面的布儒斯特角为

$$i_B = \arctan n = \arctan 1.560 = 57.34^\circ$$

以布儒斯特角入射的光波，经过 n 块平行玻璃板后，透射光的 P 分量和 S 分量分别为

$$(A_{P_2})^{(2n)} = A_{P_1}$$

$$(A_{S_2})^{(2n)} = A_{S_1} \sin^{2n}(2i_2) = A_{S_1} \sin^{2n}[2(90^\circ - 57.34^\circ)]$$

$$= A_{S_1} \sin^{16} 65.32 = 0.216 A_{S_1}$$

于是出射光的偏振度为

$$P = \frac{I_{\max} - I_{\min}}{I_{\max} + I_{\min}} = \frac{I_P - I_S}{I_P + I_S} = \frac{1 - 0.216^2}{1 + 0.216^2} = 91.1\%$$

【例 5.7】 线偏振光的振动面与入射面之间的夹角被称作偏振的方位角。设入射线偏振光的方位角为 α，入射角为 i，若光从折射率为 n_1 的介质射向折射率为 n_2 的介质，求反射光的方位角 α_1' 和折射光的方位角 α_2。

解 方位角为 α 的入射线平面偏振光，其中 P 分量和 S 分量的振幅分别为

$$A_P = A\cos\alpha, \quad A_S = A\sin\alpha$$

即

$$\tan\alpha = \frac{A_S}{A_P}$$

根据菲涅耳公式

$$\frac{E'_{S_1}}{E_{S_1}} = -\frac{\sin(i_1 - i_2)}{\sin(i_1 + i_2)}, \quad \frac{E'_{P_1}}{E_{P_1}} = \frac{\tan(i_1 - i_2)}{\tan(i_1 + i_2)}$$

$$\frac{E_{S_2}}{E_{S_1}}=\frac{2\sin i_2\cos i_1}{\sin(i_1+i_2)},\quad \frac{E_{P_2}}{E_{P_1}}=\frac{2\sin i_2\cos i_1}{\sin(i_1+i_2)\cos(i_1-i_2)}$$

可得反射光的方位角满足以下关系：

$$\tan\alpha_1'=\frac{E'_{S_1}}{E'_{P_1}}=\frac{E'_{S_1}}{E_{S_1}}\Big/\left(\frac{E'_{P_1}}{E_{P_1}}\tan\alpha\right)=-\frac{\sin(i_1-i_2)}{\sin(i_1+i_2)}\Big/\left[\frac{\tan(i_1-i_2)}{\tan(i_1+i_2)}\tan\alpha\right]$$

$$=-\frac{\cos(i_1-i_2)}{\cos(i_1+i_2)\tan\alpha}$$

折射光的方位角

$$\tan\alpha_2=\frac{E_{S_2}}{E_{P_2}}=\frac{E_{S_2}}{E_{S_1}}\Big/\left(\frac{E_{P_2}}{E_{P_1}}\tan\alpha\right)=\frac{2\sin i_2\cos i_1}{\sin(i_1+i_2)}\Big/\left[\frac{2\sin i_2\cos i_1}{\sin(i_1+i_2)\cos(i_1-i_2)}\tan\alpha\right]$$

$$=\frac{\cos(i_1-i_2)}{\tan\alpha}$$

5.2　光在晶体中的双折射

5.2.1　双折射现象与双折射晶体

晶体的结构是各向异性的，因而光学性质也与晶体的方向有关。一束光入射到晶体中分为两束，这就是晶体的双折射现象。能够产生双折射的晶体被称作双折射晶体。

在双折射晶体中，其中一束光遵循折射定律，传播特性与在各向同性介质中相同，因而将这束光称为寻常光，简称为o光；而另一束光则不遵循折射定律，例如入射角为零时，在晶体中的折射角并不为零，在某些情况下甚至会出现折射角为负值的特例，因而将这束光称为非常光，简称为e光。o光和e光都是平面偏振光。

所谓的o光、e光都是针对在晶体中的光而言的，离开晶体之后，则两束光无所谓“寻常”“不寻常”，所以，对从晶体出射的光，不再以o光、e光作为称谓。

5.2.2　双折射晶体的特征

(1) 晶体的光轴：在双折射晶体中有一个特殊的方向，光沿此方向入射时不发生双折射,这个方向就被称作晶体的光轴。

按光轴可以将具有双折射特性的晶体分为单轴晶体(方解石晶体、石英、红宝石、冰等)、双轴晶体(云母、蓝宝石、橄榄石、硫黄等)。

(2) 晶体的主截面:晶体某一表面的法线与晶体光轴所构成的平面,就是晶体的主截面。同样由晶体的平移对称性可知,每一个表面实际上有一个平行的主截面族。

(3) 主平面:晶体中的光线与晶体的光轴所构成的平面就是光在晶体中的主平面。

在晶体中,由于双折射而产生了 o 光和 e 光,而 o 光和 e 光往往是分开的,因而,o 光与光轴构成的平面就是 o 光主平面;e 光与光轴构成的平面就是 e 光主平面。

实验研究表明,o 光、e 光具有如下特征:

o 光:电矢量的振动方向垂直于其主平面,因而 o 光的电矢量垂直于光轴。

e 光:电矢量的振动方向平行于其主平面,因而 e 光的电矢量在 e 光主平面内。

一般情况下,光以任意的角度射入晶体,则入射面(即入射光线与晶体表面法线构成的平面)、主截面、o 光主平面、e 光主平面是不重合的。

5.2.3 单轴晶体中光的波面

o 光的波面是球面,e 光的波面是旋转椭球面。如图 5.10 和图 5.11 所示。

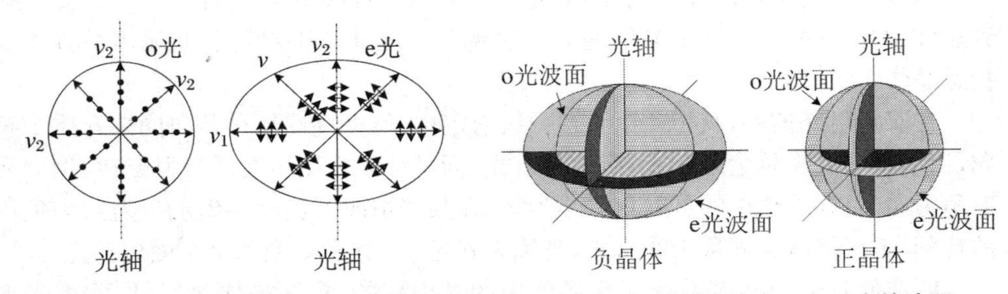

图 5.10 单轴晶体中 o 光、e 光电矢量的方向　　**图 5.11 单轴晶体中 o 光、e 光的波面**

由于 o 光、e 光沿着光轴方向传播时具有相同的速度 v_2,因而它们在同一时刻的波面在光轴处总是相切的。在与光轴垂直的方向传播时,o 光、e 光的速度取决于 o 光、e 光在晶体中的折射率。如果 o 光的折射率大于 e 光的折射率,那么 e 光的速度 v_1 就大于 o 光的速度 v_2,则球面被包裹于椭球面内,这样的晶体被称作负晶体;反之,如果o光的折射率小于e光的折射率,那么e光的速度 v_1 就小于o光的速度 v_2,则椭球面被包裹在球面内,这样的晶体被称作正晶体。如图5.12所示。

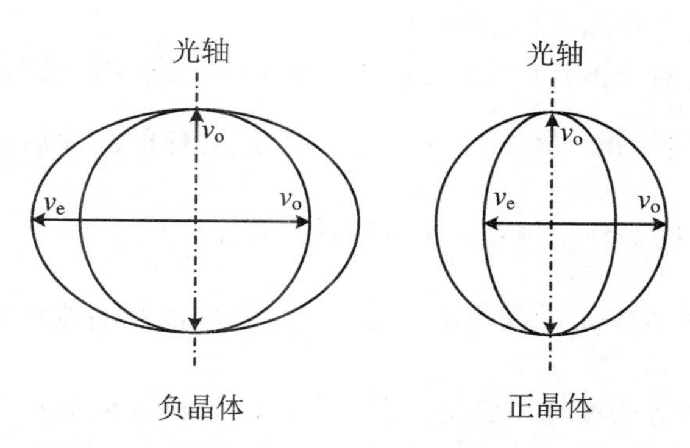

图5.12　单轴晶体中o光、e光沿不同方向的速度

由于e光在不同方向传播速度不同,所以其折射率也不同。当e光沿着与光轴垂直的方向传播时,将e光的折射率定义为主折射率,即记e光沿着与光轴垂直方向传播的速度为 v_e,则其主折射率为

$$n_e = \frac{c}{v_e}$$

o光的折射率与方向无关,为

$$n_o = \frac{c}{v_o}$$

5.2.4　晶体光学器件

可用双折射晶体制成偏振棱镜和波晶片。

1. 偏振棱镜

在双折射晶体中,o光和e光都是平面偏振光,若使这两列光从晶体出射时能够分开,则可获得平面偏振光。这样的晶体光学器件就是偏振棱镜。自然光经过偏振棱镜,成为沿特定方向振动的平面偏振光。

常用的偏振棱镜有尼科耳棱镜、沃拉斯顿棱镜、洛匈棱镜、格兰-汤普森棱镜,等等。

2. 波晶片

若晶体的光轴与其表面平行,平行光正入射到晶体中,这种情形下,在晶体中由于双折射而产生的 o 光和 e 光沿着相同的方向传播，但由于 o 光和 e 光的折射率不同，经历的光程也不同。一列偏振光从波晶片出射后，成为两列同方向传播的、振动方向相互垂直的平面偏振光，这两列光之间由于有特定的相位差，合成后，就成为一列具有特定偏振特性的光。

常用的波晶片有半波片（也称二分之一波片）和四分之一波片。

半波片满足条件$(n_o - n_e)d = m\lambda \pm \dfrac{\lambda}{2}$，经过这样的波片后，振动方向正交的光波之间会有$\pm\pi$的额外相位差。半波片通常记作$\dfrac{\lambda}{2}$片。

四分之一波片条件$(n_o - n_e)d = m\lambda \pm \dfrac{\lambda}{4}$，经过这样的波片后，振动方向正交的光波之间会有$\pm\dfrac{\pi}{2}$的额外相位差。事实上，波片满足$(n_o - n_e)d = \dfrac{m}{2}\lambda \pm \dfrac{\lambda}{4}$时，也有相同的效果。四分之一波片通常记作$\dfrac{\lambda}{4}$片。

波片中，e 光的振动方向沿晶体光轴的方向，o 光的振动方向垂直于晶体光轴的方向。所以，通常将波片中 e 光的振动方向称作 e 轴，o 光的振动方向称作 o 轴。

波片中传播速度快的光波的振动方向称作晶体的快轴，传播速度慢的光波的振动方向称作晶体的慢轴。由于方解石是负晶体，其中 e 光的折射率小于 o 光的折射率，对于方解石晶体制成的波片而言，e 轴是快轴，o 轴是慢轴；石英是正晶体，其中 e 光的折射率大于 o 光的折射率，对于石英晶体制成的波片而言，e 轴是慢轴，o 轴是快轴。

【例 5.8】 一束平面偏振的钠黄光垂直于一块方解石晶体的某一表面入射，已知晶体的主截面与该表面垂直，且光的振动方向与主截面之间的夹角为 20°，试计算晶体中 o 光和 e 光的相对振幅与相对强度。已知在方解石中钠黄光 o 光的折射率为 $n_o = 1.658$，e 光的主折射率为 $n_e = 1.485$。

解 这种情形下，晶体中的 o 光和 e 光都在主截面内，主截面同时是 o 光、e 光的主平面。o 光的振动方向与其主平面垂直，于是两者的相对振幅为

$$\frac{A_o}{A_e} = \frac{A\sin\theta}{A\cos\theta} = \frac{\sin\theta}{\cos\theta} = \frac{\sin 20^\circ}{\cos 20^\circ} = 0.364$$

由于光强与折射率成正比，于是两者的相对光强为

$$\frac{I_o}{I_e} = \frac{n_o A_o^2}{n_e A_e^2} = \frac{n_o \sin^2\theta}{n_e \cos^2\theta} = \frac{1.658 \times \sin^2 20^\circ}{1.485 \times \cos^2 20^\circ} = 0.148$$

【例 5.9】 两块大小相等的冰洲石晶体 A，B 前后排列，如图 5.13 所示，强度

为 I_0 的自然光垂直于晶体A的表面入射后相继通过A,B。晶体A,B的主截面之间的夹角为 α,若忽略晶体对光的吸收和反射,分别求 $\alpha=0^\circ,45^\circ,90^\circ,180^\circ$ 时由B出射的光束数目和每束光的强度。

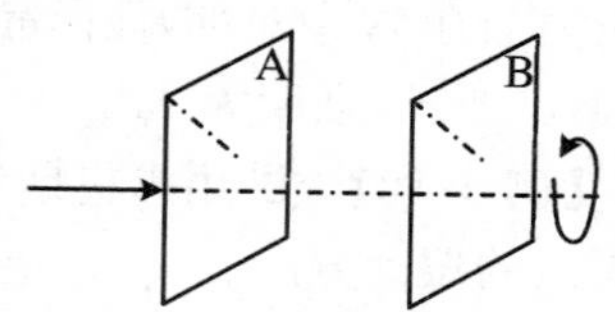

图5.13 两冰洲石晶体前后排列

解 A晶体的光轴与纸面平行,由于入射光束与A的表面垂直,A晶体中o光和e光的主平面也与纸面平行,即这种情形下晶体中o光和e光的主平面均与晶体的主截面平行。由于晶体的两表面相互平行,从A出射的光也是平行的,强度相等,均为$\frac{I_0}{2}$,A中的o光的电矢量与纸面垂直,e光的电矢量与纸面平行,这两束平面偏振光又垂直入射到B晶体的表面。

(1) B晶体的主截面与A晶体的主截面平行,于是,在B晶体中,每一束入射光仍为1束,从B出射后,共有2束,如图5.14(a)所示,强度相等,均为$\frac{I_0}{2}$。

(2) B晶体的主截面与A晶体的主截面之间有45°的夹角,则每一束垂直于晶体表面的入射光在B晶体中又分为电矢量相互垂直的两束,如图5.14(b)所示。由于B中o光和e光的主平面均与纸面成45°角,两晶体的厚度相等,光束1的e光与光束2的o光会重合,于是从晶体B出射的光共有3束,其中上下两束强度为$\frac{I_0}{4}$,中间一束强度为$\frac{I_0}{2}$。

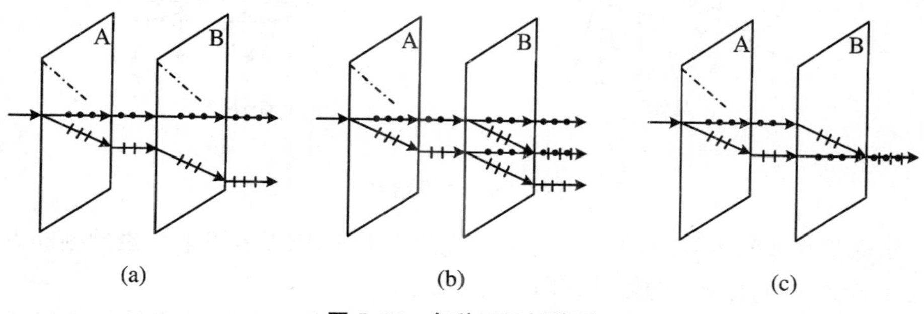

图5.14 各种双折射情形

(3) B晶体的主截面与A晶体的主截面之间有90°的夹角,则光束1在B中为e光,光束2在晶体中为o光,每一束入射光不能再分为两束。因而从B出射的光为两束,强度均为$\frac{I_0}{2}$。

(4) 若将B晶体的主截面相对于A晶体的主截面转过180°，则第2束光在B中折射与在A中对称，而两晶体的厚度相等，于是从B中出射的光合为一束，如图5.14(c)所示，强度为 I_0。

【例5.10】 试用惠更斯作图法求出图5.15中o光和e光的传播方向及各自电矢量的振动方向。

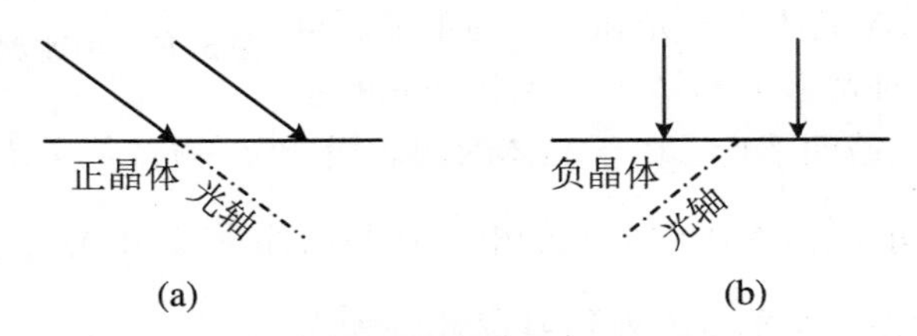

图5.15 用惠更斯作图法求出双折射光

解 在双折射晶体中，o光的波面是球面，而e光的波面是旋转椭球面，由于沿着光轴方向o光与e光的速度相等，所以作图时，要使表示o光波面的球面与表示e光波面的椭球面在沿着光轴方向相切。

作图结果如图5.16所示。

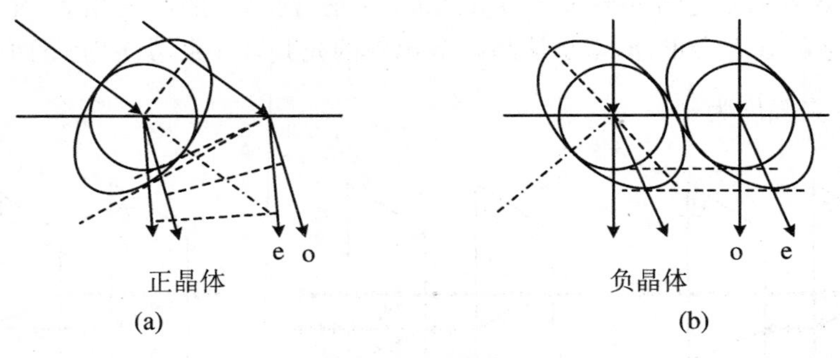

图5.16 作图结果

纸面是晶体的主界面，也是o光和e光的主平面，因而o光电矢量的振动方向垂直于纸面，e光电矢量的振动方向平行于纸面。

【例5.11】 一束钠黄光掠入射到冰的晶体平板上，晶体的光轴与入射面垂直，平板厚度为4.20 mm，求o光与e光射到平板对面上两点的间隔。已知钠黄光在冰中的折射率分别为 $n_o = 1.309\,0$，$n_e = 1.310\,4$。

解 光的双折射情况如图5.17所示。掠入射，入射角 $i = 90°$。

其中o光的折射遵循折射定律 $n_o \sin i_o = \sin i = 1$。

由于晶体的光轴与入射面垂直，因而e光的波面在入射面的投影为圆，其折射

可用公式 $n_e \sin i_e = \sin i = 1$ 表示。

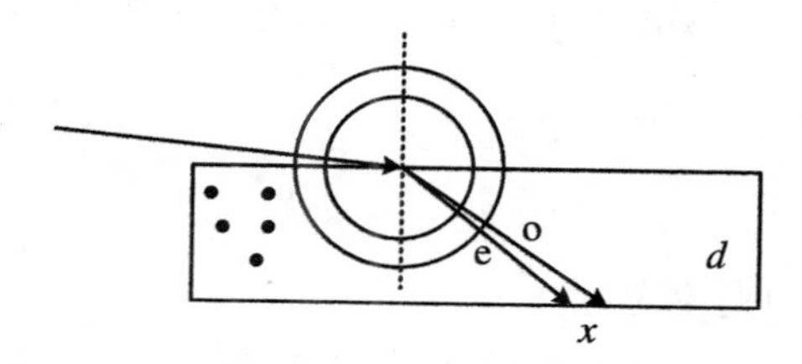

图 5.17　掠入射到冰晶体表面的光

由于 $n_o \sin i_o = 1$，于是

$$\tan^2 i_o = \frac{n_o^2 \sin^2 i_o}{n_o^2 \cos^2 i_o} = \frac{1}{n_o^2(1-\sin^2 i_o)} = \frac{1}{n_o^2 - 1}$$

同理

$$\tan^2 i_e = \frac{1}{n_e^2 - 1}$$

于是在晶体平板的另一面上，o 光与 e 光入射点之间的间隔为

$$\Delta x = d(\tan i_o - \tan i_e) = d\left(\frac{1}{\sqrt{n_o^2 - 1}} - \frac{1}{\sqrt{n_e^2 - 1}}\right) = 1.27 \times 10^{-2}\ \text{mm}$$

【例 5.12】　图 5.18 所示为方解石制成的渥拉斯顿棱镜，其中每一个三棱镜的顶角为 $\alpha = 15^\circ$。一束自然光垂直入射到棱镜的表面上，计算从棱镜出射的两束光之间的夹角。

解　在第一个三棱镜中，o 光、e 光的方向相同，在棱镜中的界面处，入射角均为 α。由于两个三棱镜的光轴相互垂直，所以，第一棱镜中的 o 光进入第二棱镜后，成为 e 光，第一棱镜中的 e 光进入第二棱镜后，成为 o 光。相应的折射角可由下式算得：

$$\begin{cases} n_e \sin i_e = n_o \sin \alpha \\ n_o \sin i_o = n_e \sin \alpha \end{cases}$$

若取 $n_o = 1.658$，$n_e = 1.485$，可算得

$$\begin{cases} i_e = 16.80^\circ \\ i_o = 13.40^\circ \end{cases}$$

在棱镜的出射界面处，上述两束光的入射角分别为

$$\begin{cases} \theta_e = i_e - \alpha = 1.80^\circ \\ \theta_o = \alpha - i_o = 1.60^\circ \end{cases}$$

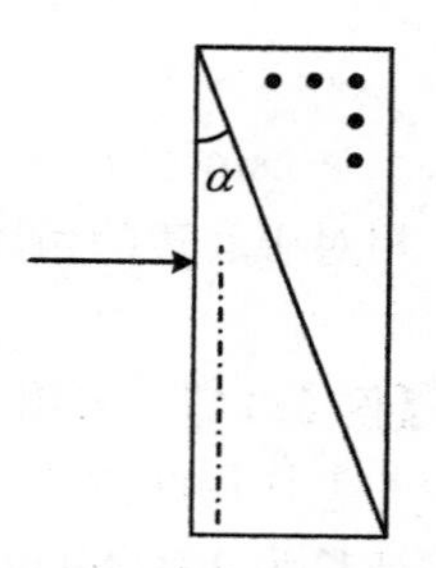

图 5.18　渥拉斯顿棱镜

相应地，在空气中的折射角可由下式算得：

$$\begin{cases}\sin\beta_e = n_e\sin\theta_e = 0.046\,64 \\ \sin\beta_o = n_o\sin\theta_o = 0.046\,29\end{cases}$$

即

$$\begin{cases}\beta_e = 2.67^\circ \\ \beta_o = 2.65^\circ\end{cases}$$

于是两束光之间的夹角为

$$\delta = \beta_e + \beta_o = 5.32^\circ$$

【例 5.13】 图 5.19 所示为一个尼科耳棱镜的主截面，已知$\angle CAC' = 90^\circ$，$\angle ACC' = 68^\circ$，方解石对 o 光的折射率为 $n_o = 1.658$，黏合所用的加拿大树胶的折射率为 $n = 1.550$。SM 平行于棱边 AA'。若光沿 S_0M 方向入射时棱镜中的 o 光恰能够在胶合面 AC'处发生全反射，入射光以更大的角度入射时则 o 光不发生全反射，求$\angle S_0MS$ 的数值。

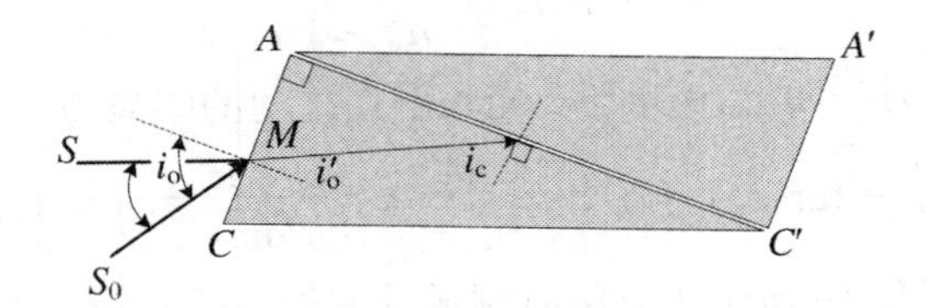

图 5.19 尼科耳棱镜

解 在方解石与树胶的界面处，记 o 光的全反射临界角为 i_c，则 $n_o\sin i_c = n$。相应地，在入射界面 AC 处，光束的折射角为 $i_o = \pi/2 - i_c$，于是能够使 o 光发生全反射的最大的入射角为

$$\begin{aligned}\sin i_{\max} &= n_o\sin i_o = n_o\sin(\pi/2 - i_c) = n_o\cos i_c \\ &= n_o\sqrt{1-\sin^2 i_c} = \sqrt{n_o^2 - n_o^2\sin^2 i_c} = \sqrt{n_o^2 - n^2}\end{aligned}$$

即

$$i_{\max} = \arcsin\sqrt{n_o^2 - n^2} = \arcsin\sqrt{1.658^2 - 1.550^2} = \arcsin 0.588\,6 = 36.01^\circ$$

相对于底边的角度

$$\angle S_0MS = i_{\max} - 22^\circ = 14.01^\circ$$

【例 5.14】 采用石英晶体制作适用于钠黄光的 1/4 波片，晶片的最小厚度是多少？怎样用此波片产生一束长短轴之比为 2∶1 的右旋椭圆偏振光？已知钠黄光的波长为 $\lambda = 589$ nm，石英中 e 光与 o 光的折射率之差为 $n_e - n_o = 0.009$。

解 设波片的最小厚度为 d。由于 e 光、o 光的光程差为 $\delta = (n_e - n_o)d$，所以有

$$d = \delta/(n_e - n_o) = 589\ \text{nm}/(4\times 0.009) = 16\,361\ \text{nm} = 16.361\ \mu\text{m}$$

石英为正晶体，o轴为快轴，即此处o光的相位要超前$\pi/2$。

如图5.20所示，长短轴之比为2∶1的椭圆，$\tan\theta=1/2$或$\tan\theta=2/1$。取定线偏光的振动面与光轴的夹角即可。注意，为保证是右旋的，线偏光的振动面必须处于e轴、o轴所确定的坐标系的Ⅰ，Ⅲ象限。

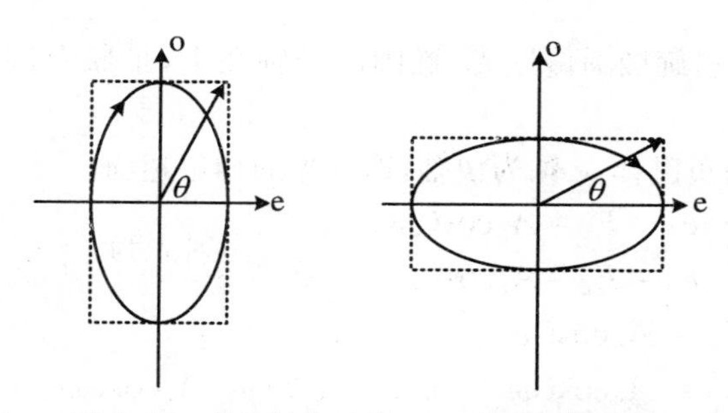

图5.20　长短轴之比为2∶1的椭圆偏振光

【例5.15】　线偏振光垂直射入一块光轴平行于表面的方解石晶体，入射光的振动平面与晶体的主截面之间的夹角为30°，方解石中o光与e光的折射率之差为$n_o - n_e = 0.172$。

(1) 求在晶片中o光与e光的强度之比。

(2) 为使晶片对钠黄光成为1/2波片，其厚度应为多少？

(3) 从该1/2波片出射的线偏振光的振动平面相对于入射光的振动平面转过了多大的角度？

解　(1) 在晶体中，$I_o : I_e = (n_o\sin^2 30)^\circ : (n_e\cos^2 30^\circ) = n_o : 3n_e$。

(2) 1/2波片，$\delta = (n_e - n_o)d = (m+1/2)\lambda$，厚度应满足

$$d = \frac{\delta}{n_e - n_o} = \frac{(1/2+m)\times 589}{0.172}\ \text{nm}$$

$$= (3.424m + 1.712)\ \mu\text{m}$$

(3) 出射光的振动平面相对于入射光的振动平面转过的角度为

$$2\theta = 60^\circ$$

如图5.21所示。

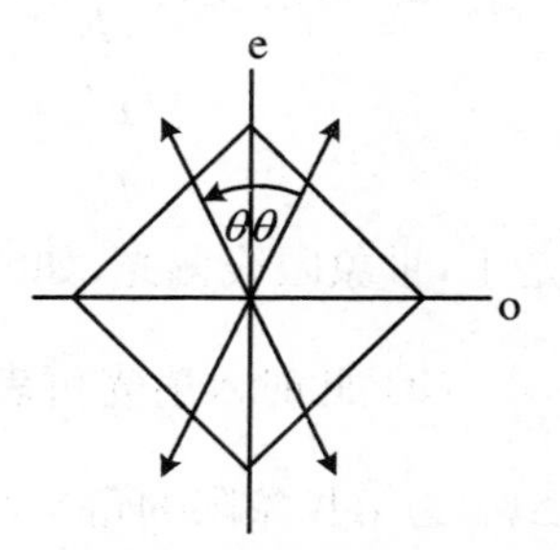

图5.21　平面偏振光振动面的旋转

【例5.16】　一束椭圆偏振光垂直入射到方解石制

成的1/4波片上，其光轴与 y 轴一致，试确定在下列情况下从波片出射的光的偏振态：

(1) 入射光为右旋椭圆偏振光，椭圆的长轴与波片的快轴(即光轴)的方向一致；

(2) 入射光为左旋椭圆偏振光，椭圆的长轴与波片的快轴(即光轴)的方向一致；

(3) 入射光为右旋椭圆偏振光，椭圆的长轴在Ⅰ，Ⅲ象限(迎着光的传播方向观察)。

解 方解石为负晶体，e轴为快轴，即e光的相位超前。

(1) 入射光为 $\begin{cases} E_x = E_o = A_o\cos(\omega t) \\ E_y = E_e = A_e\cos(\omega t + \pi/2) \end{cases}$，出射光为

$$\begin{cases} E'_x = A_o\cos(\omega t') \\ E'_y = A_e\cos(\omega t' + \pi/2 + \pi/2) = A_e\cos(\omega t' + \pi) \end{cases}$$

是Ⅱ，Ⅳ象限的线偏光，如图5.22(a)所示。

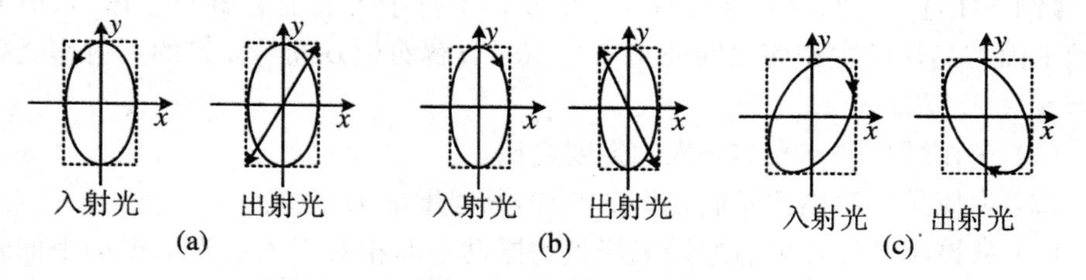

图5.22 不同入射光所对应的出射光的偏振态

(2) 入射光为 $\begin{cases} E_x = E_o = A_o\cos(\omega t) \\ E_y = E_e = A_e\cos(\omega t - \pi/2) \end{cases}$，出射光为

$$\begin{cases} E'_x = A_o\cos(\omega t') \\ E'_y = A_e\cos(\omega t' - \pi/2 + \pi/2) = A_e\cos(\omega t') \end{cases}$$

是Ⅰ，Ⅲ象限线偏光，如图5.22(b)所示。

(3) 此时入射光可表示为 $\begin{cases} E_x = E_o = A_o\cos(\omega t) \\ E_y = E_e = A_e\cos(\omega t - \Delta\varphi_0) \end{cases}$，两正交分量的相位差 $\Delta\varphi_0$ 为第Ⅳ象限的角。经过波片后，由于e光的相位比o光要增加 $\pi/2$，所以出射光可表示为

$$\begin{cases} E'_x = A_o\cos(\omega t') \\ E'_y = A_e\cos(\omega t' - \Delta\varphi_0 + \pi/2) = A_e\cos(\omega t' - \Delta\varphi) \end{cases}$$

相位差 $\Delta\varphi=\Delta\varphi_0-\pi/2$，是处于第Ⅲ象限的角，还是右旋的椭圆偏振光，但长轴转到Ⅱ，Ⅳ象限，如图5.22(c)所示。

5.3　偏振光的干涉

偏振光经波片后，出射的两列同方向光波，由于振动方向相互垂直，所以是不相干的，叠加之后的光强是两正交分量的光强之和。如果再经过一个偏振元件，则成为两列同传播方向、同振动方向、具有稳定相位差的相干光，可以进行干涉。

5.3.1　平行偏振光的干涉装置

平行偏振光的干涉装置如图5.23所示，由两个偏振片和位于其间的双折射晶体(波晶片)组成。从线偏振器 P_1 出射的平面偏振光，正入射到晶体中，分为o光和e光，从晶体出射后，再使电矢量正交的两列波经过一个偏振片 P_2，从 P_2 射出的光，电矢量相互平行，成为相干光，进行相干叠加。

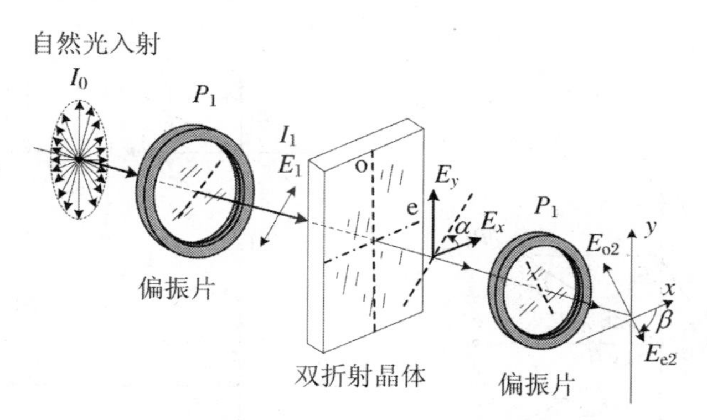

图5.23　平行偏振光的干涉装置

可以看出，在这种装置中，偏振光的干涉与自然光干涉的区别主要有：

(1) 干涉光为线偏光，振动面相互平行；

(2) 光程差由波晶片的厚度，以及波晶片光轴与 P_1，P_2 透光轴之间的夹角决定，不同于双缝或薄膜干涉。

5.3.2　干涉强度分布

如图 5.24 所示，设入射自然光的强度为 I_0，经 P_1 后的线偏光的电矢量和振幅分别为 E_1 和 A_1。在波晶片中，e 光、o 光的振幅分别为

$$A_e = A_1\cos\alpha,\quad A_o = A_1\sin\alpha$$

从波晶片射出的 e 光、o 光，再经过 P_2，相应的振幅为

$$A_{e2} = A_1\cos\alpha\cos\beta,\quad A_{o2} = A_1\sin\alpha\sin\beta$$

e 光、o 光中都有一部分可以从 P_2 透射，它们的振动分别表示为 E_{e2}，E_{o2}，且 $E_{e2}/\!/E_{o2}$，这两部分是相干的，相干叠加可表示为 $E_2 = E_{e2} + E_{o2}$，干涉的光强为

$$\begin{aligned}I &= A_{e2}^2 + A_{o2}^2 + 2A_{e2}A_{o2}\cos\Delta\varphi \\ &= A_1^2(\cos^2\alpha\cos^2\beta + \sin^2\alpha\sin^2\beta + 2\cos\alpha\cos\beta\sin\alpha\sin\beta\cos\Delta\varphi)\end{aligned}\quad(5.5)$$

式中 $\Delta\varphi$ 为两列光的相位差，由以下因素决定：

（1）P_1 透光轴的方向所引起的相位差，记作 $\Delta\varphi_1 = 0,\pi$。当其透光轴在Ⅰ，Ⅲ象限（图 5.25(a)）时，$\Delta\varphi_1 = 0$；而当其透光轴在Ⅱ，Ⅳ象限（图 5.25(b)）时，$\Delta\varphi_1 = \pi$。

（2）波晶片引起的 $\Delta\varphi_c = \dfrac{2\pi}{\lambda}(n_e - n_o)d$。

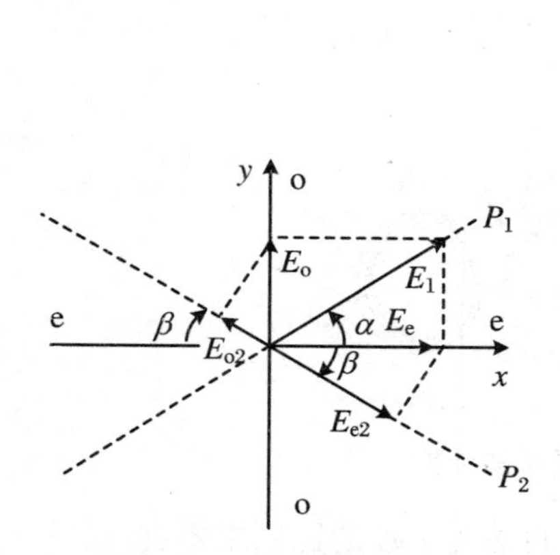

图 5.24　光矢量的分解

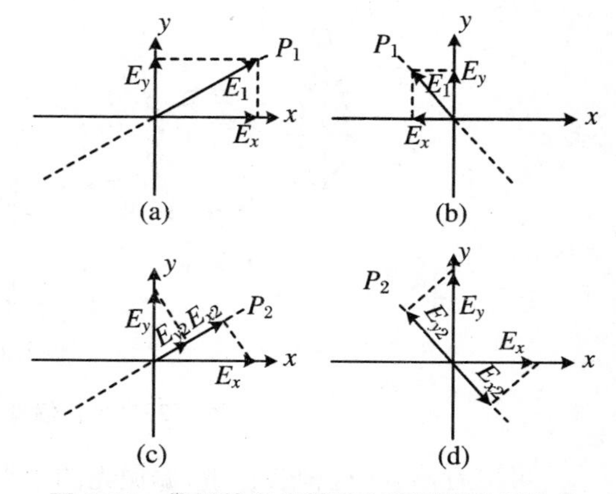

图 5.25　偏振片透光轴取向所引起的相位差

（3）P_2 透光轴的方向所引起的相位差，记作 $\Delta\varphi_2 = 0,\pi$。当其透光轴在Ⅰ，Ⅲ象限（图 5.25(c)）时，$\Delta\varphi_2 = 0$；而当其透光轴在Ⅱ，Ⅳ象限（图 5.25(d)）时，$\Delta\varphi_2 = \pi$。

总的相位差为

$$\Delta\varphi = \Delta\varphi_1 + \Delta\varphi_c + \Delta\varphi_2$$

各个元件的方向固定时，$\Delta\varphi_1$，$\Delta\varphi_2$ 固定不变。

例如，$P_1 \perp P_2$，且波晶片光轴平分 P_1，P_2 的夹角(图 5.26(a))，则有 $\alpha = \beta = \frac{\pi}{4}$，$\Delta\varphi_1 = 0$，$\Delta\varphi_2 = \pi$，干涉光强为

$$I = A_1^2\left[\frac{1}{2} + \frac{1}{2}\cos(\pi + \Delta\varphi_c)\right] = \frac{1}{4}I_0(1 - \cos\Delta\varphi_c) = \frac{1}{2}I_0\sin^2\left(\frac{1}{2}\Delta\varphi_c\right) \tag{5.6}$$

如果 $P_1 /\!/ P_2$，且 P_1，P_2 与波晶片光轴的夹角为 45°(图 5.26(b))，则有 $\alpha = \beta = \frac{\pi}{4}$，$\Delta\varphi_1 = 0$，$\Delta\varphi_2 = 0$，干涉光强为

$$I = A_1^2\left(\frac{1}{2} + \frac{1}{2}\cos\Delta\varphi_c\right) = \frac{1}{4}I_0(1 + \cos\Delta\varphi_c) = \frac{1}{2}I_0\cos^2\left(\frac{1}{2}\Delta\varphi_c\right) \tag{5.7}$$

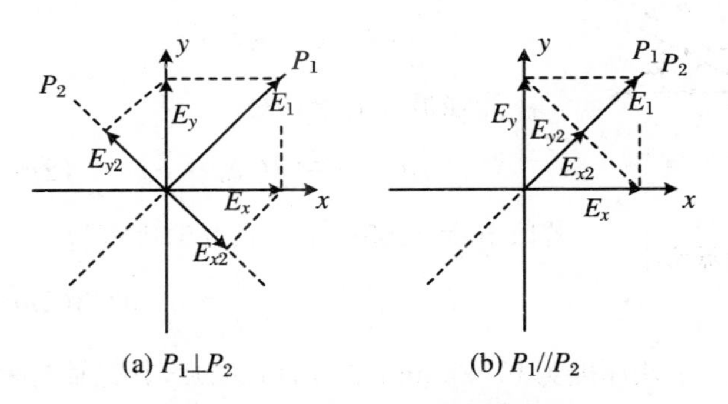

图 5.26　偏振光干涉的两种特例

【例 5.17】　两正交偏振片之间放置一方解石晶片，晶片的光轴与其表面平行，并与第一偏振片的透振方向之间成 45°角。以波长为 589.0 nm的钠黄光垂直入射该系统，若要使从第二偏振片出射的光强度为极大值，则晶片的最小厚度是多少？当入射光强为 I_0 时，出射光强是多少？

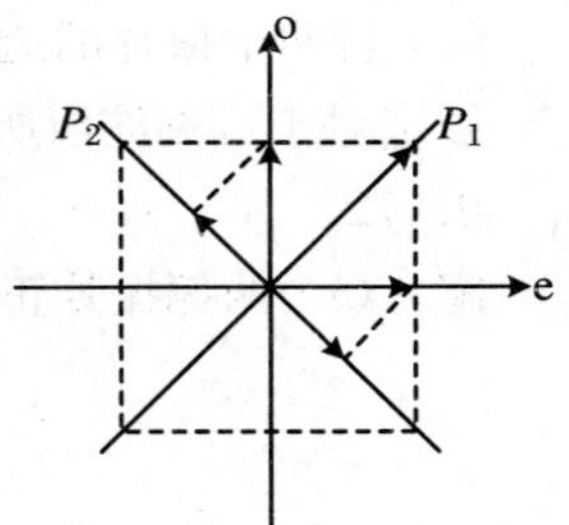

图 5.27　偏振元件方位

解　这是偏振光干涉的问题。各元件方位如图 5.27所示，出射光强为

$$I = \frac{I_1}{2}(1 - \cos\Delta\varphi_c) = I_1\sin^2\frac{\Delta\varphi_c}{2}$$

出射光强最大，晶体所导致的相位差为

$$\Delta\varphi_c = \frac{2\pi}{\lambda}d(n_o - n_e) = (2m+1)\pi$$

得到

$$d = \frac{(2m+1)\lambda}{2(n_o - n_e)} = \frac{(m+1/2)\lambda}{n_o - n_e}$$

若取 $n_o = 1.658, n_e = 1.485$,可算得最小厚度为

$$d = \frac{\lambda}{2(n_o - n_e)} = 1\,702.3\ \text{nm}$$

【例 5.18】 在两块透振方向相互平行的偏振片之间放置一方解石晶片，晶片的光轴与其表面平行，并与第一偏振片的透振方向之间成 15°角。以波长为 589.0 nm 的钠黄光垂直入射该系统，若要使从第二偏振片出射的光强度为极小值，晶片的厚度可以是多少？

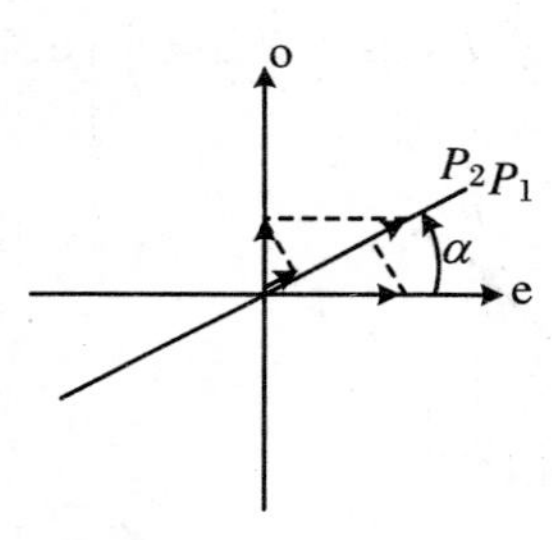

图 5.28 偏振元件

解 如图 5.28 所示，$\alpha = \beta = 15°$，干涉光强

$$I = I_1(\cos^4\alpha + \sin^4\alpha + 2\cos^2\alpha\sin^2\alpha\cos\Delta\varphi_c)$$
$$= \frac{I_1}{8}(7 + \cos\Delta\varphi_c)$$

光强最小的条件是

$$\Delta\varphi_c = \frac{2\pi}{\lambda}d(n_o - n_e) = (2m+1)\pi$$

若取 $n_o = 1.658, n_e = 1.485$,则可得

$$d = \frac{(2m+1)\lambda}{2(n_o - n_e)} = 1\,702.3(2m+1)\ \text{nm}$$

【例 5.19】 一块厚度为 0.025 mm 的方解石晶片，其光轴与表面平行，放置在两正交偏振片之间。入射光经第一偏振片后正入射到晶片上，电矢量的振动方向与光轴之间成 45°角。

(1) 透过第二偏振片的光在可见波段缺少哪些波长成分？

(2) 若两偏振片的透振方向相互平行，则透射光中缺少哪些波长成分？

假定对于可见波段所有波长的光，方解石晶体的主折射率之差为恒定值，$n_o - n_e = 0.172$。

解 (1) 两偏振片正交时

$$I = \frac{I_1}{2}(1 - \cos\Delta\varphi_c) = I_1\sin^2\frac{\Delta\varphi_c}{2}$$

暗纹 $\Delta\varphi_c = \frac{2\pi}{\lambda}d(n_o - n_e) = 2m\pi$,对应波长

$$\lambda = \frac{d(n_o - n_e)}{m} = \frac{0.025 \times 10^6 \times 0.172\ \text{nm}}{m} = \frac{4\,300\ \text{nm}}{m}$$
$$= 430.0\ \text{nm}, 477.8\ \text{nm}, 537.5\ \text{nm}, 614.3\ \text{nm}$$

(2) 两偏振片平行时

$$I = \frac{I_1}{2}(1 + \cos \Delta\varphi_c) = I_1 \cos^2 \frac{\Delta\varphi_c}{2}$$

暗纹 $\Delta\varphi_c = \frac{2\pi}{\lambda}d(n_o - n_e) = (2m+1)\pi$，对应波长

$$\lambda = \frac{2d(n_o - n_e)}{2m+1} = \frac{2 \times 0.025 \times 10^6 \times 0.172\ \text{nm}}{2m+1} = \frac{8\,600\ \text{nm}}{2m+1}$$
$$= 409.5\ \text{nm}, 452.6\ \text{nm}, 505.9\ \text{nm}, 573.3\ \text{nm}, 661.5\ \text{nm}$$

【例 5.20】 一楔形水晶棱镜的顶角为 0.5°，棱边与光轴平行，置于正交偏振片之间，使其主截面与两偏振片的透振方向之间成 45°角，以汞灯的 404.7 nm 的紫色光平行入射。

(1) 透过第二个偏振片后，能形成怎样的干涉花样？

(2) 相邻暗纹的间隔 d 为多少？

(3) 如将第二偏振片的透振方向旋转 90°，干涉花样有何变化？

(4) 保持两偏振片正交，将晶体的主截面转过 45°，使其与第二偏振片的透振方向垂直，干涉花样有何变化？

解　(1) 两偏振片正交时

$$I = \frac{I_1}{2}(1 - \cos \Delta\varphi_c) = I_1 \sin^2 \frac{\Delta\varphi_c}{2}$$

亮纹 $\Delta\varphi_c = \frac{2\pi}{\lambda}d(n_o - n_e) = (2m+1)\pi$；暗纹 $\Delta\varphi_c = \frac{2\pi}{\lambda}d(n_o - n_e) = 2m\pi$。

可以看到平行于棱边的等间隔条纹。

(2) 相邻暗纹间隔

$$\Delta x = \frac{\Delta d}{\tan \alpha} = \frac{\lambda}{(n_e - n_o)\tan \alpha} = \frac{404.7}{(1.566\,71 - 1.557\,16)\tan 0.5^\circ}\ \text{nm}$$
$$= 4.856\ \text{mm}$$

(3) 第二偏振片旋转 90°，光强变为

$$I = \frac{I_1}{2}(1 + \cos \Delta\varphi_c) = I_1 \cos^2 \frac{\Delta\varphi_c}{2}$$

明暗条纹位置互换。

(4) 此时 $\alpha = 90^\circ$，$\beta = 0^\circ$，故

$$I = I_1(\cos^4\alpha + \sin^4\alpha + 2\cos^2\alpha\sin^2\alpha\cos\Delta\varphi_c) = 0$$

全暗。

【例 5.21】 将巴比涅补偿器放在两个正交偏振片之间，光轴与它们的透振方向之间成45°角，会看到什么现象？若补偿器楔角 $\alpha = 2.75°$，用平行的钠黄光(589.290 nm)照射，求干涉条纹的间隔。转动补偿器的光轴，对干涉条纹有什么影响？

解 通过巴比涅补偿器后，两正交分量间的光程差为 $\Delta L = (n_o - n_e)(d_1 - d_2)$，干涉后的光强分布为

$$I = \frac{1}{2}I_0\sin^2\left(\frac{1}{2}\Delta\varphi_c\right) = \frac{1}{2}I_0\sin^2\left[\frac{\pi}{\lambda}(n_o - n_e)(d_1 - d_2)\right]$$

由于厚度差 $d_1 - d_2$ 沿着与棱边垂直的方向线性分布，所以干涉花样是一系列平行于补偿器棱边的等间隔直条纹。

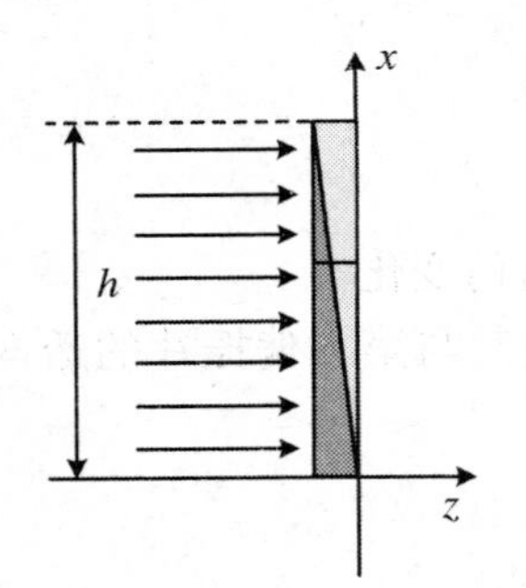

图 5.29 巴比涅补偿器

如图 5.29 所示，设补偿器高度为 h，则在距离补偿器一端 x 处，有

$$\begin{aligned} d_1 - d_2 &= x\tan\alpha - (h - x)\tan\alpha \\ &= 2x\tan\alpha - h\tan\alpha \end{aligned}$$

亮条纹的间隔满足 $2\Delta x\tan\alpha = \lambda$，即

$$\Delta x = \frac{\lambda}{2\tan\alpha} = \frac{\lambda}{2\alpha}$$

补偿器上距离中心线 x 处，两棱镜的厚度分别为

$$d_1 = (l - x)\sin\alpha, \quad d_2 = (l + x)\sin\alpha$$

厚度差为

$$d_2 - d_1 = 2x\sin\alpha$$

x 方向振动与 y 方向振动之间的光程差为

$$\begin{aligned} \delta &= (n_o d_2 + n_e d_1) - (n_e d_2 + n_o d_1) = (n_o - n_e)(d_2 - d_1) \\ &= 2x\sin\alpha(n_o - n_e) \end{aligned}$$

相位差为

$$\Delta\varphi_c = -\frac{2\pi}{\lambda}\delta = -\frac{4\pi}{\lambda}(n_o - n_e)(d_2 - d_1)x\sin\alpha$$

干涉光强为

$$I = \frac{I_1}{2}(1 - \cos\Delta\varphi_c) = I_1\sin^2\frac{\Delta\varphi_c}{2}$$

条纹间距为

$$\frac{4\pi}{\lambda}(n_o - n_e)(d_2 - d_1)\Delta x \sin\alpha = 2\pi, \quad \Delta x = \lambda/[2(n_o - n_e)(d_2 - d_1)\sin\alpha]$$

不同厚度处，有不同的光程差，出现等间隔平行直条纹。转动补偿器，条纹的强度发生改变。

【例 5.22】 以线偏振光照射巴比涅补偿器，通过偏振片观察，发现在两楔形棱镜中央，即厚度 $d_1 = d_2$ 处有一条暗线，与中央暗线相距 a 处又有一条暗线。若以同一波长的椭圆偏振光照射，发现暗线移至距离中央 b 处。

(1) 求椭圆偏振光在补偿器晶体中所分解成的两个振动分量的初始相位差与 a，b 的关系。

(2) 如果椭圆的长短轴正好分别与两棱镜晶体的光轴平行，试证此时 $b = a/4$。

(3) 设已知偏振片的透振方向与补偿器一楔的光轴夹角为 θ，找出 θ 与第(2)问中椭圆长短轴比值的关系。

解　如图 5.30 所示，设补偿器棱镜的直角边长为 $2l$，则补偿器上距离中心线 x 处，两棱镜的厚度分别为 $d_1 = (l - x)\sin\alpha$，$d_2 = (l + x)\sin\alpha$，于是此处的厚度差为

$$d_2 - d_1 = 2x\sin\alpha$$

x 方向振动与 y 方向振动间的光程差

$$\delta = (n_o d_2 + n_e d_1) - (n_e d_2 + n_o d_1) = (n_o - n_e)(d_2 - d_1)$$
$$= 2(n_o - n_e)x\sin\alpha$$

相位差

$$\Delta\varphi_c = -\frac{2\pi}{\lambda}\delta = -\frac{4x\pi}{\lambda}(n_o - n_e)(d_2 - d_1)\sin\alpha$$

出现暗线的位置，两垂直分量合成后是线偏振光，其相位差为 0 或 π。说明中央处厚度相等。

(1) 通过补偿器后，两正交分量的光程差为 $\Delta = (n_o - n_e)(d_1 - d_2)$，而在距离补偿器中线 x 处，$d_1 - d_2 = 2x\tan\alpha$，如图 5.30 所示。

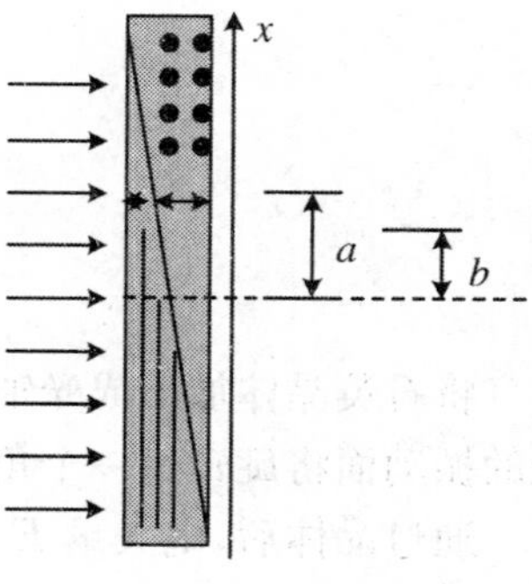

图 5.30　暗线

于是 a 处的暗线满足条件

$$\Delta_1 = 2(n_o - n_e)a\tan\alpha = \lambda$$

即

$$2(n_o - n_e)\tan\alpha = \frac{\lambda}{a}$$

入射光为椭偏光时，b 处的暗线满足条件

$$\Delta\varphi_0 \pm 2k(n_o - n_e)b\tan\alpha = \Delta\varphi_0 \pm \frac{bk\lambda}{a}$$

$$= \Delta\varphi_0 \pm \frac{2\pi b}{a} = 0$$

此处椭圆偏振光变为线偏光，是初始相位差加上补偿器引起的相位差的结果，则可知椭偏光的初始相位差为

$$\Delta\varphi_0 = 0 - \Delta\varphi_c(b) = 2\pi\frac{b}{a}$$

或者

$$\Delta\varphi_0 = \pi - \Delta\varphi_c(b) = \pi - 2\pi\frac{b}{a}$$

(2) 如果是正椭圆偏振光入射，其初始相位差为 $\Delta\varphi_0 = \pm\frac{\pi}{2}$，则有 $2\pi\frac{b}{a} = \frac{\pi}{2}$，$\frac{b}{a} = \frac{1}{4}$；或者 $\pi - 2\pi\frac{b}{a} = -\frac{\pi}{2}$，$\frac{b}{a} = \frac{3}{4}$。

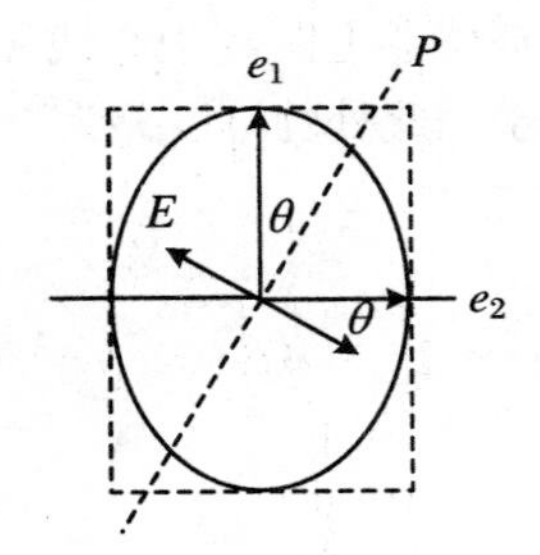

图 5.31 偏振片的取向

(3) 此时偏振片透振方向与晶体光轴的关系如图 5.31 所示。

在暗线处，出射光可表示为

$$\begin{cases} E_x = A\cos\theta\cos\omega t \\ E_y = A\sin\theta\cos(\omega t + \pi) \end{cases}$$

据此，入射光为

$$\begin{cases} A_x = A\cos\theta \\ A_y = A\sin\theta \end{cases}$$

即长短轴之比为 $\cos\theta : \sin\theta$。

5.4 旋　　光

将石英晶体加工成光轴垂直于表面的薄片，线偏光沿着其光轴方向入射，出射光的振动面将旋转过一个角度，这一现象称作旋光。

通过晶体后，电矢量 E 转过的角度 θ 与晶体的厚度 l 成正比，即

$$\theta = \alpha l$$

式中 α 是与晶体有关的常数，称作旋光本领或旋光率。该常数通常与光的波长有关，即可表示为

$$\alpha = \alpha(\lambda)$$

如果白光入射，则出射光中，不同的波长成分，电矢量 E 转过的角度不同，如果用检偏器观察，就会发现在不同的角度处，有不同颜色的光射出，这一现象称作旋光色散。

某些溶液也有明显的旋光特性，例如蔗糖溶液中，线偏光的光矢量转过的角度可表示为

$$\theta = \alpha Nl$$

式中 α 与溶液的种类有关，称作比旋光率，而 N 为溶液的浓度。$\alpha>0$，取正值表示右旋。由于溶液都是各向同性的，因而，同一种类的溶液，使光矢量都向同一方向旋转。

菲涅耳用非常简单的模型解释了旋光现象，他认为，线偏光可以看作是两列同方向传播的旋转方向相反的同频率圆偏振光的合成，这两列圆偏振光在各处都以相同的频率旋转，则合成的平面偏振光就在同一个平面内振动。

在同一种旋光介质中，右旋光和左旋光的折射率 n_L 和 n_R 不同，因而其波矢 k_L 和 k_R 也不同。经过相同的距离，左旋圆偏光和右旋圆偏光角度的滞后不同，因而合成的平面偏振光的偏振方向不再沿原来的方向，而是转过一个角度。

【例5.23】 将一片垂直于光轴切割的石英晶片插入平行偏振片系统中，以钠黄光为光源，石英片的厚度为多少时光不能通过第二偏振片？已知石英对钠黄光的旋光率为 $21.7^\circ/\text{mm}$。

解　平面偏振光在旋光晶体中的振动面转过的角度可表示为

$$\theta = \alpha d$$

题中，若 $\theta = 90^\circ$ 或 $\theta = (2n+1)\times 90^\circ$，则光不能通过第二偏振片。于是可得晶体的厚度为

$$d = \frac{\theta}{\alpha} = \frac{(2n+1)\times 90^\circ}{21.7^\circ}\ \text{mm} = 4.15(2n+1)\ \text{mm}$$

【例5.24】 一未知浓度的葡萄糖水溶液装在长度为 12.0 cm 的管中，当一束线偏振光通过该溶液后，振动面转过 1.23°，求葡萄糖水溶液的浓度。已知葡萄糖水溶液的比旋光率为 $20.5^\circ/(\text{dm}\cdot\text{g}\cdot\text{cm}^{-3})$。

解　在浓度为 C 的葡萄糖水溶液中平面偏振光振动面转过的角度为

$$\theta = [\alpha]Cd$$

式中 $[\alpha]$ 为光在溶液中的比旋光率。于是可得

$$C = \frac{\theta}{[\alpha]d} = \frac{1.23^\circ}{20.5^\circ\times 1.20}\ \text{g}\cdot\text{cm}^{-3} = 0.050\ \text{g}\cdot\text{cm}^{-3}$$

第 6 章　光的量子性与激光

光与微观体系相互作用的过程中，表现出显著的粒子特性。这种情况下，应当用量子理论来描述光的行为。

光的量子性结论是建立在一系列物理实现的基础之上的。

6.1　光的波粒二象性

6.1.1　黑体辐射

黑体是对电磁辐射全吸收、不反射的物体。

黑体中的带电粒子由于做随机的热运动而向外辐射电磁波。

1．斯特藩-玻尔兹曼定律

温度均匀的物体通过其单位面积表面辐射的电磁波的功率为

$$\Phi = \sigma T^4 \tag{6.1}$$

式中 T 是物体的温度，$\sigma = 5.670 \times 10^{-8}\ \mathrm{W/(m^2 \cdot K^4)}$，称作斯特藩-玻尔兹曼常数。

2．维恩位移定律

$$\lambda_{\mathrm{m}} = \frac{b}{T} \tag{6.2}$$

式中 $b = 2.90 \times 10^{-3}\ \mathrm{m \cdot K}$，是普适常数，$\lambda_{\mathrm{m}}$ 是黑体在绝对温度 T 时，与单色辐射本领最大值对应的辐射波长。

3．普朗克黑体辐射公式

$$E(\nu, T) = \frac{2\pi h\nu^3}{c^2}\frac{1}{e^{\frac{h\nu}{kT}} - 1} \tag{6.3}$$

式中 k 是玻尔兹曼常数，h 为普朗克常数，$E(\nu,T)$是黑体在频率 ν 处，温度 T 下的单色辐射本领(又称单色辐出度)。

6.1.2　光电效应

光电子的动能为 E_k，光子的能量为 $h\nu$，金属的逸出功为 W，三者之间的关系为

$$h\nu = W + E_k \tag{6.4}$$

6.1.3　康普顿效应

在康普顿散射中，被散射的光子的波长大于入射光子波长，波长的改变量为

$$\Delta\lambda = \frac{h}{m_0 c}(1-\cos\theta) = \frac{2h}{m_0 c}\sin^2\frac{\theta}{2} = 2\lambda_C \sin^2\frac{\theta}{2} \tag{6.5}$$

式中 θ 为光子的散射角，m_0 为电子的静止质量，$\lambda_C=\dfrac{h}{m_0 c}$称为电子的康普顿波长。

6.1.4　光的粒子特征

光子的能量：$\varepsilon = h\nu$。

光子的动量：$p=\dfrac{h}{\lambda}$。

光子的质量：$m=\dfrac{h\nu}{c^2}$。

【例6.1】　一黑体在某一温度时总辐射本领为6.8 W/cm²，试求该黑体辐射本领最大的波长。

解　根据维恩位移定律，温度为 T 的黑体，辐射本领最大的波长为

$$\lambda_m = \frac{b}{T}$$

而根据斯特藩-玻尔兹曼定律，黑体的总辐射本领为

$$\Phi = \sigma T^4$$

式中 $\sigma = 5.670\times10^{-8}\ \mathrm{W/(m^2\cdot K^4)}$，$b=2.90\times10^{-3}\ \mathrm{m\cdot K}$，于是可得

$$\lambda_m = \frac{b}{T} = \frac{b}{\sqrt[4]{\Phi/\sigma}} = \frac{2.90\times10^{-3}\ \text{m}\cdot\text{K}}{\sqrt[4]{6.8\times10^{4}\ \text{W}\cdot\text{m}^{-2}/(5.670\times10^{-8}\ \text{W}\cdot\text{m}^{-2}\cdot\text{K}^{-4})}}$$

$$= 2.77\times10^{-6}\ \text{m}$$

【例 6.2】 用辐射温度计测得从一个炉子的小孔中射出的热辐射的总辐射本领为 22.8 W/cm²，计算炉内的温度。

解 根据斯特藩-玻尔兹曼定律，黑体的总辐射本领为

$$\Phi = \sigma T^4$$

于是可得

$$T = \sqrt[4]{\Phi/\sigma} = \sqrt[4]{\frac{22.8\ \text{W/cm}^2}{5.670\times10^{-8}\ \text{W/(m}^2\cdot\text{K}^4)}} = 1\,416\ \text{K}$$

【例 6.3】 可以将恒星的表面近似看作黑体，则通过测量恒星辐射光谱中与辐射本领最大值所对应的波长 λ_m，就可以估算出恒星表面的温度。已知太阳的 $\lambda_{sm} = 510.0$ nm，北极星的 $\lambda_{pm} = 350.0$ nm，试求它们表面的温度。

解 根据维恩位移定律，黑体的温度为 T，辐射本领最大的波长为 λ_m，有 $T = \dfrac{b}{\lambda_m}$，于是可得

太阳表面的温度 $T_s = 5\,686$ K

北极星表面的温度 $T_p = 8\,286$ K

【例 6.4】 黑体在温度变化过程中，辐射本领最大的波长由 0.60 μm 逐渐变为 0.40 μm，计算这一过程中总辐射本领增加了多少倍。

解 根据斯特藩-玻尔兹曼定律 $\Phi = \sigma T^4$ 和维恩位移定律 $T\lambda_m = b$，可得

$$\frac{\Phi_2}{\Phi_1} = \frac{\sigma T_2^4}{\sigma T_1^4} = \frac{(b/\lambda_{m2})^4}{(b/\lambda_{m1})^4} = \frac{\lambda_{m1}^4}{\lambda_{m2}^4} = \frac{(0.60\ \mu\text{m})^4}{(0.40\ \mu\text{m})^4} = 5.06$$

【例 6.5】 热核爆炸所产生的火球的瞬间温度可达 10^7 K，求：

(1) 火球辐射最强的波长；

(2) 辐射最强波长的光子的能量。

解 (1) 根据维恩位移定律，可得

$$\lambda_m = \frac{b}{T} = 2.9\times10^{-10}\ \text{m} = 0.29\ \text{nm}$$

(2) 光子的能量为

$$\varepsilon = h\nu = \frac{hc}{\lambda_m} = \frac{1.24\ \text{nm}\cdot\text{keV}}{0.29\ \text{nm}} = 4.3\ \text{keV}$$

【例 6.6】 试将普朗克黑体辐射公式的频率形式 $E(\nu, T) = \dfrac{2\pi h\nu^3}{c^2}\dfrac{1}{e^{\frac{h\nu}{kT}} - 1}$ 变换

为波长形式 $E(\lambda,T)=\dfrac{2\pi hc^2}{\lambda^5}\dfrac{1}{e^{\frac{hc}{kT\lambda}}-1}$。

解　辐射本领 $E(\nu,T)$ 或 $E(\lambda,T)$ 亦称单色辐出度，表示温度为 T 时，频率 ν 附近单位频率间隔内（或波长 λ 附近单位波长间隔内）辐射的功率密度，辐射本领的频率形式与波长形式的关系为 $E(\lambda,T)\delta\lambda=E(\nu,T)\delta\nu$，于是可得

$$E(\lambda,T)=E(\nu,T)\frac{\delta\nu}{\delta\lambda}=E(\nu,T)\frac{\delta\left(\frac{c}{\lambda}\right)}{\delta\lambda}=E(\nu,T)\frac{c}{\lambda^2}$$

将频率形式 $E(\nu,T)$ 中的 ν 以 $\dfrac{c}{\lambda}$ 替换，则得

$$E(\lambda,T)=\frac{2\pi h\left(\frac{c}{\lambda}\right)^3}{c^2}\frac{1}{e^{\frac{hc}{kT\lambda}}-1}\frac{c}{\lambda^2}=\frac{2\pi hc^2}{\lambda^5}\frac{1}{e^{\frac{hc}{kT\lambda}}-1}$$

【例6.7】　在温度 $t=0$ ℃时，空腔中的热辐射达到平衡，试确定腔中单位体积（1 cm^3）中的光子总数。（提示：$\int_0^\infty \frac{x^2}{e^x-1}dx=2.405$）

解　根据瑞利-金斯定律和普朗克的能量分立谐振子理论，平衡态空腔中驻波（亦称谐振子，即光子）单位体积中谐振子（即驻波）的模式数为

$$\rho(\nu,T)d\nu=\frac{8\pi\nu^2}{c^3}d\nu$$

而每个模式的平均能量为

$$\bar{\varepsilon}=\frac{h\nu}{e^{\frac{h\nu}{kT}}-1}$$

于是单位体积中谐振子（即光子）的能量密度为

$$\rho(\nu,T)\bar{\varepsilon}d\nu=\frac{8\pi\nu^2}{c^3}\frac{h\nu}{e^{\frac{h\nu}{kT}}-1}d\nu$$

其中频率为 ν 的光子密度为

$$\frac{\rho(\nu,T)\bar{\varepsilon}}{h\nu}d\nu=\frac{8\pi\nu^2}{c^3}\frac{1}{e^{\frac{h\nu}{kT}}-1}d\nu$$

所以单位体积中各种频率的光子总数为

$$n=\int_0^\infty\frac{\rho(\nu,T)\bar{\varepsilon}}{h\nu}d\nu=\int_0^\infty\frac{8\pi\nu^2}{c^3}\frac{1}{e^{\frac{h\nu}{kT}}-1}d\nu=\frac{8\pi(kT)^3}{h^3c^3}\int_0^\infty\frac{(h\nu/kT)^2}{e^{h\nu/kT}-1}d\left(\frac{h\nu}{kT}\right)$$

$$=\frac{8\pi(kT)^3}{(hc)^3}\int_0^\infty\frac{x^2}{e^x-1}dx=\frac{8\pi(1.38\times10^{-23}\ \text{J}\cdot\text{K}^{-1}\times273\ \text{K})^3}{(6.63\times10^{-34}\ \text{J}\cdot\text{s}\times3\times10^{10}\ \text{cm}\cdot\text{s}^{-1})^3}\times2.405$$

$$=4.107\times10^8\ \text{cm}^{-3}$$

【例 6.8】 试分别以焦耳和电子伏特为单位表示以下不同的光子的能量：

（1）短无线电波，$\lambda = 10$ m；

（2）红外光，$\lambda = 2.5$ μm；

（3）可见光，$\lambda = 500$ nm；

（4）紫外光，$\lambda = 280$ nm；

（5）X 射线，$\lambda = 0.1$ nm。

解 波长为 λ 的光子的能量为

$$\varepsilon = h\nu = \frac{hc}{\lambda} = \frac{1.24\ \text{nm} \cdot \text{keV}}{\lambda} = \frac{1.98 \times 10^{-16}\ \text{nm} \cdot \text{J}}{\lambda}$$

（1）短无线电波，$\lambda = 10$ m，光子能量为

$$\varepsilon = \frac{1.24\ \text{nm} \cdot \text{keV}}{10 \times 10^{9}\ \text{nm}} = 1.24 \times 10^{-7}\ \text{eV} = \frac{1.98 \times 10^{-16}\ \text{nm} \cdot \text{J}}{10 \times 10^{9}\ \text{nm}} = 1.98 \times 10^{-26}\ \text{J}$$

（2）红外光，$\lambda = 2.5$ μm，光子能量为

$$\varepsilon = \frac{1.24\ \text{nm} \cdot \text{keV}}{2.5 \times 10^{3}\ \text{nm}} = 0.50\ \text{eV} = \frac{1.98 \times 10^{-16}\ \text{nm} \cdot \text{J}}{2.5 \times 10^{3}\ \text{nm}} = 0.79 \times 10^{-19}\ \text{J}$$

（3）可见光，$\lambda = 500$ nm，光子能量为

$$\varepsilon = \frac{1.24\ \text{nm} \cdot \text{keV}}{500\ \text{nm}} = 2.48\ \text{eV} = \frac{1.98 \times 10^{-16}\ \text{nm} \cdot \text{J}}{500\ \text{nm}} = 3.96 \times 10^{-19}\ \text{J}$$

（4）紫外光，$\lambda = 280$ nm，光子能量为

$$\varepsilon = \frac{1.24\ \text{nm} \cdot \text{keV}}{280\ \text{nm}} = 4.43\ \text{eV} = \frac{1.98 \times 10^{-16}\ \text{nm} \cdot \text{J}}{280\ \text{nm}} = 7.07 \times 10^{-19}\ \text{J}$$

（5）X 射线，$\lambda = 0.1$ nm，光子能量为

$$\varepsilon = \frac{1.24\ \text{nm} \cdot \text{keV}}{0.1\ \text{nm}} = 12.4\ \text{keV} = \frac{1.98 \times 10^{-16}\ \text{nm} \cdot \text{J}}{0.1\ \text{nm}} = 1.98 \times 10^{-15}\ \text{J}$$

【例 6.9】 一个频率为 6×10^{14} Hz 的光源，发射功率为 10 W，计算它每秒发射的光子数。

解 每秒发射的光子数为

$$n = \frac{P}{h\nu} = \frac{10\ \text{J} \cdot \text{s}^{-1}}{6.63 \times 10^{-34}\ \text{J} \cdot \text{s} \times 6 \times 10^{14}\ \text{s}^{-1}} = 2.5 \times 10^{19}\ \text{s}^{-1}$$

【例 6.10】 当一个频率为 ν、单位体积中有 N 个光子的单色平面波以角度 i 入射到真空中一平面上时，试分别针对以下几种情形计算光波施于此表面的辐射压强：

（1）表面是黑体；

（2）表面按反射率 R 作镜面反射。

解　(1) 黑体将入射到其表面的光子全部吸收。如图 6.1 所示,压强与表面垂直,每个光子在 z 方向的动量改变量为 $\Delta p = p\cos i$。

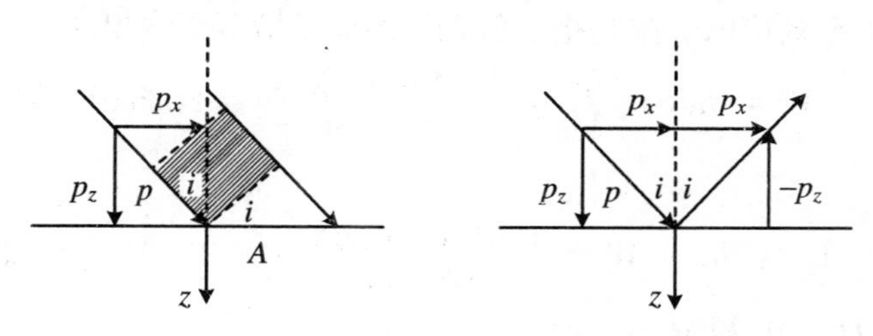

图 6.1　入射光子与反射光子的动量

Δt 时间内射入面积为 A 的表面的光子数为

$$\Delta N = Nc\Delta tA\cos i$$

按冲量定理,Δt 时间内射入面积为 A 的表面的光子的动量改变量为

$$f\Delta t = Nc\Delta tA\cos i p\cos i = Nc\Delta tAp\cos^2 i$$

施于表面的压强为

$$P = \frac{f}{A} = Ncp\cos^2 i = \frac{Nhc}{\lambda}\cos^2 i = Nh\nu\cos^2 i$$

(2) 若表面对光子的反射率为 R,每个被吸收的光子,动量改变量为 $\Delta p_1 = p\cos i$,每个被反射的光子,动量改变量为 $\Delta p = 2p\cos i$。

于是,Δt 时间内射入面积为 A 的表面的光子的动量改变量为

$$f\Delta t = Nc\Delta tA\cos i[(1-R)p\cos i + 2Rp\cos i] = Nc\Delta tA(1+R)p\cos^2 i$$

施于表面的压强为

$$P = \frac{f}{A} = (1+R)Ncp\cos^2 i = (1+R)Nh\nu\cos^2 i$$

【例 6.11】　已知从金属铯表面发射出的光电子的最大动能为 2.0 eV,铯的逸出功为 1.9 eV,求入射光的波长。

解　光电效应过程中的能量守恒表达式为 $h\nu = W + E_k$,可算得入射光子的能量为

$$h\nu = 1.9\ \text{eV} + 2.0\ \text{eV} = 3.9\ \text{eV}$$

入射光子的波长为

$$\lambda = \frac{c}{\nu} = \frac{hc}{h\nu} = \frac{1.24\ \text{nm}\cdot\text{keV}}{3.9\ \text{eV}} = 320\ \text{nm}$$

【例 6.12】　已知金属钾的光电效应红限为 $\lambda_0 = 5.5\times10^{-7}$ m。

(1) 求钾的逸出功;

(2) 若以波长为 $\lambda=4.8\times10^{-7}$ m 的可见光照射，则发射光电子的遏止电压是多少？

解 (1) 光电效应的红限是指入射光子的能量恰等于逸出功，于是

$$W = h\nu_0 = \frac{hc}{\lambda_0} = \frac{1.24\ \text{nm}\cdot\text{keV}}{550\ \text{nm}} = 2.25\ \text{eV}$$

(2)

$$eU_0 = E_\text{k} = h\nu - W = \frac{1.24\ \text{nm}\cdot\text{keV}}{480\ \text{nm}} - 2.25\ \text{eV} = 0.33\ \text{eV}$$

即遏止电压为 $U_0=0.33$ V。

【例 6.13】 波长为 $\lambda=200.0$ nm 的光照射到金属铝的表面，已知铝的逸出功为 4.2 eV，试求：

(1) 铝的截止波长；

(2) 光电子的最大动能；

(3) 光电子的最小动能；

(4) 遏止电压；

(5) 若入射光强为 2.0 W/m^2，阴极面积为 1 cm^2，光束垂直照射到阴极上，求可能产生的最大饱和电流。

解 (1) 设截止波长为 λ_0，由于 $W=\dfrac{hc}{\lambda_0}$，故可得

$$\lambda_0 = \frac{hc}{W} = \frac{1.24\ \text{nm}\cdot\text{keV}}{4.2\ \text{eV}} = 295\ \text{nm}$$

(2)

$$E_\text{k} = h\nu - W = \frac{1.24\ \text{nm}\cdot\text{keV}}{200\ \text{nm}} - 4.2\ \text{eV} = 2.0\ \text{eV}$$

(3) 有些光子在金属内部损失部分能量，仍能产生光电效应，这样的光电子的最小动能几乎为 0。

(4) 根据(2)中的结果，可得遏止电压为 2.0 V。

(5) 若每个光子都被吸收且产生光电效应，每个吸收了光子的电子都以最大动能成为光电子，这样形成的光电流就是饱和电流。

光强是能流密度，即单位时间内通过单位截面的光子的能量，可表示为 $I=nch\nu$，其中 n 为光束中单位体积内的光子数。若光束的截面积为 A，每秒通过该截面的光子数为 $N=ncA=\dfrac{I}{h\nu}A$。这也就是饱和条件下每秒从阴极射出的光电子数。

则光电流的强度为

$$i = Ne = \frac{Ie}{h\nu}A = \frac{I\lambda e}{hc}A = \frac{2.0\ \mathrm{J/(s \cdot m^2)} \times 200.0\ \mathrm{nm} \times 1.6 \times 10^{-19}\ \mathrm{C} \times 1 \times 10^{-4}\ \mathrm{m^2}}{1.24 \times 10^3\ \mathrm{nm \cdot eV} \times 1.6 \times 10^{-19}\ \mathrm{J/eV}}$$

$$= 3.2 \times 10^{-5}\ \mathrm{C/s} = 3.2 \times 10^{-5}\ \mathrm{A}$$

【例 6.14】 设在光电效应的实验中，测得某种金属的遏止电压 U_0 与入射光波长 λ 之间有如表 6.1 所示的对应关系。

表 6.1

U_0(V)	λ(nm)
1.40	360.0
2.00	300.0
3.10	240.0

试用作图法求：

(1) 普朗克常量；

(2) 该种金属的逸出功；

(3) 该种金属光电效应的红限。

解 光电效应过程中，光电子的动能为 $E_k = h\nu - W$，动能与遏止电压的关系为 $eU_0 = E_k$，于是有 $eU_0 = h\nu - W$，即遏止电压与光子频率之间是线性关系。实验结果如表 6.2 所示。

表 6.2

eU_0($\times 10^{-19}$ J)	ν($\times 10^{15}$ Hz)
2.24	0.833
3.20	1.000
4.96	1.250

作出 eU_0 与 ν 的关系图线，该图线(直线)的斜率即为普朗克常量 h，在纵轴的截距即为该种金属的逸出功 W，根据直线与横轴的交点即可求出该种金属光电效应的红限。

【例 6.15】 太阳单位时间内辐射到地球上每单位面积的能量为 1 340 W/m^2，设太阳的平均辐射波长为 700 nm，计算每秒钟射到地球单位面积内的光子数。

解 太阳单位时间内辐射到地球上每单位面积的能量就是地球表面处太阳的辐射强度，记为 I。若记这些光子的平均波长为 $\bar{\lambda}$，平均频率为 $\bar{\nu}$，则太阳单位时间

内辐射到地球表面单位面积内的光子数为

$$n = \frac{I}{h\bar{\nu}} = \frac{I\bar{\lambda}}{hc} = \frac{1\,340\ \mathrm{W/m^2} \times 700 \times 10^{-9}\ \mathrm{m}}{6.63 \times 10^{-34}\ \mathrm{J \cdot s} \times 3 \times 10^{8}\ \mathrm{m/s}} = 4.72 \times 10^{21}\ \mathrm{s^{-1}}$$

【例 6.16】 在理想条件下正常视力的人眼接收 550 nm 的可见光时，每秒光子数达 100 个时就会产生光感，计算与此相当的功率是多少？

解　参见例 6.15，可得

$$P = \frac{nhc}{\lambda} = \frac{100\ \mathrm{s^{-1}} \times 1\,240\ \mathrm{nm \cdot eV}}{550\ \mathrm{nm}} = 225\ \mathrm{eV \cdot s^{-1}} = 3.60 \times 10^{-17}\ \mathrm{W}$$

【例 6.17】 在康普顿散射中，入射光的波长为 0.02 nm，若从与入射方向成 90°角的方向观察散射光，求：

(1) 波长的改变量；

(2) 波长改变量与入射波长的比值。

解　(1) 康普顿散射公式为 $\Delta\lambda = \frac{h}{m_e c}(1-\cos\theta)$，其中 $\frac{h}{m_e c} = 0.002\,43$ nm，于是可得

$$\Delta\lambda = 0.002\,43(1 - \cos 90^\circ)\ \mathrm{nm} = 0.002\,43\ \mathrm{nm}$$

(2)

$$\frac{\Delta\lambda}{\lambda} = \frac{0.002\,43}{0.02} = 12.2\%$$

【例 6.18】 波长为 0.003 nm 的入射光在石蜡中发生康普顿散射，求光的散射角分别为 45°，90°，180°时电子所获得的反冲能量。

解　由于散射过程中能量守恒，因而电子所获得的反冲动能为

$$T = h\nu - h\nu' = \frac{hc}{\lambda} - \frac{hc}{\lambda'} = \frac{hc}{\lambda} - \frac{hc}{\lambda + \Delta\lambda} = \frac{hc\Delta\lambda}{(\lambda + \Delta\lambda)\lambda} = \frac{hc}{(\lambda/\Delta\lambda + 1)\lambda}$$

$$= \frac{hc}{\left\{\lambda\Big/\left[\frac{h}{m_e c}(1 - \cos\theta)\right] + 1\right\}\lambda}$$

$$= \frac{1\,240\ \mathrm{nm \cdot eV}}{\{0.003\ \mathrm{nm}/[0.002\,4(1 - \cos\theta)]\ \mathrm{nm} + 1\} \times 0.003\ \mathrm{nm}}$$

$$= \frac{413\ \mathrm{keV}}{1.25/(1 - \cos\theta) + 1} = \begin{cases} 78.4\ \mathrm{keV}, & \theta = 45^\circ \\ 184\ \mathrm{keV}, & \theta = 90^\circ \\ 254\ \mathrm{keV}, & \theta = 180^\circ \end{cases}$$

【例 6.19】 若已知光子的初始波长为 0.003 nm，而反冲电子的速度为 0.6c（c 是真空中的光速），试确定散射光的散射角和波长改变量。

解　反冲电子的能量为

$$E=\frac{m_0c^2}{\sqrt{1-\left(\frac{v}{c}\right)^2}}=\frac{m_0c^2}{\sqrt{1-0.6^2}}=\frac{m_0c^2}{0.8}=\frac{5m_0c^2}{4}$$

由能量守恒 $h\nu+m_0c^2=h\nu'+mc^2$，可得散射光子的能量为

$$h\nu'=h\nu+m_0c^2-mc^2=h\nu+m_0c^2-\frac{5m_0c^2}{4}=\frac{hc}{\lambda}-\frac{m_0c^2}{4}$$

$$=\frac{1.240\ \mathrm{nm\cdot keV}}{0.003\ \mathrm{nm}}-\frac{511\ \mathrm{keV}}{4}=285.58\ \mathrm{keV}$$

波长为

$$\lambda'=\frac{c}{\nu'}=\frac{hc}{h\nu'}=\frac{1.240\ \mathrm{nm\cdot keV}}{285.58\ \mathrm{keV}}=0.0043\ \mathrm{nm}$$

波长改变量为

$$\Delta\lambda=\lambda'-\lambda=0.0013\ \mathrm{nm}$$

根据康普顿散射公式 $\Delta\lambda=\frac{h}{m_ec}(1-\cos\theta)=\lambda_C(1-\cos\theta)$，式中 $\lambda_C=\frac{h}{m_ec}=0.00242621\ \mathrm{nm}$，可得散射角为

$$\theta=\arccos\left(1-\frac{\Delta\lambda}{\lambda_C}\right)=\arccos\left(1-\frac{0.0013}{0.0024}\right)=62.7^\circ$$

【例 6.20】 能量为 0.41 MeV 的 X 射线光子与静止的自由电子碰撞，反冲电子的速度为光速的 60%，求散射光的波长及散射角。

解　参考例 6.19 的方法，可得反冲电子的能量为

$$E=\frac{m_0c^2}{\sqrt{1-\left(\frac{v}{c}\right)^2}}=\frac{m_0c^2}{\sqrt{1-0.6^2}}=\frac{m_0c^2}{0.8}=\frac{5m_0c^2}{4}$$

由能量守恒 $h\nu+m_0c^2=h\nu'+mc^2$，可得散射光子的能量为

$$h\nu'=h\nu+m_0c^2-mc^2=h\nu+m_0c^2-\frac{5m_0c^2}{4}$$

$$=0.41\ \mathrm{MeV}-\frac{511\ \mathrm{keV}}{4}=282\ \mathrm{keV}$$

散射光子的波长为

$$\lambda'=\frac{c}{\nu'}=\frac{hc}{h\nu'}=\frac{1.240\ \mathrm{nm\cdot keV}}{282\ \mathrm{keV}}=0.0044\ \mathrm{nm}$$

而入射光子的波长为

$$\lambda=\frac{c}{\nu}=\frac{hc}{h\nu}=\frac{1.240\ \mathrm{nm\cdot keV}}{410\ \mathrm{keV}}=0.0030\ \mathrm{nm}$$

波长改变量为

$$\Delta\lambda = \lambda' - \lambda = 0.0014\ \text{nm}$$

可得散射角为

$$\theta = \arccos\left(1 - \frac{\Delta\lambda}{\lambda_C}\right) = \arccos\left(1 - \frac{0.0014}{0.0024}\right) = 65.4^\circ$$

【例 6.21】 波长为0.100 nm的X射线束和波长为1.88×10^{-3} nm的γ射线束分别与自由电子碰撞，在散射角为90°的情形下，求：

(1) 散射光波长的改变量；

(2) 电子所获得的反冲动能；

(3) 光子损失能量的百分比。

解 (1)

$$\Delta\lambda = \frac{h}{m_e c}(1 - \cos\theta) = \lambda_C(1 - \cos\theta) = \lambda_C = 0.00242621\ \text{nm}$$

(2) 被散射X射线光子的波长

$$\lambda'_X = \lambda_X + \Delta\lambda = 0.102\ \text{nm}$$

被散射γ射线光子的波长

$$\lambda'_\gamma = \lambda_\gamma + \Delta\lambda = 4.30\times10^{-3}\ \text{nm}$$

根据$T = mc^2 - m_0c^2 = h\nu - h\nu'$，电子所获得的反冲动能分别为

$$T_X = \frac{hc}{\lambda_X} - \frac{hc}{\lambda'_X} = 1240\times\left(\frac{1}{0.100} - \frac{1}{0.102}\right)\text{eV} = 243\ \text{eV}$$

$$T_\gamma = \frac{hc}{\lambda_\gamma} - \frac{hc}{\lambda'_\gamma} = 1240\times\left(\frac{1}{1.88\times10^{-3}} - \frac{1}{4.30\times10^{-3}}\right)\text{eV} = 371\ \text{keV}$$

(3) 光子损失能量的百分比为$\dfrac{h\nu - h\nu'}{h\nu} = \dfrac{T\lambda}{hc}$，可分别算得：

X射线光子

$$\frac{T_X\lambda_X}{hc} = \frac{243\ \text{eV}\times0.100\ \text{nm}}{1240\ \text{nm}\cdot\text{eV}} = 2\%$$

γ射线光子

$$\frac{T_\gamma\lambda_\gamma}{hc} = \frac{371\ \text{keV}\times1.88\times10^{-3}\ \text{nm}}{1.240\ \text{nm}\cdot\text{keV}} = 56\%$$

6.2 激　　光

6.2.1 爱因斯坦的辐射理论

1. 自发辐射

处于激发态的原子经过一定的时间之后，将会跃迁到基态或其他能量较低的能级。而且，这种跃迁是原子本身自发的物理过程，因而被称作自发跃迁。

设某原子的两个能级分别为 E_1 和 E_2，该原子能够自发地从 E_2 跃迁到 E_1，每次跃迁发出一个光子。若设 t 时刻，处在 E_2 能级的原子有 N_2 个。显然，单位时间内从 E_2 跃迁到 E_1 的原子数与 N_2 成正比，可以表示为

$$\left(\frac{\mathrm{d}N_{21}}{\mathrm{d}t}\right)_{\mathrm{E}} = A_{21}N_2 \tag{6.6}$$

式中 A_{21} 是每个原子自发地从 E_2 跃迁到 E_1 自发辐射的概率，也称作自发辐射的爱因斯坦系数。

2. 受激辐射

处在 E_2 能级的原子，也可以受到外界因素的诱发而跃迁到能量较低的 E_1 能级。

如果原子受到能量为 $h\nu = E_2 - E_1$ 的外来光子的诱发，也可以从 E_2 跃迁到 E_1，并发出一个光子。这种辐射跃迁被称作受激辐射，单位时间内由于受激辐射而从 E_2 跃迁到 E_1 的原子数同样与 N_2 成正比，而且与外来辐射场有关，设辐射场单位体积中频率为 ν 的光子数为 $u(\nu)$，则单位时间内受激辐射的原子数可以表示为

$$\left(\frac{\mathrm{d}N_{21}}{\mathrm{d}t}\right)_{\mathrm{Est}} = B_{21}u(\nu)N_2 \tag{6.7}$$

式中 B_{21} 为每个原子从 E_2 跃迁到 E_1 受激辐射的概率，也称作受激辐射的爱因斯坦系数，$u(\nu)$ 称作辐射场的谱密度。

受激辐射所发出的光子与外来光子有相同的频率、相位和偏振特性。

3. 受激吸收

在外来辐射场的诱发下，原子不仅可以从 E_2 受激辐射跃迁到 E_1，也可以吸收

光子从 E_1 跃迁到 E_2，这一过程被称作受激吸收。单位时间内受激吸收的原子数与处在 E_1 能级的原子数 N_1 成正比，可以表示为

$$\left(\frac{\mathrm{d}N_{12}}{\mathrm{d}t}\right)_{\mathrm{Ast}} = B_{12}u(\nu)N_1 \tag{6.8}$$

式中 B_{12} 为每个原子从 E_1 跃迁到 E_2 受激吸收的概率，也称作受激吸收的爱因斯坦系数。

上述三种辐射跃迁可用图 6.2 表示。

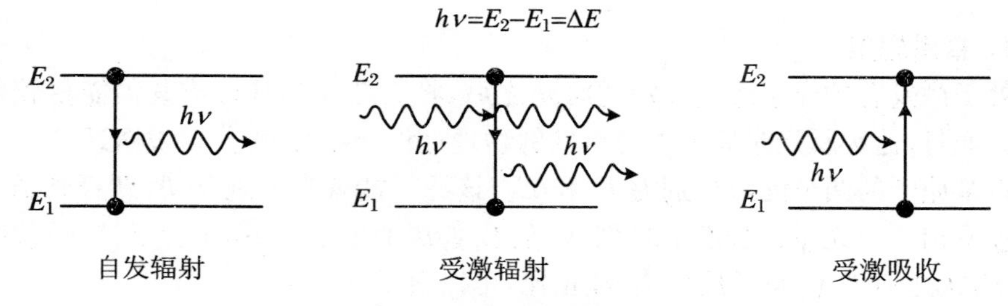

图 6.2　三种不同的辐射跃迁过程

6.2.2　辐射跃迁的细致平衡条件

只要受到外来辐射场的激发，原子中就会同时有上述三种辐射跃迁过程，当原子处在平衡态时，有

$$\left(\frac{\mathrm{d}N_{21}}{\mathrm{d}t}\right)_{\mathrm{E}} + \left(\frac{\mathrm{d}N_{21}}{\mathrm{d}t}\right)_{\mathrm{Est}} = \left(\frac{\mathrm{d}N_{12}}{\mathrm{d}t}\right)_{\mathrm{Ast}}$$

即

$$A_{21}N_2 + B_{21}u(\nu)N_2 = B_{12}u(\nu)N_1 \tag{6.9}$$

从式(6.9)可以解出

$$u(\nu) = \frac{A_{21}N_2}{B_{12}N_1 - B_{21}N_2} = \frac{A_{21}}{B_{12}\dfrac{N_1}{N_2} - B_{21}} \tag{6.10}$$

达到平衡态时，系统中各个能级的原子数遵循玻尔兹曼分布，即

$$\frac{N_1}{N_2} = \mathrm{e}^{\frac{E_2-E_1}{kT}} = \mathrm{e}^{\frac{h\nu}{kT}}$$

同时，外来辐射场的谱密度可以用黑体辐射的规律描述，即

$$u(\nu) = \frac{8\pi}{c^3}\frac{\nu^3}{\mathrm{e}^{\frac{h\nu}{kT}} - 1}$$

于是有

$$\begin{cases} B_{12} = B_{21} \\ A_{21} = \dfrac{8\pi\nu^3}{c^3}B_{12} = \dfrac{8\pi\nu^3}{c^3}B_{21} \end{cases} \tag{6.11}$$

式(6.11)就是三个爱因斯坦系数之间的关系。

6.2.3　粒子数反转与光放大

1. 两能级原子体系

在自然状态下,由于平衡态原子的分布遵循玻尔兹曼分布,即$\dfrac{N_1}{N_2} = e^{\frac{E_2 - E_1}{kt}}$,总是$N_2 < N_1$,所以,只有两个能级的原子体系,处在上能级的原子数总是小于下能级,不可能实现光放大。

因而,要想实现光放大,必须设法使上能级的原子数大于下能级。

2. 粒子数反转

实验研究表明,原子的各个能级的寿命是不相同的,有的能级寿命很短,有的能级寿命却很长。一般情况下,若能级的寿命小于10^{-8} s,这样的能级被称作激发态,即处在该态的原子可以很快地经历辐射跃迁过程回到低能态,激发态的寿命通常为10^{-11}～10^{-8} s。若能级的寿命大于10^{-3} s,这样的能级被称作亚稳态,即原子可以在该能级停留较长的时间。实际上,很多亚稳态能级的寿命在10^{-3}～10^{0} s之间。

假设原子中有三个能级E_1,E_2和E_3,如图6.3所示,其中E_3的寿命很短,是激发态能级,而E_2的寿命较长,是亚稳态能级。初态时,E_1上的原子数很多,而E_3上的原子数较少。如果依靠外部提供的高密度能量(例如强光、强电场,等等),使E_1上的原子跃迁到E_3,这一过程通常被称作“抽运”,也称“泵浦”。跃迁到E_3的原子并不直接跃迁回E_1,而是很快跃迁到E_2,这一过程被称作“驰豫”。由于E_2是亚稳态,寿命较长,因而跃迁到E_2的原子可以积累到较多的数目,以至于处于E_2能级的原子数比处于E_1能级的原子数还要多。这样,在能量$h\nu = E_2 - E_1$的激发光的作用下,从E_2跃迁到E_1,在E_2和E_1之间产生受激辐射,发出能量为$h\nu$的光辐射,就可以实现光放大,使得输出的光子数多于输入的光子数。

上能级的原子数比下能级的原子数多,称作粒子数反转。由于在E_2和E_1上能级之间实现了粒子数反转,激发光被放大,这就是辐射的受激发射的光放大,即激光。

能够实现粒子数反转并使光放大的介质,称作激光增益介质。

除了上述三能级体系外，四能级体系也能够实现粒子数反转，用作激光增益介质。如图 6.4 所示，其中相关能级除了基态 E_1、激发态 E_4 和亚稳态 E_3 之外，还有一个激发态 E_2。先将原子抽运到 E_4，原子从 E_4 驰豫到 E_3，再从 E_3 跃迁到 E_2。跃迁到 E_2 的原子可以很快回到基态 E_1，E_2 基本上是空的，因而更容易在亚稳态 E_3 和激发态 E_2 之间实现粒子数反转，并在这两个能级之间实现光放大。

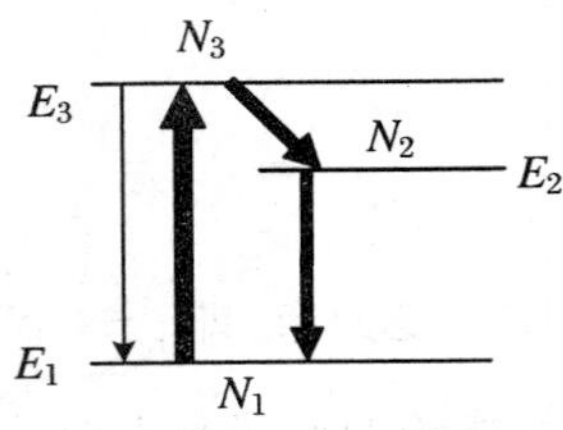

图 6.3　三能级体系中的粒子数反转

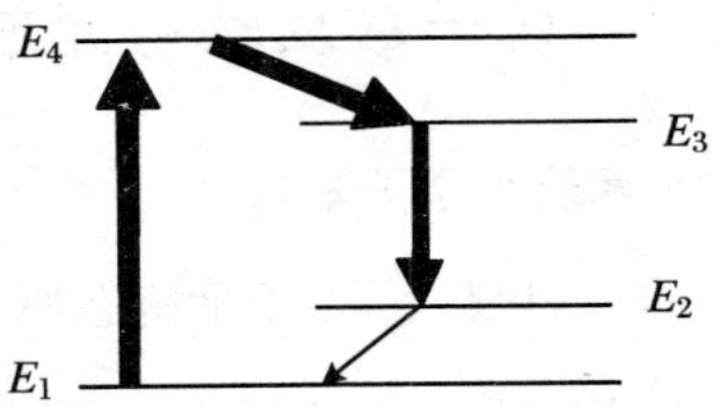

图 6.4　四能级体系中的粒子数反转

受激辐射过程中所发出的光波与入射的激发光有相同的频率、相位、方向和偏振，因而激光具有很好的相干性。

【例 6.22】 设一个双能级系统的能级差 $E_2 - E_1 = 0.01\ \mathrm{eV}$。

(1) 分别求 $T = 10^2\ \mathrm{K}, 10^5\ \mathrm{K}, 10^8\ \mathrm{K}$ 时粒子数 N_2 与 N_1 之比。

(2) $N_2 = N_1$ 的状态相当于多高的温度？

(3) 粒子数反转的状态相当于多高的温度？

(4) 我们姑且引入“负温度”的概念来描述粒子数反转的状态，你觉得 $T = -10^8\ \mathrm{K}$ 和 $T = 10^{28}\ \mathrm{K}$ 这两个温度哪个更高？

解　根据玻尔兹曼分布律，可得 $\frac{N_2}{N_1} = \mathrm{e}^{-\frac{E_2 - E_1}{kT}}$，于是：

(1) $T = 10^2\ \mathrm{K}$，$kT = 1.4\times10^{-21}\ \mathrm{J} = 2.3\times10^{-2}\ \mathrm{eV}$，故

$$\frac{N_2}{N_1} = \mathrm{e}^{-\frac{0.01}{2.3\times10^{-2}}} = 0.65 = 1 - 0.35$$

$T = 10^5\ \mathrm{K}$，$kT = 1.4\times10^{-18}\ \mathrm{J} = 23\ \mathrm{eV}$，故

$$\frac{N_2}{N_1} = \mathrm{e}^{-\frac{0.01}{23}} = 1 - 4\times10^{-5}$$

$T = 10^8\ \mathrm{K}$，$kT = 1.4\times10^{-15}\ \mathrm{J} = 2.3\times10^6\ \mathrm{eV}$，故

$$\frac{N_2}{N_1} = \mathrm{e}^{-\frac{0.01}{2.3\times10^6}} = 1 - 5\times10^{-9}$$

(2) $-\frac{E_2 - E_1}{kT} = 0$ 时，才能有 $N_2 = N_1$。意味着 $T = \infty$。

(3) 粒子数反转时，受激辐射的光强大于自发辐射的光强，而两者的比值为 $R=(e^{\frac{E_2-E_1}{kT}}-1)^{-1}$。则只要满足 $0<e^{\frac{E_2-E_1}{kT}}-1<1$，即 $1<e^{\frac{E_2-E_1}{kT}}<2$，于是可得

$$T \geqslant \frac{E_2-E_1}{k\ln 2}=\frac{0.01\times 1.6\times 10^{-19}\ \mathrm{J}}{1.38\times 10^{-23}\times \ln 2\ \mathrm{J\cdot K^{-1}}}=167\ \mathrm{K}$$

(4) 若温度为负值，则 $\frac{N_2}{N_1}=e^{-\frac{\Delta E}{kT}}=e^{\frac{\Delta E}{k(-T)}}>1$，粒子数反转。

如果 $\frac{N_2}{N_1}$ 越大，所对应的温度越高，则显然负温度比正温度要高。

【例 6.23】 在氦-氖激光器中，从氖的 3S 能级到 2P 能级跃迁时产生 632.8 nm 的激光。已知使氖原子激发到 2P 能级需要吸收的能量为 18.8 eV，问至少需要多大的抽运能量？假定共振转移中没有能量损失。

解 氖原子的几个相关的能级如图 6.5 所示，于是抽运能量至少为

$$E=\Delta E_0+\frac{hc}{\lambda}=18.8\ \mathrm{eV}+\frac{1\,240\ \mathrm{nm\cdot eV}}{632.8\ \mathrm{nm}}=20.8\ \mathrm{eV}$$

【例 6.24】 已知氖光谱线 632.8 nm 的宽度为 $\Delta\nu_H=1.5\times 10^3$ MHz，一氦-氖激光器的谐振腔长度为 30 cm，问输出中包含几个纵模？若用缩短腔长的方法来达到输出单模的目的，则腔长不得大于何值？

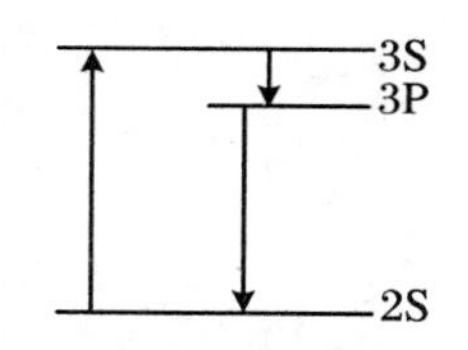

图 6.5　氖原子的能级

解 激光谐振腔是法布里-珀罗干涉仪，干涉极大的频率为 $\nu_j=j\frac{c}{2nL}$，其中 n 为介质的折射率，L 为腔长。满足上式的一个频率称作一个纵模，于是相邻纵模的频率间隔为 $\Delta\nu=\frac{c}{2nL}$。

而由于能级的自然宽度，原子的碰撞展宽以及多普勒增宽效应，谱线本身有一定的波长或频率分布范围，这被称作谱线的宽度，若记谱线的宽度为 $\Delta\nu_H$，则纵模的个数为

$$N=\frac{\Delta\nu_H}{\Delta\nu}=\frac{2nL}{c}\Delta\nu_H$$

【例 6.25】 设激光束的发散角为 10^{-3} rad，从地球射到月球上时，在月球上所形成的光斑直径有多大？已知地球到月球的距离约为 40×10^4 km。

解 月面上，光斑的直径为

$$D=\delta\theta L=10^{-3}\times 40\times 10^4\ \mathrm{km}=4\times 10^5\ \mathrm{m}$$

参 考 文 献

［1］ 郭光灿，庄象萱．光学［M］．北京：高等教育出版社，1997．
［2］ 吴强．光学［M］．北京：科学出版社，2006．
［3］ 崔宏滨，李永平，康学亮．光学［M］．2版．北京：科学出版社，2015．
［4］ 崔宏滨．光学基础教程［M］．合肥：中国科学技术大学出版社，2013．